滇池流域水生态系统状态与健康评估

黄　艺　曹晓峰　陈小勇等　著

科学出版社

北京

内 容 简 介

本书系统介绍了滇池流域水生态系统状态与健康评估。全书分为上下两篇共八章，重点分析了滇池流域社会经济、自然地理特征、水生态系统演变与驱动力以及水生态系统类型与特征，并基于不同的水生态健康评估方法，对滇池流域不同水生态功能分区与不同水生态系统类型进行了健康评估。

本书适合生态学、环境科学、水文与水资源、环境规划与管理等专业的教学、科研和从事流域管理工作的读者借鉴和参考。

图书在版编目(CIP)数据

滇池流域水生态系统状态与健康评估／黄艺等著 . —北京：科学出版社，2019.1
ISBN 978-7-03-059236-1

Ⅰ.①滇⋯ Ⅱ.①黄⋯ Ⅲ.①滇池–流域–水环境–生态系统–研究 ②滇池–流域–水环境质量评价 Ⅳ.①X832 ②X824

中国版本图书馆 CIP 数据核字（2018）第 244921 号

责任编辑：刘 超／责任校对：彭 涛
责任印制：张 伟／封面设计：李姗姗

科学出版社 出版
北京东黄城根北街 16 号
邮政编码：100717
http://www.sciencep.com
北京虎彩文化传播有限公司 印刷
科学出版社发行 各地新华书店经销

*

2019 年 1 月第 一 版 开本：787×1092 1/16
2019 年 1 月第一次印刷 印张：17 1/2
字数：400 000

定价：218.00 元
（如有印装质量问题，我社负责调换）

前　言

　　流域水系污染和湖泊水体富营养化是我国水环境所面临的主要问题之一。虽然近年来全国地表水的水质已经得到不断改善，但全国水环境形势依然严峻。根据《2015 中国环境状态公报》发布的结果，2015 年全国依然有约 8.8% 的地表水为劣 V 类。其中，全国 62 个重点湖泊（水库）中，4 个为 V 类，5 个为劣 V 类。我国淡水资源主要来自湖泊和水库，每年为我们的生产和生活提供了 70% 的总用水。湖泊水体污染已经成为我国水安全的主要潜在威胁。

　　因此，一直以来我国水环境管理的重点主要放在水质管理上，即根据不同用途对水资源进行水质控制，以保证其满足社会经济发展和人们生活的需求。对水环境好坏的评价，也主要以水质为关注点，通过监测水中的污染物浓度，评价水环境质量，很少从全流域角度对水环境状态进行综合评估和研究。随着对水资源和水环境管理的深入研究，流域水生态的研究者和管理者逐渐认识到，水质只是水环境的表象之一，只有健康的流域水生态系统，才能为人们的生产和生活提供足够的水量和优质的水质。因此，在了解流域水生态系统现状的基础上，如何通过对流域实施综合管理，维持流域的水生态系统健康，成为水资源管理的重要目标。

　　近十年来，水生态系统健康评估作为流域管理的科学基础，受到了高度重视。不同国家和地区已逐步把以流域为单元、建立生态系统健康的评价体系、恢复流域生态系统或从生态系统健康的角度综合整治流域环境作为流域开发的重要措施。例如，太湖、淮河、乌梁素海构建了一系列的水生态系统健康评估理论和方法体系。根据流域所在地的自然和社会经济特点，以及水生态健康评估结果，提出了相应的流域管理措施，为维持流域的稳定平衡，促进水生态系统正向演替做出了贡献。这些工作使得流域水生态的研究者和管理者认识到，基于流域分析的水生态系统健康评价，不仅对流域现状进行了客观描述和评估，还有助于决策者确定流域管理活动，对流域自然资源的可持续利用及区域生态环境建设都具有非常重要的意义。

　　滇池流域为典型高原湖泊流域，以外海和草海为主要水体，以入湖河流水系为廊道，由高山坡地-洪积湖积平原-湖库斑块，组成了一个进水口多、出水口少的相对封闭的汇水区。滇池流域是云南省的政治、文化中心和交通枢纽，是云南省人口最稠密、社会经济最发达的地区。汇水区内包括昆明市和五华、盘龙、官渡、西山、晋宁、呈贡、嵩明七个县区的 30 个街道办事处、25 个乡镇，流域所提供的水资源和水环境，是昆明乃至云南省社会和经济发展的重要基础。随着国民经济和社会迅速发展，人口快速增长和城市规模的不断扩大，流域水生态系统发生了很大的变化。昆明市依附于滇池得以不断地发展，且在相当长的一段时间内，其人口和经济增长依然会给滇池流域带来巨大的环境压力。一方面，人口的持续增长，将增加对滇池的用水需求，使得滇池生态用水持续减少，服务功能不断减退；另一方面，城市化进程的推进和人口的持续增长所带来的污染物和生活废水的排放，将继续加剧污染物对水环境的压力。

滇池流域所面临的水资源供需矛盾、湖泊富营养化和水生态系统不安全等问题，引起了管理部门的高度重视和社会各界的广泛关注，从而被列为全国重点治理的"三江三湖"之一。在科学技术部的"水体污染控制与治理科技重大专项"研究中，滇池流域亦作为"三河、三湖、一江、一库"里的重点项目，列为"十一五"和"十二五"国家重大水专项的研究对象。

本书基于国家重大水专项在滇池的研究成果，在全面详细分析滇池流域的水文、水质和水生态特征的基础上，对滇池流域的水生态系统健康进行多维评价，以期为滇池流域水生态系统的保护和恢复奠定基础，为集水文、水质、水生态于一体的流域综合管理提供技术支持。

本书作者主要来自北京大学环境科学与工程学院黄艺课题组。第 1 章概述流域水生态系统基本构成与健康评估框架，由黄艺和蔡佳亮撰写；第 2 章介绍了滇池流域的自然环境特征与社会经济情况，由蔡佳亮、曹晓峰、孙金华撰写；第 3 章总体上介绍了滇池流域水生生物群落特征，由高喆、曹晓峰、陈小勇、赵亚鹏撰写；第 4 章阐述了滇池流域水生态系统演变及其驱动力，由孙金华、曹晓峰、文航、苏玉、吕明姬、蔡佳亮、汪杰撰写；第 5 章阐述了滇池流域水生态系统类型和特征，由高喆、樊灏、蒋大林撰写；第 6 章在综述当前流域生态健康评估方法的基础上，提出了滇池流域水生态健康评估方法，由舒中亚、曹晓峰、黄艺撰写；第 7 章基于二级水生态功能分区对滇池流域水生态系统健康进行了具体评估，由高喆、樊灏、曹晓峰撰写；第 8 章基于流域不同的河段类型对滇池流域水生态系统健康进行了具体评估，由樊灏、曹晓峰、蒋大林、高喆撰写。全书由黄艺、曹晓峰主编定稿。

本书的写作与出版受"十一五"国家水体污染控制与治理科技重大专项-重点流域水生态功能一级二级分区研究（2008ZX07526-002）-滇池流域水生态功能一级二级分区研究（2008ZX07526-002-06）与"十二五"国家水体污染控制与治理科技重大专项-重点流域水生态功能三级四级分区研究（2012ZX07501-002）-滇池流域水生态功能三级四级分区研究（2012ZX07501-002-06）资助，并受昆明市环境监测中心、中国林业科学研究院西南生态研究中心和中国科学院昆明动物研究所提供支撑材料。在此，谨向参与本研究工作的所有专家学者、技术人员、研究生，以及给予本研究工作帮助、指导的单位和个人，表示诚挚的谢意！

　　由于作者水平有限，书中难免存在不足之处，敬请学术界同仁与广大读者不吝批评赐教。

著　者

2016 年 12 月

目　　录

第1章 概 述

流域作为一种特殊的区域,不仅以其丰富的水资源为人类提供饮用水、农田灌溉、航运交通和能源,还为千千万万的水生生物提供了栖息场所。流域水生态系统的结构和过程,是形成流域生态功能的基础。只有完整的水生态结构和过程,才能构成健康的流域。该章将通过阐述流域水生态系统的基本结构和过程,为滇池流域水生态健康评价提供基础。

1.1 流域水生态系统概念和内涵

流域(watershed)指由分水线所包围的集水区。根据收纳水体的不同,可分为河流流域(river basin)和湖泊流域(lake basin)。湖泊流域则是以入湖河流水系为廊道,以湖泊为收纳水体,由坡地–平原–湖库斑块所组成的空间联合体。完整的湖泊流域生态系统,包括水生态系统和陆地生态系统。陆地生态系统指湖泊流域集水区内陆地及陆生生物组成的生态系统;水生态系统指水生生物及其非生物环境组成的生态系统,其组成、结构和过程,决定了水生态系统的状态和功能。

1.1.1 流域水生态系统结构和组成

在流域中,陆地通过地表径流和地下水参与流域的水文过程。陆地上不同土地利用方式决定了地面径流中的物质组成,从而影响水生态系统中的水体理化性质(污染物种类和数量)和水生生物的生长发育与群落组成,进而改变水生态系统服务功能(图1-1)。

水生态系统与其他生态系统相同,由水生生物和非生物环境两部分组成(图1-2)。

在水生态系统的非生物环境组成中,地理环境在大尺度范围内决定了水生态系统的基本特征,是其他环境要素的基础。地理环境与地球的生物地理进化过程相关,受人为影响较少,是流域中的不可控因素。水生态系统的非生物环境组成中的基质和介质,包括水、底质、河床和河岸所组成的水生态系统空间,它们既是水生态系统存在的关键因素,也是联系水域和陆地的重要纽带。水生态系统空间按其主要组成可划分为水体、河床和河岸带,其结构特征和物理状态,决定着水生态系统中生物栖息地的特征和状态,是水生态系统的重要组分。水量、水质、河流形态、河道和河岸带等水生态系统的基质和空间范围,是流域中容易受人类活动影响的因素。

水生态系统的水生生物组成主要指生活在水体中的浮游动植物和微生物、着生藻类、水生植物和鱼类,以及水域周围陆地和水陆交错带的其他生物。它们形成了水生态系统中包括生产者、消费者及分解者在内的完整营养结构,并通过食物链完成水生态系统中能流和物质交换的过程，是水生态系统中的主要组分。水生态系统中的水生生物组成、结构和群体状态，是水生态系统中相关各部分综合作用的结果，其状态综合反映了水生态系统的健康程度。

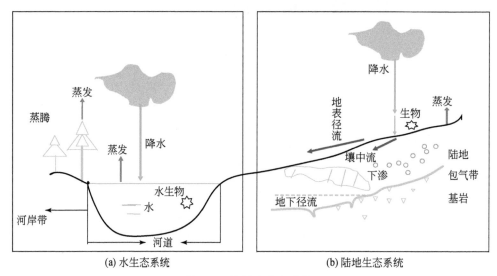

图 1-1　流域水生态系统

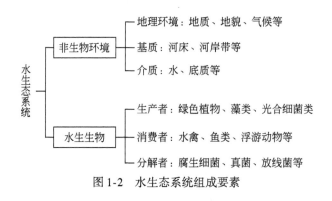

图 1-2　水生态系统组成要素

1.1.2　水生态系统过程分析

能量流动和物质循环是水生态系统的两个基本过程，它们使水生态系统中的非生物环境和水生生物结合成一个有机的整体（图 1-3）。

水生态系统中的地表水，通过蒸腾、水汽输送、地表径流和下渗等环节，在系统中进行着能量传递和水资源更新。与陆地生态系统不同，水生态系统内的能量主要来自地表水输入和大气沉降。地表径流携带陆地生态系统固定的能量输入到水生态系统，是水生态系统主要的能源和物质的来源。大气沉降包括干沉降和湿沉降，干沉降主要指悬浮于大气中的各种粒子以其自身速度沉降的过程，湿沉降主要指悬浮于大气中的各种粒子由于降水冲

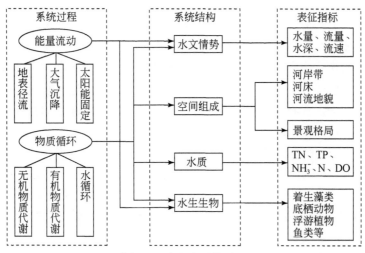

图 1-3　水生态系统过程

刷而沉降的过程。这两个过程以大气为媒介向水生态系统传递能量，只有少量的能量来自浮游植物和水生植物对太阳能的固定。地表水携带和大气沉降过程输入水生生态系统中的能量和物种，通过生物的食物链在水与生物中进行流动和循环。水生态系统的能量输入与转换的特点，使得相邻陆地生态系统可以通过改变能量输入的速度和强度，强烈地干扰其系统稳定性，即陆地生态系统的变化成为水生态系统变化的主要驱动因素。

水生态系统的各种有机物和无机物，以水为媒介完成物质从基质到生物体，再从生物体回到基质的循环。在这个周而复始过程中，水文过程是连接水生态系统中非生物环境与生物的重要纽带，它所提供的水量、流量是物质循环过程的基本保证。地表径流携带的营养，是水生生物生命活动的能量和物质基础，适当的流速和良好的水质为生物生境提供保障。河流形态、河床结构等构成的水生态系统空间，是生物之间食物链营养传递和水与生物之间物质代谢发生的场所。河流地貌是景观格局的组成之一，景观异质性是水生态系统水陆物质循环的重要保障。

在水生态系统中的分解者（微生物）通过降解陆地和大气输入的有机物，释放能量支持水生态系统的过程，提供无机物质以推动物质的循环；生产者主要指具有光合作用的绿色植物、浮游植物、着生藻类和浮游细菌等光能自养生物，是水生态系统能量部分来源；消费者是以其他生物为食的各种异养生物，主要包括鱼类、底栖动物、浮游动物等水生或两栖动物等。这些生物群落的完整性，决定了水生态系统的健康状态。

因此，充足的水量、自然的水域形态和稳定的近水域陆地环境，是水生态系统过程顺利进行的基本保障。而水生态系统中的这些非生物基质，作为水生生物生境的基础，为水生生物生存和繁衍提供基本栖息地，其变化将直接影响生物的数量、组成和生物多样性，进而影响水生态系统的健康状态。

1.1.3　水生态系统的结构和空间尺度

水生态系统的结构指系统内各组分通过一定的时空排列或营养关系所形成的结构层

次。水生态系统有两种方式表达其结构，一是形态结构，二是营养结构。形态结构指水生态系统中非生物环境特征及其空间格局，以及相应的生物种类、数量、群落组成结构。例如，土壤、水、地形环境等形成的复杂的环境梯度，在入湖河流上游山区地带，形成水流急、河水清洁的河流结构和相应的山地水生生物种群。在河流入湖口，形成河床平坦、水流平缓的河道及相应缓流水生生物种群。而湖体作为典型静水生态系统，则具有相应的静水生物。营养结构是以营养为连接桥梁，将生物与非生物连接起来的特征结构，它通过食物链交织而成的食物网在生态系统中传递物质和能量。

不同尺度水生态系统之间相互作用形成完整的水生态系统过程，即一个小尺度水生态系统是另一个更大尺度水生态系统的组成部分。一方面，小尺度水生态系统内部是一个整体，有着完整的生态系统过程；另一方面，小尺度与大尺度水生态系统之间又存在着输入-输出关系（董哲仁，2009）。例如，河流在流域内形成了不同级别的子流域。不同级别的子流域之间，通过河流在不同斑块之间进行能量和物质的输移，完成全流域生态过程。景观生态学中用斑块、廊道和基质定义特定尺度下的空间结构，不同空间内呈现出不同的结构和格局。以景观生态学为理论基础，湖泊流域就包括湖泊和河流水体，以及湖泊和河流水体直接交换的生态单元，具体包括河静水生态系统、流水生态系统、河岸湿地沼泽生态系统和河流陆地生态系统。河流廊道是整个流域水系尺度的一部分，流域内的水生态系统过程是河流廊道的一个外部环境。因为结构和空间格局的相识性，生态系统在一定的空间尺度下呈现出均一性和同质性。

根据流域的空间尺度效应和相关关系，在评价水生态系统健康时，可根据系统内部的同质性和系统之间的异质性，将流域划分为不同尺度的集水区独立单元，如湖泊流域水生态系统可划分为不同尺度的子流域系统，根据水生态功能的相似性和异质性，合并或区划为评价单元。

1.2 流域水生态系统健康及其评价

1.2.1 水生态系统健康的提出和发展

健康的生态系统是人类可持续发展的重要前提（Costanza et al. ，1997）。生态系统健康这一概念产生于20世纪70年代全球生态系统普遍退化的背景下，始于人们对环境污染和生态破坏的关注。Rapport（1989）首次探讨了有关生态系统健康度量的问题，认为生态系统健康指生态系统所具有的稳定性和可持续性，即在时间上具有维持其组织机构、自我调节和对胁迫的恢复能力。虽然明确提出生态系统健康才20年，但生态系统健康内涵却在18世纪80年代就出现了，苏格兰生态学家James Hutton在1788年的文章中提到"地球是一个具有自我维持能力的超有机体"，并且提及了"自然的健康"。1941年，美国著名生态学家、土地伦理学家Aldo Leopold首先定义了土地健康（land health），并使用了"土地疾病"（land sickness）这一术语来描绘土地功能紊乱（dysfunction），并预见土地健康将发展成为一门学科，它的目的是"监测其生态学参数，以保证人类在利用土地的时候不会使它丧失功能"（Leopold, 1941）。生态系统健康的概念来源于土地健康的概念，并逐渐转向生态系统健康研究。

目前国内外专家学者对生态系统健康的定义尚未形成一个较为统一的认识和标准。综合普遍认同的观点，生态系统健康的内涵可以诠释为以下两点：一是从生态系统结构和功能的稳定与可持续出发，认为健康的生态系统应该是能够维持组织结构和自治能力的系统，且对外界胁迫具有较好的恢复力。通过分析生态系统的活力（vigor）、组织结构（organization）和恢复力（resilience）等主要特征来判断生态系统的健康程度（Karr et al.,1986；Ulanowiez, 1986；Rapport, 1989；Costanza et al., 1992；Page, 1992）。二是从生态系统的生态服务功能的角度出发，认为健康的生态系统具有完整的服务功能，与人类社会和谐共存，共同发展。例如，健康的生态系统能够为人类提供足够的食物、饮用水、清洁空气，吸收或循环废弃物，以维持人类社会的可持续发展（O'Laughlin et al., 1994；Mageau et al., 1995；Bormann, 1996；Burger, 2000）。而生态系统健康研究的内涵则公认国际生态系统健康学会的定义，即生态系统健康为研究生态系统管理的预防性、诊断性和预兆性特征，以及生态系统健康与人类健康之间关系的一门综合的学科。

流域水生态健康的概念来自人们对河流健康的研究，主要是侧重于河流水质的评价。美国在 20 世纪 70 年代中提出了"河流健康"（Carr, 1999），并于 1972 年在水污染防治修订案中提出，《清洁水法》所设定的河流健康指水体的物理、化学和生物的完整性。随着研究的深入，人们逐渐认识到，仅对水质进行评价，并不能揭示损害河流健康的多方面因素，从而转向对河流生态系统的评价，并逐渐认识到，流域作为河流生态系统的外源影响因素，其气候、地质特征和土地利用状况等决定着流域内河流的径流、河道、基质类型等理化特征。一个健康的流域环境是维持一个健康的河流生态系统的前提，而健康的河流生态系统又是健康流域的基础。近年来，流域生态系统健康的研究日益受到人类的重视，国内外的生态学家已经开始着手从流域层次开展河流（湖泊）生态学的相关研究，强调流域的系统性及完整性，以流域为单元，建立水生态系统健康的评价体系。恢复流域水生态系统，从水生态系统健康的角度综合整治流域环境，已经成为流域开发的重要措施（龙笛, 2005）。

然而，由于河流和湖泊水体自身的动态特征，以及各个国家和地区自身地理条件、基本国情和自然价值观的差异，至今国际上对水生态健康的概念和内涵仍没达成共识。Costanza 等（1992）认为，健康的流域水生态系统不一定是原始的生态系统，但它必须是一个相对完整的生态系统，具有复杂生境异质性特征，是稳定和可持续的，即随时间的进程有活力并且能维持其组织及自主性，在外界胁迫下容易恢复；Rapport（1992, 1998）则认为，健康的流域生态系统是远离流域生态系统危机综合征的。危机综合征主要表现为：初级生产力的下降（对流域内陆地生态系统而言）或增加（对流域内水生态系统而言）、营养的流失、生物多样性的丧失、关键种群的波动增强、生物结构的退化和疾病的广泛发生及严重性等。Schofield 和 Davies（1996）认为，水生态系统健康与相同类型未受干扰的水生态系统相似，Karr 和 Dudley（1981）也认为，应该将生态学的基本概念纳入水生态系统健康中，提出只要水生态系统当前的使用价值不退化且不对其他系统产生影响，虽其完整性有所破坏，该系统仍可认为是健康的；Meyer（1997）和 Vugteveen 等（2006）

认为，水生态系统健康应纳入生态标准和人类获得的服务功能，即健康的水生态系统是既能够维持系统结构和功能，也能满足人类与社会的需要和期望的水生态系统。在国内，龙笛（2005）将水生态系统健康的尺度扩展至流域健康上，认为流域决定河流，健康的水生态系统必须有一个健康的流域环境为背景，同时健康的水生态系统又是健康流域的基础。刘昌明和刘晓燕（2008）认为，立足于我国水生态系统的现状，健康的水生态系统应该在自然功能和社会功能上是和谐且均衡的。张晓萍等（1998）认为，流域健康是流域的这样一种特性，即可以自我持续发展，可以从各种不良的环境影响中自行恢复，其结构和环境功能达到相对最佳稳定状态，在自然条件下，健康的流域总是从一种原始状态向生物种类多样化、结构复杂化和功能完善化的状态发展。

总结国内外学者对流域生态系统健康的理解，本研究认为健康的流域水生态系统应该：①对流域进化过程中遇到的正常干扰（如污染、洪水、干旱、火灾等）具有一定恢复力；②远离流域生态系统危机综合征；③能自我维持，即在没有外部输入时能存在；④管理实践和生态系统过程不损害邻近生态系统；⑤经济上可行，能够提供合乎自然和人类需求的生态服务（Rapport，1995；Harwall et al.，1999）。其水生态系统在时间和空间的变化过程中能够保持其完整的结构和功能，能够满足人类日益增长的物质需求，对人类的干扰具有良好的缓冲能力和恢复能力，具有较高的可持续服务功能。

1.2.2 水生态系统健康评价概念和内涵

水生态系统健康评价起始于河流系统评价。在河流系统评价的发展初级阶段，主要将评价指标局限在物理-化学性质上，通过测定一系列水体理化指标，如 pH、硬度、阳离子含量等。环境管理相关监督则对水体的物化指标进行管理。随着评价体系的逐渐完善，大多数欧洲国家将《水框架指令》（*Water Frame Directive*）纳入环境政策，而水框架指令体系就是将水量、水质和水生态系统进行一体化管理；美国则形成自己的管理体系，逐渐从水体的物理、化学指标扩展到生物的完整性现状，大多数的水体评估项目将评价体系扩展到水生态系统健康和修复的生物、物理和化学等多个方面，以支持河流环境管理策略。

水生态系统健康及其评价的研究一直是应用生态学研究的重点领域，水生态系统健康的标准界定和评价方法也有较快的发展。但是，大部分的研究都集中在水生态系统健康评价及其方法的探讨方面，而如何将水生态系统健康评价作为一种工具，为制定水生态系统管理计划策略提供技术支持，这样成功的案例并不多。同时，在水生态系统健康状态评价基础上，准确甄别受损因子并对其程度分级，是制定水生态保护管理计划不可缺少的步骤。但在微观层面的类似分析方法并不成熟。所以，在水生态系统管理的层面，建立一个完整的水生态系统分析框架和评价方法，快速评价水生态系统的健康，且对退化水生态系统能准确甄别其受损因子和受损程度，为制定水生态系统管理计划提供全面的技术支持，是流域水生态系统健康管理的重要基础。

因此，本研究定义水生态系统健康评价就是从生态系统的角度，按照一定的评价标准和方法，对一定区域范围内的水生态系统稳定性和功能进行客观的定性和定量调查分析、评价与预测。水生态系统健康评价实质上是对水生态系统状态的优与劣的评定过程，该过程包括评价因子的确定、水生态监测、评价标准、评价方法、驱动因子识别。

1.2.3　流域水生态系统健康评价方法综述

近 20 年来，以河流健康评价为典型代表的流域水生态评价方法学不断发展，形成了一系列各具特色的评价方法（表 1-1）。从评价原理可将这些评价方法分为预测模型法、单指标评价法和多指标评价法。

表 1-1　国际上主要的河流健康状况评价方法（吴阿娜等，2005）

类型	评价方法	主要设计者	内容简介	特点
预测模型法	RIVPACS（Wright et al.，2000）	Wright J F	利用区域特征预测河流自然状况下应存在的大型无脊椎动物，并将预测值与该河流大型无脊椎动物的实际监测值相比较，从而评价河流健康状况	能较为精确地预测某地理论上应该存在的生物量；但该方法基于河流任何变化都会影响大型无脊椎动物这一假设，具有一定的片面性
预测模型法	AUSRIVAS（Hart et al.，2001）	Simpson J C 和 Norris R N	针对澳大利亚河流特点，在评价数据的采集和分析方面对 RIVPACS 方法进行了修改，使得模型能够广泛用于澳大利亚河流健康状况的评价	能预测河流理论上应该存在的生物量，结果易于被管理者理解；但该方法仅考虑了大型无脊椎动物，并且未能将水质及生境退化与生物条件相联系
单指标评价法	IBI（Karr，1981）	Karr J R	着眼于水域生物群落结构和功能，用 12 项指标（河流鱼类物种丰富度、指示种类别、营养类型等）评价河流健康状况	包含一系列对环境状况改变较敏感的指标，从而对所研究河流的健康状况做出全面评价；但对分析人员专业性要求较高
多指标评价法	RCE（Petersen，1992）	Petersen R C	用于快速评价农业地区河流状况，包括河岸带完整性、河道宽/深结构、河岸结构、河床条件、水生植被、鱼类等 16 个指标，将河流健康状况划分为 5 个等级	能够在短时间内快速评价河流的健康状况；但该方法主要适用于农业地区，如用于评价城市化地区河流的健康状况，则需要进行一定程度的改进
多指标评价法	ISC（Ladson and White，1999）	Ladson A R	构建了基于河流水文学、形态特征、河岸带状况、水质及水生生物 5 方面的指标体系，将每条河流的每项指标与参照点对比评分，总分作为评价的综合指数	将河流状态的主要表征因子融合在一起，能够对河流进行长期的评价，从而为科学管理提供指导；但缺乏对单个指标相应变化的反映，参考河段的选择较为主观
多指标评价法	RHS（Raven，1998）	Raven P J	通过调查背景信息、河道数据、沉积物特征、植被类型、河岸侵蚀、河岸带特征及土地利用等指标来评价河流生境的自然特征和质量	较好地将生境指标与河流形态、生物组成相联系；但选用的某些指标与生物的内在联系未能明确，部分用于评价的数据以定性为主，使得数理统计较为困难
多指标评价法	RHP（Rowntree and Ziervogel，1999）	Rowntree K M	选用河流无脊椎动物、鱼类、河岸植被、生境完整性、水质、水文、形态 7 类指标评价河流的健康状况	较好地运用生物群落指标来表征河流系统对各种外界干扰的响应；但在实际应用中，部分指标的获取存在一定困难

（1）预测模型法

预测模型法假定水生态系统的任何变化都会反映在某个单一物种上，以这个单一物种对水生态系统健康状况进行评价。典型预测模型法为英国的河流无脊椎动物预测和分类系统（river in vertebrate prediction and classification system，RIVPACS）和澳大利亚河流评价计划（Australian river assessment scheme，AusRivAS）。该方法首先选择参照点（reference sites）或最小干扰点；其次，通过比较参照点与干扰点的单一物种组成来评价水生态系统健康，以此建立环境特征和生物特征的经验模型；最后，通过比较测量点生物组成的实际值（O）与模型预测值（E），即O/E值，确定评价结果（图1-4）。O/E值范围为$0 \sim 1$，越接近1说明该测量点健康状况越好。

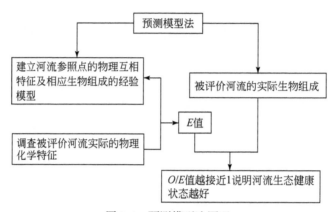

图1-4　预测模型法原理

（2）单指标评价法

单指数评价法，又叫指示物种法。主要是依据河流中的关键物种、特有物种、濒危物种、长寿命物种和环境敏感物种等的数量、生物量、生产力、结构指示、功能指示及其一些生理生态指标等，描述生态系统的健康状况。利用选取的指示物种（类群）的结构和数量等要素的变化与河流的退化程度之间的联系，评价河流系统的健康程度，为水域系统的管理提供技术支持。

不同的生物在水生态系统内具有不同的生态特征和时空尺度，因此，应根据具体地区情况选择生物进行评价。鱼类指标由于其能够在不同空间范围内对环境影响进行表征，已被广泛运用。英国莱茵河拯救项目（The Rhine Action Programme）通过分析莱茵河中鱼类的生存和繁殖受表征河流健康的主要指标，如溶解氧、流量和河道形式等，对鱼类在河流中的生存和繁殖存在一定影响，将远距离迁移鱼类作为莱茵河的河流健康评价和生态修复主要标志，大西洋大马哈鱼是常用的指示鱼种（Raat，2001；Neumann，2002）。大马哈鱼在莱茵河的迁徙，以及再度成功的自然繁殖被认为是该河流健康逐渐恢复的重要指标；同时根据大马哈鱼的习性和产卵地区，将莱茵河的汇水区域全都纳入河流管理及修复范围。法国水利部门把鱼类列为可在全国范围内使用的指标，因为其可以说明河流地理、生态和特定地区的具体情况之间的相对重要性（Thierry et al.，2001）。同时也因为：①鱼类在很多水体中都广泛存在；②鱼类的分类、生态需求和生命周期都比其他综合指标（大型无脊椎动物和着生藻类等）更明确；③鱼类具有不同层次的营养水平；④鱼类具有经济和美学价值，同时有助于提高保护水生态环境的意识。许多生物指数方法也是基于鱼类物种建立起来的。

生物完整性指数（the index of biotic integrity，IBI）（Karr，1981）通过测定鱼类种群的特征来评价鱼类的生境状况，进而评价河流健康状况。IBI 包含河流鱼类物种丰富度、指示种类别、营养类型、鱼类数量等 12 项指标，由于其具备以下特征：①将河流的结构和功能整合；②在生态上具有十分广泛的意义；③灵活性强且应用广泛；④相对健全；⑤被广泛用于环境管理（Yeom and Adams，2007），被用于美国中西部河流的健康状况评价中。鱼类集合体完整性指数（fish assemblage integrity index，FAII）则是建立在鱼类群落耐污性差异基础上的河流健康评价方法（Kleynhans，1999）。

鱼类健康指数（the health assessment index，HAI）是另外一种指示物评价的数学方法，其能够通过鱼类种群数量评价河流健康状况（Goede and Barton，1990）。这种方法通过比较不同鱼类物种之间的数量差异，能够迅速、简便及廉价地用于相关评价方面（Adams et al.，1993）。基于罗马尼亚境内多瑙河流域区段建立的预备综合指标（preliminary multimetric indices，PMI）不需要鱼类物种的种数丰富度这一参数（Paul and Grigore，2004）。

除此之外，还有在 IBI 基础上进行改进的水生态健康指数（an aquatic ecosystem health index，AEHI）（Yeom and Adams，2007）和基于主成分分析的多元计量评分（multivariate condition score，MCS）（Kevin，2009），这些评价指数都存在选取目标物种、选取参考点、进行相应数学统计和等级评分划分的一个过程，进而达到对水生态系统健康进行评估的目的。

河流无脊椎动物也被广泛用于水生态健康评价研究中，主要因为其具有如下优点：①生活史相对稳定；②对外界干扰的敏感性较强；③分布较广；④有一定的生命周期，能够反映水体阶段性的变化；⑤有较高的生态多样性；⑥相对容易辨别。被广泛接受的基于水体无脊椎动物的河流健康评价有河流无脊椎动物预测和分类系统，澳大利亚河流评价计划，南非计分系统（South African scoring system，SASS）（Chutter，1998）和营养完全指数（index of trophic completeness，ITC）（Pavluk et al.，2000）。

除鱼类、无脊椎底栖动物外，有学者开始研究将浮游微生物和底栖微生物纳入指示生物指标体系中，但由于这种方法对技术要求较高，要在短时间内进行普遍应用和接受仍存在一定难度。

在国外，指示物种指标之所以被广泛运用，不仅仅是因为指示物种指标相对简单，步骤清晰，同时也是因为国外在水体环境的研究中，更侧重于水体生态系统的研究。例如，Karr（1981）利用鱼类种群特征来判断鱼类生境而提出生物完整性指数。Kleynhans（1999）基于鱼类的食物耐受性、栖息地偏好性、水量需求等的差异而集聚在不同生境片段的特征，提出鱼类集合体完整性指数。刘明典等（2010）基于 IBI 评价河流生态系统的原理，建立了适合长江中上游干流及附属湖泊的鱼类指标体系。Kerans 和 Karr（1994）在评价美国田纳西州河流健康的实践中提出底栖动物完整性指数（benthic-index of biological integrative，B-IBI），共包括 13 个指标。中国自 20 世纪 70 年代开始应用大型底栖无脊椎动物进行水质监测，潘立勇等（1994）、蓝宗辉（1997）、姜建国和沈韫芬（2000）都研究讨论了底栖动物与水质的关系。王备新等（2005）、李强等（2007）等利用底栖动物指数分别评价了安徽祁门县大北河和闽江河、浙江安吉县西菩溪的健康状况。国内的专家学者还常利用浮游植物种类和数量的变化及群落结构特征来监测及评价水质污染特征和变化（张乃群等，2006；张远，2006）。此外，新西兰用特定河段内落叶的分解率判定河流的健康情况（孙雪岚，2007）。Kingsford（1999）运用航空监测手段，通过了解河流系统周围水鸟的数量变化与分布趋势来研究拥有较大河漫滩河流的健康状况。

虽然指示物种指标在一定程度上能够体现社会经济和人文的影响因素，但一方面，由于其侧重于水体的生态性，往往忽视了社会经济和人类需求等参数；而且，物种指标评价法对鱼类、无脊椎动物等指示物种的分类、选择及评估得分范围，在一定程度上都无法从环境角度进行充分的解释，指示物种指标作为水生态系统健康评估表征指标，对环境管理的反馈存在一定的限制性。另一方面，指示物种指标需要对生物的生存状态及与环境的因果关系有较清楚的研究和了解，才能通过该方法评估获得相应的管理目标。指示物种法的上述局限性，使之虽然能够评价河流健康状况，但缺乏辨别水生态健康的环境驱动因素的能力，对水域生态系统管理的直接支撑力有限。

（3）多指标评价法

指示物种法虽然简便易行，但为了更加全面反映流域水生态系统的健康状况，需要建立包括社会经济和人类健康指标在内的指标体系，对大量复杂信息进行综合。多指标评价法就是通过对监测点所获得的一系列生物和生态系统结构与功能的参数，进行全面客观的比较和计分，再累加各方面的参数得分，对健康状态进行评价的一种综合评价方法。该方法的指标不仅能反映水生态系统的组织结构及功能，也能体现水生态系统的社会服务功能，是目前被广泛使用的水生态系统健康评价方法，如 Peterson 的 RCE 清单、Ladson 提出的 ISC 等。

RCE 的指标系统包含河岸带土地利用指标、河道物理指标及生物指标三类，根据实际调查的情况对每项指标进行打分，通过数学处理得到最后得分，以评价河流的健康状况。然而 ISC 则是基于河流水文学、物理构造特征、河岸区状况、水质及水生生物五大方面共计 22 项指标体系积分而建立的综合评价体系，仍缺少能够直观反映社会服务功能的指标因子（表1-2）。

表1-2　多指标评价方法所采用的指标比较

方法	使用国家及地区	河流健康状况评估指标组成							主要用途
		水质	物理生境	河岸质量	水生生物	物理形态	景观、休闲、娱乐	水文	
ISC	澳大利亚	√		√	√	√		√	全国河流状况评估
EHI	南非	√		√		√			河口条件快速报告

方法	使用国家及地区	河流健康状况评估指标组成							主要用途
		水质	物理生境	河岸质量	水生生物	物理形态	景观、休闲、娱乐	水文	
RHP	南非	√	√	√	√	√		√	河流健康评估
RCE	美国、瑞典、意大利		√	√	√	√			评估农业区域小溪流
SERCON/RHS	英国		√	√		√	√		河流现状详细报告
USHA	新西兰	√	√	√	√	√		√	城市河流生境评估

我国虽然在水域生态系统评估起步比较晚，亦没有建立具有公共认同的评估指标和方法，但也根据水域管理的需要，对部分流域建立了局部的水生态健康评价体系。耿雷华等（2006）基于河流的特性，从河流的服务功能、环境功能、防洪功能、开发利用功能和生态功能出发，构建了单一目标层、5 个准则层和 25 个具体指标的健康河流评价体系，将澜沧江流域的河流健康划分为处于良好状态的下缘。刘昌明和刘晓燕（2008）以黄河为研究对象，将评价体系的重点放在河流的流量、水质、水沙关系和供水保证率等以水位主导的因子上，根据河流健康指数 RHI 的变化，将河流健康状态分为健康、亚健康、过渡区、不健康和病态五种类型。张楠等（2009）采用主成分分析与相关性分析方法，对所选择的 23 个水质指标体系进行筛选，构建了由五日生化需氧量、溶解氧、电导率等 10 个水质指标构成的河流健康综合评价体系，以改进的灰关联方法作为评价方法，判断辽河健康等级，并将健康等级分为“健康”“亚健康”“较差”和“极差”四个等级。为了使水生态系统评价等级状况更加明确化，张楠等（2009）还提出了不同的生态健康等级的评价指标，将自然生态功能（水文状况、河流形态结构、河岸带状况、水质和水生生物）和社会功能（防洪安全、供水能力、调节能力、文化美学功能和水环境容量）作为评级的 2 个约束准则，通过双约束矩阵进行功能评分，将浑河沈阳主城区段划分为生态保护区、生境修复区、缓冲区、开发利用区和过渡区五个健康等级不同的功能区。

张国平（2006）从流域的空间尺度上，对龙河流域系统的健康状况进行评价。从生态经济学和资源经济学的原理出发，运用市场价值法、影子工程法、资产费用法等多种生态系统服务功能评价方法，对龙河流域生态系统服务功能价值进行了评估。在此基础上，结合流域的生态系统特征、功能和社会人文等指标为一级指标，构建了龙河流域的系统健康评价指标体系。采用模糊综合评价法对流域健康进行了综合评价。此外，珠江的河流健康评价、滦河山区流域和北四河平原流域也都是从流域的空间尺度上进行健康评价的。

在我国进行的水健康评估实践中，主要使用的综合指标评估方法有水质综合污染指数（comprehensive pollution index，CPI）、生物完整性指数法和多指标健康综合指数。

水质综合污染指数是评价水环境质量的一种重要方法。水质综合污染指数法是以监测数据与评价标准之比作为分指数，然后通过数学综合运算得出一个综合指数，以此代表水体水质的污染程度。对分指数的处理不同，决定了指数法的不同形式，如简单叠加型指数、算术平均型指数、加权平均型指数、罗斯水质指数、内梅罗指数、黄浦江污染指数、豪顿水质指数等。水质综合污染指数法由于其计算简便，而且评价结果便于比较，比较适合管理者对流域尺度的统一管理、规划和控制。一般情况下，在水质综合污染指数法中，假设各参与评价因子对水质的贡献基本相同，采用各评价因子标准指数加和的算术平均值进行计算。目前我国的环境质量报告书中仍采用这种方法。

水质综合污染指数是用一种最简单的、可以进行统计的数值来评价水质污染状况的方法。它的优势在于在空间上可以对比不同河段水体的水质污染程度，便于分级分类；在时间上可以表示一个河段、一个地区水质污染的总的变化趋势，改善了用单项指标表征水质污染不够全面的欠缺，解决了用多项指标描述水质污染时不便于进行计算、对比和综合评价的困难，并且克服了用生物指标评价水污染时不易给出简明的定量数值的缺点。

水质综合污染指数的主要不足在于：只考虑到单纯水质情况，对生态系统总体健康状况评价有限；同时，简单的算术平均方法在简化计算方法的同时，也造成了当个别参数出现高浓度的情况，而其余偏低时，其综合结果可能偏低而掩盖了高浓度参数的影响，即掩盖了较大值或最大值的污染作用；此外，选用的水质标准不同，也造成评价结果不同。

通常情况下，水质较好的区域，水体中的有机元素和营养元素适量，为水生生物提供充分养料的同时，也能够将水生生物的种类和数量维持在一个相对稳定的水平。另外，水生生物产生的代谢产物及外界适量的干扰可以通过水体的自净调节能力减少不利的影响，恢复到一个相对平衡的状态。相反，水质较差的区域，一方面，水体中有机或者无机物质的超标，可能会导致水生生物数量和种类的急剧增加或减少，使水生态系统处于不稳定的状态。另一方面，水质较差的水体，其自净能力通常较差，抵抗外界和内部产生的代谢产物或有害物质能力较弱，会使水质进一步恶化，从而形成一个恶性循环。因此，从某种程度上说，水质综合污染指数法可以间接地体现水生态系统的健康水平。

生物完整性指数（IBI）是基于指示物种进行生态系统健康评价的方法中，最广泛的评价方法之一。生物完整性指数是由 Karr 等于 1981 年提出，它由多个生物参数组成，通过评价点与参考点参数值的比较，划分出生态系统中不同样点的健康程度。生物完整性指数中每个生物状况参数都对一类或几类干扰反应敏感，因此，IBI 可定量描述人类干扰与生物特性之间的关系，间接反映水生态系统健康受到的影响程度。用 IBI 评价水生态系统健康的优势在于综合各个生物状况参数构建 IBI 可以更加准确和完全地反映系统健康状况和受干扰的强度。最初 IBI 是以鱼类为研究对象建立的，随后扩展到底栖无脊椎动物、周丛生物、着生藻类、浮游生物、高等维管束植物及浮游细菌。

多指标健康综合指数法是在传统的水质综合污染指数法的基础上，同时考虑到生物指标能够反映多种生态胁迫对水环境造成的累积效应，综合采用生物指标和非生物指标两类因素，更为全面地评价生态系统健康水平的一种方法。多指标健康综合指数法，具有较好地体现生态系统健康评价的综合性、整体性和层次性，评价过程简单明了，评价结果明确，易于公众感知等优点。但同时指标体系的建立，受研究区域的限制，研究者的学科背景、研究方法、研究尺度的影响，存在不同学者所提出的指标体系并不形同，缺乏公认的指标体系等问题。

多指标健康综合指数法在资料收集和水生态调查的基础上，立足于流域水生态系统特性（结构、功能及过程）的理解，构建以物理完整性、化学完整性和生物完整性为标准的滇池流域水生态系统健康评估指标体系和标准，然后经过一系列计算，最后得到水生态系统健康评估指数，再按健康指数值大小评估健康等级。

1.3 滇池流域水生态系统健康评价框架

滇池流域水生态系统健康评价，将采用综合评价指标法。在水体理化指标、水文地形地貌和水生生物群落调查的基础上，通过对滇池流域范围内不同状态的子流域河流的物理完整性、化学完整性和生物完整性进行评价，建立不同子流域水生态系统健康综合评价指数，最后对滇池流域水生态系统健康给出总统评价。滇池流域水生态系统健康评价框架如图 1-5 所示。

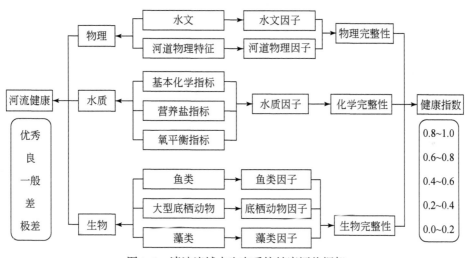

图 1-5 滇池流域水生态系统健康评价框架

上　篇

滇池流域水生态系统状态

第 2 章　滇池流域概况

云南省高原湖泊众多，是我国湖泊最多的省份之一。滇池是云南省内湖面最大的湖泊，是全国第六大淡水湖，有着"高原明珠"之称。滇池流域涵盖了云南省会昆明，是云南省政治、经济、文化的中心。然而，作为云南省经济最发达、人口最集中、城市化水平最高的区域，强烈的人为活动，极大地影响了滇池流域水生态系统过程，流域水生态系统健康受到了极大的威胁。

滇池流域作为一个整体，生态系统健康与其自然环境因素和人类社会经济特征息息相关。为了了解滇池流域水生态健康状态，厘清影响其健康状态的环境因子，本章将重点介绍滇池流域社会经济和自然环境基本特征，为后续的流域水生态系统健康评估，提供基本情况。

2.1　流域社会经济特征

2.1.1　行政区划

昆明市区新行政区域调整后，滇池流域包括了昆明市五华区、盘龙区、官渡区、西山区、呈贡区、晋宁县和嵩明县七个县（区）的 59 个乡镇（或街道办事处）。其中，盘龙区、官渡区、五华区和西山区为昆明老城区所在地。2011 年昆明市人民政府驻地由盘龙区迁往呈贡区。

2.1.2　人口

2011 年流域内人口为 419.14 万人，占全市人口的 64.6%。其中，主城区涉及五华区、盘龙区、官渡区、西山区四个区，人口为 330.04 万人，占流域总人口的 78.7%。滇池流域平均人口密度为 771 人/km²。

近 20 年间，滇池流域内人口总数呈现上升的趋势。1997 年，滇池流域总人口为 241.83 万人，而 2011 年滇池流域的总人口变为 419.14 万人。各县（区）的人口数量大小为五华区>官渡区>盘龙区>西山区>呈贡区>嵩明县>晋宁县（表 2-1）。

表 2-1　2011 年滇池流域所属城区人口数量和人均 GDP 分布

滇池流域所属城区	人口（万人）	人均 GDP（元）
五华区	86.20	70 784

滇池流域所属城区	人口（万人）	人均GDP（元）
西山区	76.24	37 977
盘龙区	81.60	37 110
嵩明县	28.90	18 004
呈贡区	31.70	26 988
晋宁县	28.50	23 668
官渡区	86.00	64 073

1997~2011年，滇池流域的总人口密度呈现上升的趋势。1997年，滇池流域的总人口密度为547人/km²，而2011年滇池流域的总人口密度为771人/km²。2011年，各县（区）的人口密度大小为盘龙区>五华区>官渡区>西山区>呈贡区>嵩明县>晋宁县（图2-1）。

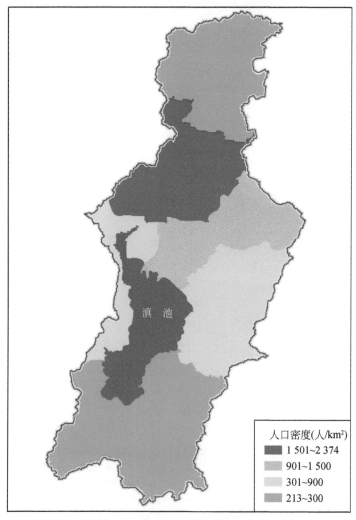

图2-1　滇池流域人口密度分布

2.1.3　经济

滇池流域产业结构以旅游、商贸和工业为主。2011 年滇池流域的国内生产总值（GDP）为 2509.594 亿元，比 2010 年同期增长了 18.36%。流域内农业以种植、养殖业为主，工业以烟草及配套、制药、装备制造、光电子信息、有色冶金、磷化工、食品加工、轻纺、医药、建材、机械等为主，第三产业以旅游业为主业。三大产业在 GDP 中分别占 5.3%、46.3% 和 48.4%，产值分别为 133.809 亿元、1161.1745 亿元和 1214.574 亿元。

从滇池流域单位土地 GDP 分布看（图 2-2），最高出现在五华区，为 15 937.49 万元/km²。其次为盘龙区。包括五华区、盘龙区、官渡区的昆明市城区单位土地 GDP 明显高于其他县（区）。以第一产业为主的嵩明县和晋宁县的单位土地 GDP 仅为 384.45 万元/km² 和 503.93 万元/km²，分别只有五华区的 2.4% 和 3.2%。

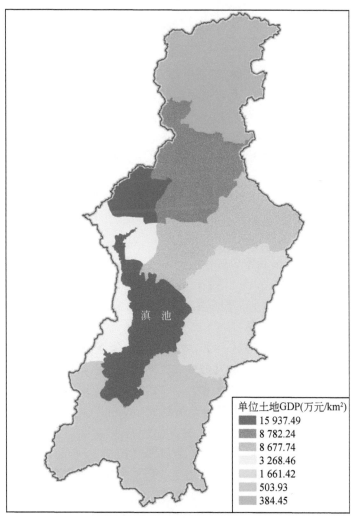

单位土地GDP(万元/km²)
- 15 937.49
- 8 782.24
- 8 677.74
- 3 268.46
- 1 661.42
- 503.93
- 384.45

图 2-2　滇池流域单位土地 GDP 分布

滇池流域在昆明市主城建成区规模迅速扩大，在城市集聚效应、乘数效应、分工协作效应的催化作用和辐射带动下，经济不断发展。全市面积仅占流域面积的13.8%，生产总值却占全流域生产总值的75.2%，2011年人均GDP达到3.9万元（表2-1）。

滇池流域内的人口和社会经济的区域分异特征体现在：滇池湖体北部邻近区域为昆明市城区，人口密度最大，交通最为便利，工商业最为发达，GDP产值最高，其产业结构以工业、第三产业为主；环滇池的东部区域主要为农业区，产业结构以农业为主、工业分布相对较少，人口密度小，GDP产值较低；而流域外围区域，地形多为中高海拔山地，人口分布较分散，工业分布非常少，农业分布也较少，GDP产值最低。

总体上滇池流域的经济状况以昆明市区所在区域最好，环滇池区域经济状况次之，流域外围经济状况最差，以湖为中心，形成明显圈层结构。人口和社会经济的区域差异，使生态系统所面对的压力在流域范围内也呈现明显的差异性，从而导致流域内生态系统健康状况的巨大差异。

2.2 自然环境

滇池流域位于云贵高原中部（24°29′N～25°28′N，102°29′E～103°01′E），地处长江、红河、珠江三大水系分水岭地带。西有横断山脉，东临滇东高原，北靠乌蒙山、梁王山，地势由北向南逐渐降低，总面积为2920km²。滇池属于长江流域金沙江水系，为典型的断陷构造湖泊。湖体面积约为309km²，为南北长、东西窄的湖盆地。自1996年修建船闸后，滇池湖体被分割为相对独立的草海和外海两部分水域。滇池自然环境具有典型高原浅水湖泊的特征。

2.2.1 气候特征

滇池流域位于北亚热带湿润季风气候区，主要受西南季风和热带大陆气团交替控制。滇池流域年平均气温为14.7℃（图2-3），全年无霜期为227d，整个流域最低年平均气温为12.3℃，主要位于滇池流域西部及滇池湖体北部区域；最高年平均气温为15.4℃，主要分布在流域东南部。

滇池流域地处低纬度高海拔地区，季节气候明显，干湿分明，流域内多年平均降水量为947mm，其中陆域多年平均降水量为953mm，湖面多年平均降水量为890mm（图2-4）。流域内降水量随海拔变化，降水量最大值约为1188mm，主要分布在高山地区，以东部、东北部和南部山区降水量较多；降水量最小值约为779mm，主要位于河谷、坝区及湖面。从整个流域来看，降水量空间差异性不大。

滇池流域多年平均蒸发量空间差异性较为显著（图2-5），最大多年平均蒸发量约为2076.6mm，主要分布于滇池流域的北部高山区，最小多年平均蒸发量约为1695.9mm，主要分布于滇池流域的西部及环滇池湖体平原地区。

滇池流域为明显的低纬度高原季风气候特征：①冬干夏湿，干湿分明；②冬无严寒，夏无酷暑，四季如春；③湖滨小气候，冬暖夏凉，四季变化平缓；④山区气候垂直差异

气温(℃)

高：15.38

低：12.33

图 2-3　滇池流域多年平均气温空间分布

大，谷地、坝区为中亚热带气候，低山地为北亚热带气候，中山地为南温带气候。流域内主要的气候性灾害为干旱、低温冷害、洪涝、冰雹和倒春寒等。

2.2.2　水系构成及其水文特征

滇池水系主要由滇池湖体和 29 条入湖河流构成。

2.2.2.1　滇池湖体

滇池湖体为云贵高原湖面最大的淡水湖泊，南北长约为 40.4km，东西平均宽约为 7km，湖岸线长为 163.2km。根据 1983 年的测量，滇池在 1887.4m 高水位运行下平均水深为 5.3m，湖岸线长为 163.2km，水面面积为 309km^2，总蓄水量为 15.6 亿 m^3（昆明市水利志编纂委员会，1997）。据 2011 年 1 月 14 日滇池数字化水下地形测绘工作情况通报会

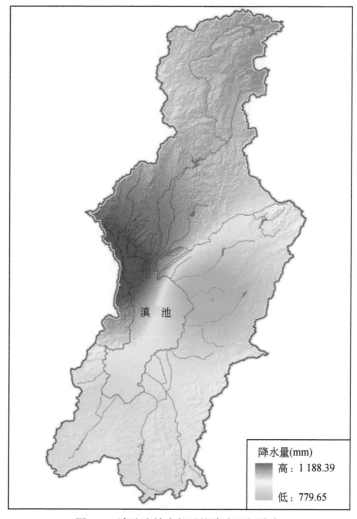

降水量(mm)
高: 1 188.39
低: 779.65

图 2-4 滇池流域多年平均降水空间分布

报道，滇池运行水位提高到 1887.5m 时，水域面积达 310km²，总容量达 15.8 亿 m³，平均水深为 5.03m，最深处为 11.35m（张锦，2011）。根据金相灿等（1995）的研究，滇池多年平均入湖水量为 6.7 亿 m³，多年平均出湖水量为 4.17 亿 m³。多年平均水面年蒸发量为 4.28 亿 m³，湖面多年平均年降水量为 2.77 亿 m³，多年平均亏水量为 1.3 亿 m³，多年平均水资源量为 5.4 亿 m³。

自 1996 年修建船闸后，滇池湖体被分割为相互联系却很少交换的草海、外海两部分。根据 2001 年《云南省地表水环境功能区划（复审）》，草海功能定为工农业用水、景观娱乐用水区，外海功能定为饮用水源二级保护区，一般鱼类用水区、工农业用水区、景观娱乐用水区。虽然同属一个流域，草海和外海具有了不同的水功能定位。

草海位于滇池北部，平均水深为 2.5m，水量约为 0.2 亿 m³，占滇池总水量的 2%（可参考《滇池水污染综合防治调研报告》，2007）。面积约为 9km²，约占全湖面积的

蒸发量(mm)

高: 2 076.59

低: 1 694.87

图 2-5　滇池流域多年平均蒸发量空间分布

2.8%（董学荣和吴瑛，2013）。草海是昆明市主城西部城市纳污河流的过流水域，其主要水源为社会曾用水。每年经由新运粮河和老运粮河进入草海的水量大约为 0.5 亿 m³，经由西园隧洞的出流量每年约为 1.2 亿 m³，草海水体在一年中能得到不少于 6 次置换（表2-2）。在草海控制区内，有第一污水处理厂、第三污水处理厂、船房河截污泵等城市污水处理工程。每年汛期过后，草海水质均能得到不同程度改善。

表 2-2　滇池草海与外海的湖泊基本特征

水域	径流面积（km²）	湖泊面积（km²）	水量（亿 m³）	出流口	出流水量（亿 m³/a）			水体置换周期
					2002 年	2003 年	2004 年	
草海	135	9	0.2	西园隧洞	1.2	1.4	1.3	1~2 月/次
外海	2484	301	12.7	海口中滩闸	4.7	1.6	3.8	3~8 年/次

外海为滇池的主体，平均水深为 4.4m，在正常高水位时的水量为 12.7 亿 m³，占滇池总水量的 98%。面积约为 301km²，约占全湖面积的 97.2%（董学荣和吴瑛，2013）。外海多年平均供水量占流域城市总供水量的 10% 左右，曾经长期作为昆明市主城区的饮用水源，即便是 2006 年掌鸠河引水济昆工程完成后，外海也将长期作为昆明市主城区的备用饮用水源。外海出水经西南端的海口中滩闸，向北经螳螂川、普渡河后，汇入金沙江，出入湖水量交换周期需要 3 年以上。

2.2.2.2　水源地及入湖河流

滇池流域水源地主要分布在入湖河流的上游，以自然泉水形成的龙潭和人工修建的水库为主。主要有松华坝水库、柴河水库、大河水库、双龙水库、宝象河水库、海源寺龙潭水源、白龙潭水源、青龙洞龙潭水源、松茂水库、果林水库、东白沙河水库、自卫村水库等（图 2-6）。

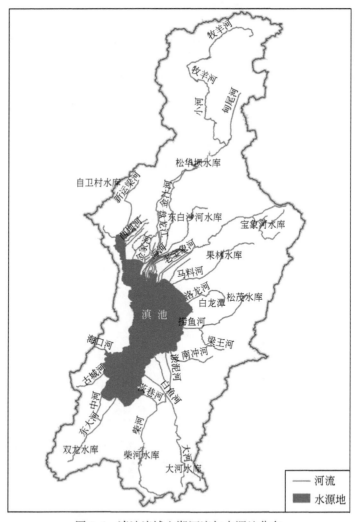

图 2-6　滇池流域入湖河流与水源地分布

松华坝水库是滇池流域内最大的一座水库，位于盘龙江上游，是一座兼有城市防洪、城市水源、农业灌溉多种功能的综合型水库。松华坝水库设计库容为 2.19 亿 m^3，调蓄库容为 1.05 亿 m^3，控制径流面积为 593km^2，保护区面积为 629.8km^2，多年平均径流量为 2.3 亿 m^3。近 5 年来，日均供水量为 45 万 m^3，占昆明城市日供水量的 60% 以上，是城市重要的饮用水源。其他水源地水文特征见表 2-3。

表 2-3 滇池流域大中型水库一览

水库名称	所属水系	径流面积（km²）	年径流量（亿 m³）	库容（亿 m³）
松华坝水库	盘龙江	593	2.3	2.19
宝象河水库	老宝象河	86	0.158	0.209
大河水库	大河	44.1	0.169	0.185
柴河水库	柴河	106.5	0.397	0.22
双龙水库	东大河	100	0.347	0.122
松茂水库	捞鱼河	55.6	0.190	0.143
果林水库	马料河	37.7	0.121	0.074
东白沙河水库	海河	28.4	0.093	—

此外，滇池外海也是流域重要的备用水源。这些水库农业灌溉和城市防洪都具有重要的意义。

滇池流域的入湖河流多发源于滇池流域北部、东部和南部的山地，以及滇池上游的水库和龙潭等水源地。主要入湖河流可分为 29 条，流入草海的 7 条河流自北向南依次为乌龙河、大观河、新运粮河、老运粮河、王家堆渠、船房河、西坝河；流入外海的 22 条河流自北向南依次为：采莲河、金家河、盘龙江、大清河、海河、六甲宝象河、小清河、五甲宝象河、虾坝河、老宝象河、新宝象河、马料河、洛龙河、捞鱼河（胜利河）、南冲河、淤泥河、老柴河、白鱼河、茨巷河（原柴河）、古城河、东大河、城河（中河）（图 2-6）。

这些河流因为水源不同，河道特征各异，形成了滇池流域具有特色的水文特征（表 2-4）。

表 2-4 滇池流域入湖河流类型一览

河流名称	河流类型	水源地	入湖水域
王家堆渠	断头河流	—	草海
新运粮河	水库下游河流	自卫村水库	草海
老运粮河	水库下游河流	西北沙河水库	草海
乌龙河	断头河流	—	草海
大观河	断头河流	—	草海
西坝河	断头河流	—	草海
船房河	断头河流	—	草海
采莲河	断头河流	—	外海

河流名称	河流类型	水源地	入湖水域
金家河	断头河流	—	外海
盘龙江	水库下游河流	松华坝水库	外海
大清河	水库下游河流	松华坝水库	外海
海河	水库下游河流	东白沙河水库	外海
六甲宝象河	水库下游河流	东白沙河水库	外海
小清河	水库下游河流	东白沙河水库	外海
五甲宝象河	水库下游河流	东白沙河水库	外海
虾坝河	断头河流	—	外海
老宝象河	水库下游河流	宝象河水库	外海
新宝象河	水库下游河流	宝象河水库	外海
马料河	水库下游河流	果林水库	外海
洛龙河	水库下游河流	白龙潭水源	外海
捞鱼河	水库下游河流	松茂水库	外海
南冲河	水库下游河流	横冲水库、韶山水库	外海
淤泥河	水库下游河流	大河水库	外海
老柴河	水库下游河流	大河水库、柴河水库	外海
白鱼河	水库下游河流	大河水库、柴河水库	外海
茨巷河	水库下游河流	柴河水库	外海
东大河	水库下游河流	双龙水库	外海
中河	水库下游河流	双龙水库	外海
古城河	断头河流	—	外海

　　根据河流水源特征,一般将滇池流域的 29 条入湖河流流分成两类:①水库下游河流 20 条,其中 2 条流入草海,18 条流入外海;②无自然来水的断头河流 9 条,其中 5 条流入草海,4 条流入外海(表 2-4)。

　　29 条入湖河流的流量各不相同(图 2-7),其中,盘龙江为流域面积最大的河流。盘龙江全长为 103km,流经嵩明、盘龙和官渡三个区,流域面积达 761km^2。松华坝将盘龙江截断,形成上游的水库水源区和下游的入湖河流区。根据流量,盘龙江平均年径流量约为 2.66 亿 m^3(昆明市水利志编纂委员会,1997),径流量为滇池来水的三分之一。松华坝水库下游河流受上游水库调节水位的影响,属季节性河流,水源以自然来水为主。其主要特征为全年有 3~6 个月的断流期,在此期间大部分河床内只有地下水形成的基流,入湖口附近的河床内则常常出现滇池湖水倒灌现象。在丰水期,地表径流加速了流域内的水土流失,导致河水中含有大量泥沙,在入湖口处形成较明显的滩涂。无自然来水的断头河流主要指北部的王家堆渠、船房河、大清河等河流,其河道内常年是污水处理厂流出的回归水,流量较大,但与季节无关。追踪其最初的水源,主要来自外流域引入的饮用水资源,并不是流域自身产水。在 29 条入湖河流中,约有 40% 河流的年均水量不足 3 万 m^3,年均水量超过 12 万 m³的河流只有大清河和虾坝河。这些水文特征，导致滇池流域不能用监测的平均流量作为衡量子流域水资源量的指标。

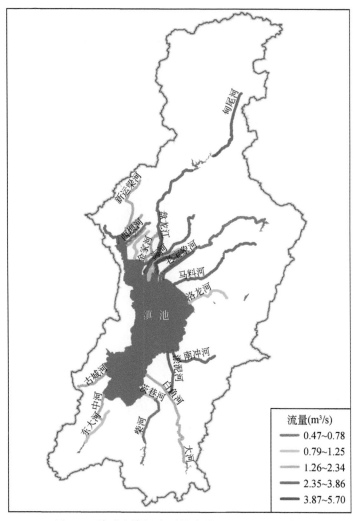

图 2-7　滇池入湖河流平均流量（2001~2009 年）

2.2.2.3　流域水资源特征

流域内水资源具有时空分布不均的特点。从空间分布特征来看，滇池流域地处低纬度高海拔地区，立体气候明显，干湿分明，降水量随海拔变化，高山地区降水量较大，以东部、东北部和南部山区降水量较多，河谷、坝区及湖面降水量较少。从时间分布特征来看，滇池流域汛期（5~10 月）降水集中，水资源量约占全年的 80%；枯期（11 月~次年 4 月）降水较少，水资源量仅约占全年的 20%。同时，降水量年际变化较大，丰水年与枯水年水量悬殊，最大水资源量为 12.02 亿 m³（1999 年），最小水资源量仅为 0.47 亿 m³。因此，水资源量的分配不均加剧了流域的缺水形势。

　　不计降水量和蒸发量，滇池流域水资源分配及利用情况如图 2-8 所示。从整个滇池湖体来看，流入滇池湖体的水量（包括松华坝水库下泄水、城市生产生活污水、城市地表径流和农村农业用水等面源污水）约为 7 亿 m³，但通过海口闸和西园隧洞的湖体出水量能达到 5.9 亿 m³。农田径流和农村农业用水的主要来源是从滇池外海取水，每年约为 4.32 亿 m³。因此，对滇池湖体来说，每年有 3.22 亿 m³ 的缺口，无法满足入湖水量用水量和出湖水量的平衡。为了保证水量平衡，超出的 3.22 亿 m³ 水量只能通过引水工程来获得。从整个流域的水资源需求来看，多年平均水资源需求量为 5.4 亿 m³，远大于水资源供给量，显示滇池流域的水资源量无法满足流域内生产和生活需要，属于水资源量十分短缺的流域。

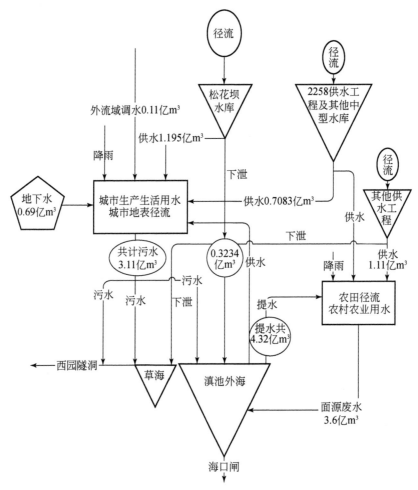

图 2-8　2005 年滇池流域水资源分配及利用情况

　　自 2008 年以来，为了解决滇池流域水资源紧张和水环境污染问题，启动了牛栏江—滇池引水工程。牛栏江—滇池引水工程，主要从牛栏江取水，通过曲靖市沾益县、会泽县及昆明市的寻甸县、嵩明县，进入盘龙区境内，再通过盘龙江直接补入滇池。该工程主要由德泽水库水源枢纽工程、干河提水泵站工程及输水线路工程组成。引水流量为 23m³/s，多年平均向滇池补水 5. 72 亿 m³。自 2012 年引水以来，该工程对改善滇池水环境、缓解水资源短缺问题、配合滇池水污染防治的其他措施及提高昆明市应急供水能力起到了关键作用。

滇池流域水资源短缺，开发利用严重过度，主要表现在以下 3 个方面：①流域人均水资源量已由 20 世纪 50 年代的 900 m³下降到目前的 165 m³，大大低于全省和全国的水平。②80 年代以来，流域供水总量均超过多年平均水资源量（5.4 亿 m³）。到 2005 年底，滇池流域已建成大中型水库 8 座，小（一）型水库 29 座，小（二）型水库 128 座，塘坝441 座，总库容为 4. 37 亿 m³，兴利库容为 2. 71 亿 m³；小型河道引水工程 110 件，提水泵站 944 处，机电井 134 处，外流域引水工程 1 处。流域内水利工程年供水总量达到 8. 13 亿 m³，其中，蓄水工程供水 2. 82 亿 m³，河道引水工程供水 0. 19 亿 m³，滇池提水 4. 32 亿 m³，地下水供水 0. 69 亿 m³，外流域调水 0. 11 亿 m³。③滇池上游水资源开发利用程度为 55.8%，全流域水资源开发利用程度高达 151%，大大超过了流域水资源的承载能力。2005 年以来，昆明市滇池流域用水总量呈现逐年上升趋势，2008 年已达到 10. 26 亿 m³，水资源的供需矛盾日益突出。再加之现有供水中约 50% 的水质不达标，因此，滇池流域水资源短缺已由过去的资源性缺水转变为资源性和水质性缺水并存的严峻局面。

水资源短缺问题在整个流域普遍存在。目前的解决措施是通过外流域引水来减小对滇池流域的开发利用程度，缓解人口高密度地区的用水问题。在滇池流域，水资源短缺明显且人口密度大的城市是昆明市。以昆明市为例，市政府已经通过 3 个引水工程——掌鸠河、清水河、牛栏江引水工程，来满足城市用水，从而减小对滇池流域的开发利用程度。从整个流域的可持续发展角度来说，引水工程相对有效但并非最佳解决途径，节约用水、提高水资源的重复利用率是减小对流域开发利用的更加持久、有效的方法。

2.2.3　地质和地形地貌特征

在地质类型上，滇池流域分布扬子准地台滇东台褶皱带西侧的昆明台褶皱上，处于著名的南北向小江断裂带与普渡河断裂带之间的夹峙地带。此两条断裂带发展历程长，活动剧烈，对流域构造发展、地层沉积、地貌变迁、盆地演化有着明显控制作用。地质构造类型以断裂为主，褶皱次之。以经向构造为主，纬向构造发育，并派生有后期北东向及北西向构造。滇池流域地质类型分布如图 2-9 所示。

从图 2-9 可以看出，滇池流域的历史地质构造活动频繁且剧烈，目前的地质特征是由不同时期的多个地质构造层交错分布，峨眉山玄武岩和黑山头组的分布相对较广且集中，分别分布在流域南部和东部。灯影组则主要分布在流域东南部，呈东南—西北方向。其他的地质构造层，如关底组、巧家组等，分布面积较少。

滇池流域处于云贵高原，海拔相差高度较高，地形地貌比较复杂。流域内平均海拔为1900m，相对高差在 100 ~ 650m（图 2-10）。陆域海拔最低为 1880m，最高为 2837m。流域中部（环滇池区域）海拔较低，平均为 1890m，为冲积平原，四周海拔逐渐升高，整个流域四面为高海拔山地，海拔在 2350 ~ 2700m 的山地占流域面积的 19%。海拔因子在小尺度的滇池流域内空间异质性非常显著，形成了复杂的地貌。

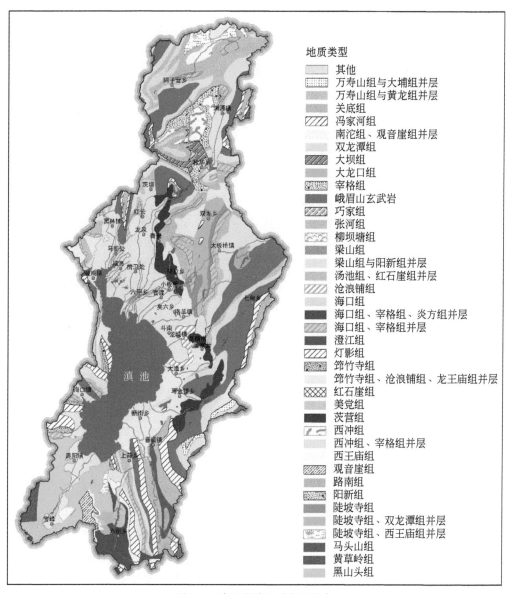

图2-9 滇池流域地质类型分布

　　流域地形分为山地丘陵、淤积平原和滇池水域三个层次（图2-11）。其中，山地丘陵居多，面积为2030km²，约占69.5%；湖滨平原面积为590多平方公里，约占20.2%；滇池水面面积约为300km²，约占10.3%。三个层次形成了湖泊流域的典型圈层结构地貌。从地貌类型分布来看，环滇池湖体的区域主要是平原地貌，主要是在滇池流域的中间区域。在滇池流域的北部，主要是山地，间或有少部分黄土丘陵。在滇池流域的南部，主要是黄土梁峁，间或有小部分山地。流域地形组成具有鲜明高原地貌的自然景观特点。

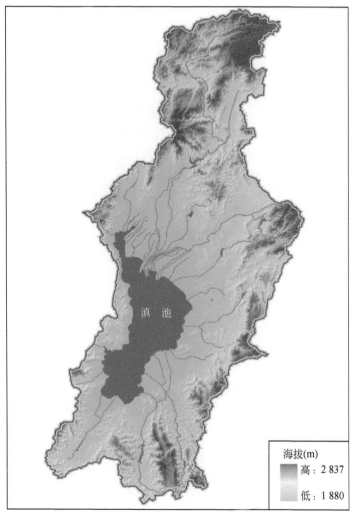

图 2-10　滇池流域海拔分布

　　在昆明盆地周围山地中，有广泛的石灰岩、白云岩分布，受溶蚀作用后形成峰林、石芽原野、石林、溶蚀缓丘、溶蚀谷地、溶洞等岩溶景观。

　　滇池流域坡度变化较大，最低为 0°，最高为 65°，其空间分布特征与海拔基本一致，也表现为流域中部（环滇池区域）坡度最低，向流域外围逐渐增加的趋势，流域最外围坡度最高，地形起伏明显。流域内坡度大于 15°的区域（山地丘陵）所占比例为 60%，而坡度小于 10°的区域（平原）所占比例 20%。同样，坡度因子在滇池流域内空间异质性显著。坡度大，地形起伏大，多为山地，河流多发育在狭长的山谷中，河网稀疏；坡度小，地形起伏小，多为平原，河网密度大。滇池流域上游多为中高海拔中低坡度的山地，而下游多为湖积平原。

图 2-11　滇池流域地貌类型分布

2.2.4　土壤与植被

流域土壤及其覆盖状态，是影响流域内水体及其底质理化性质的主要原因。土壤类型、植被类型及其分布覆盖情况，决定了河川径流量、水体营养元素种类和数量，而植被在生物与生物、生物与无机环境之间的交换体，是水陆平衡的重要条件因素。

2.2.4.1　土壤类型及分布特征

滇池流域受山原地貌及热带季风下生物条件的影响，土壤类型复杂多样。整个流域土壤分为 8 个土类（红壤、黄壤、沼泽土、黄棕壤、棕壤、紫色土、新积土、水稻土）、17 个亚类、30 个土属、75 个土种，如图 2-12 所示。山区地带性土壤为红壤，湖盆区受耕作影响，基本为水稻土。各种土壤在滇池流域内沿水平方向呈区域性分布，沿高程方向呈带状分布。海拔在 2600 m 以上气候冷凉地区为黄棕壤和棕壤，海拔在 2300～2600m 为红壤向棕壤过渡类型的红壤亚类，海拔在 2000～2300m 为山地红壤。旱地多分布于海拔在 2000～2200m 的区域内，以涩红土、红土、油红土、红沙土、黄红土、白沙土为主，在紫色砂岩土地区，旱地为紫羊肝土，水田为紫泥田；海拔在 2000m 以下，主要为坝区冲积、湖积母质发育成的淹育型水稻土红泥田、泥田、胶泥田、沙泥田、沙田等。

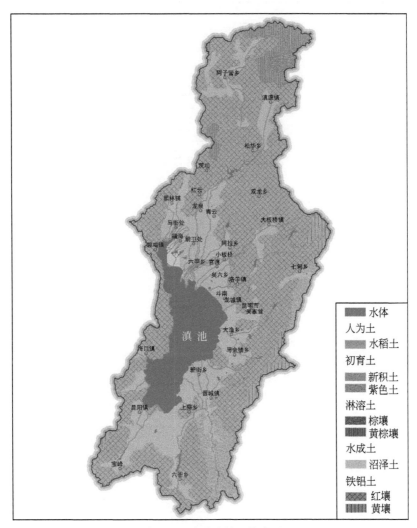

图 2-12　滇池流域土壤类型

滇池流域入湖河流沿岸以水稻土、沼泽土、红壤等土壤类型为主（表 2-5），因而可将入湖河流分为两类：①沿岸以水稻土和红壤为主，共 12 条河流；②沿岸以水稻土为主，共 17 条河流。另外，滇池湖滨带几乎都是水稻土。超过 50% 的河流沿岸的土壤是以水稻土为主，类型较为单一，表明流域的土壤类型人工化程度越来越高，尤其是环滇池湖体区域。入湖河流河岸带以水稻土为主，对水土保持是较为不利的。同时，化肥农药等难降解有机污染物进入水体中的可能性也大大增加。

表 2-5 滇池流域入湖河流河岸带土壤类型一览

河流名称	土壤类型
王家堆渠	全程都是红壤
新运粮河	全程都是水稻土
老运粮河	全程都是水稻土
乌龙河	全程都是水稻土
大观河	全程都是水稻土
西坝河	以边防路为界，上游是水稻土，下游是沼泽土
船房河	以边防路为界，上游是水稻土，下游是沼泽土
采莲河	以杨家塘分界，上游是水稻土，下游是沼泽土
金家河	全程都是水稻土
盘龙江	以松华坝水库为界，上游是红壤，下游是水稻土
大清河	全程都是水稻土
海河	以牛街庄分界，上游是红壤，下游是水稻土
六甲宝象河	全程都是水稻土
小清河	全程都是水稻土
五甲宝象河	全程都是水稻土
虾坝河	全程都是水稻土
老宝象河	以经济技术开发区为界，上游是红壤，下游是水稻土
新宝象河	全程都是水稻土
马料河	以小古城为界，上游是红壤，下游是水稻土
洛龙河	以呈贡县政府小区为界，上游是红壤，下游是水稻土
捞鱼河	以大学城为界，上游是红壤，下游是水稻土
南冲河	以南冲塘为界，上游是红壤，下游是水稻土
淤泥河	全程都是水稻土
老柴河	全程都是水稻土
白鱼河	全程都是水稻土
茨巷河	以上蒜乡为界，上游是红壤，下游是水稻土
东大河	以储英村为界，上游是水稻土，下游是红壤
中河	全程都是水稻土
古城河	全程都是水稻土

2.2.4.2　植被类型和森林分布

流域内自然植被以亚热带的常绿阔叶林为主，代表植被为滇青冈、高山栲、元江栲，次生植被以云南松及华山松为主，森林覆盖率达到22.9%（图2-13，2007年），分布在滇池流域的周边，而环滇池的平原区域没有森林分布。种植农作物主要是大麦、小麦、玉米、蚕豆、烤烟、果树、马铃薯、花卉等，农田面积为29.1%（2007年）。

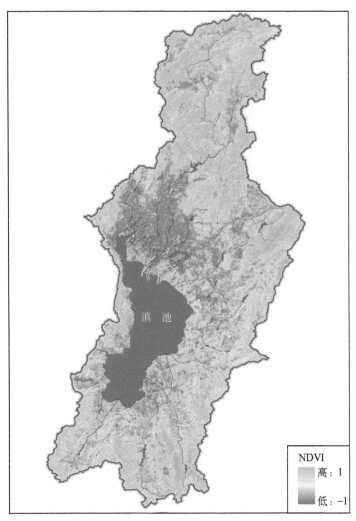

NDVI
高：1
低：-1

图 2-13 滇池流域 NDVI 空间分布图

　　水源地是流域内森林植被分布较集中的区域，平均森林覆盖可达到 50% 左右。松华坝水库属浅切割中山地貌，山间盆地与山岭相间保护区森林覆盖率为 63%，内有植物 1153种，主要植物类型为常绿阔叶林、桤木、滇油杉、柏树、桉树及栎类。宝象河水库的主要树种为云南油杉、云南松、刺栗、麻栗、白栗及其他灌木类等。柴河水库汇水区森林覆盖率为 16.8%。树种主要为云南松、华山松、桤木、滇油杉、栎类、柏树、桉树。大河水库森林覆盖率为 48.7%，主要树种为云南松、华山松、桤木、滇油杉、栎类、柏树、桉树。

　　滇池面山区域的林分向不良方向发展，是一种逆行演替趋势，原先分布较广的湿润、半湿润的常绿阔叶林，大都已遭破坏，而耐寒耐贫瘠的阳性树种——云南松，却迅速增加，成为本地的优势树种，这反映出林地的生境条件正由湿润、半湿润型向干旱贫瘠型退化。现在面山区域森林树种组成以针叶林为主，针叶林地的面积占有林地面积的 73.4%，经济林和果木林占 23%，阔叶林仅占 3.6%。

　　据不完全统计，流域内主要乔木树种有二十余种，其中，云南松占绝对优势，占有林地面积的 39.5%。

总体上滇池流域植被覆盖以森林为主。使用归一化植被覆盖指数（NDVI）表征滇池流域植被覆盖空间分布格局可以看出（图 2-13），环滇池湖体的平原区域植被覆盖情况较差（NDVI 为 0～0.28），其中，NDVI 的低值区域多数分布在环滇池湖体的北部，与昆明市所在的位置一致。显示城市发展恶化了该区域的植被覆盖情况。随着与滇池湖体的距离的加大，NDVI 有所升高，滇池流域北部和南部的 NDVI 最高，为 0.3～0.5。

2.2.5 景观空间格局

湖泊流域景观空间格局特征与流域水体水质之间存在着较为显著的相关关系，土地利用方式是表征陆域生态系统对水域影响的重要指标。人类活动所造成的土地利用变化，通过改变水土流失强度和营养盐的输入量，改变着湖泊水体状况。暴雨径流冲刷地表携带大量陆源物质直接进入湖体，造成水体污染。土地利用已成为影响湖泊水质状况的关键因素之一。本节主要通过介绍土地利用结构特征和土地利用景观空间格局特征，体现景观空间格局在水生态系统过程中产生的作用。

2.2.5.1 土地利用结构特征

（1）流域土地利用结构特征

滇池流域的土地利用类型包括六大类，即林地、草地、耕地、水体、城镇及建设用地和未利用土地。其中，以林地为主，其次为城镇及建设用地和耕地。2013 年，林地占 49.9%、城镇及建设用地占 23.4%，耕地和水体均占 10.7%，草地和未利用土地分别占 3.8% 和 1.5%，如图 2-14 所示。可见，人类作用明显的土地利用方式（城镇及建设用地、耕地）已经高达 34.1%。从滇池流域土地利用类型空间分布图（图 2-15）可以看出，耕地多分布在环滇池湖体区域，其中，北部为昆明市的城镇及建设用地，南部和东部主要为耕地；林地和草地多分布在距离滇池湖体较远的流域边界，受人类干扰程度较小。

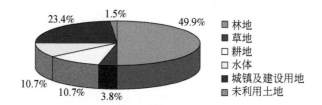

图 2-14　2013 年滇池流域不同土地利用类型的面积百分比

农业用地主要指耕地。农业用地中通常残留大量农业生产活动遗留下的化肥和农药，其能够通过地表径流直接进入水体，增加水体中人为外界化学物质的输入。农业用地是水体主要面源污染源之一。在湖泊流域地区，常常通过围湖造田改造湿地的方法增加农业用地面积，而农田在农业活动作用下，土壤结构发生改变，水源涵养能力、对地下水补给和水土保持功能，都远差于湿地，容易导致水土流失的加剧。为了满足农田灌溉需要，流域内还会通过改变河流的河道，破坏了原有水文循环。因此，农业用地面积反映了人类活动

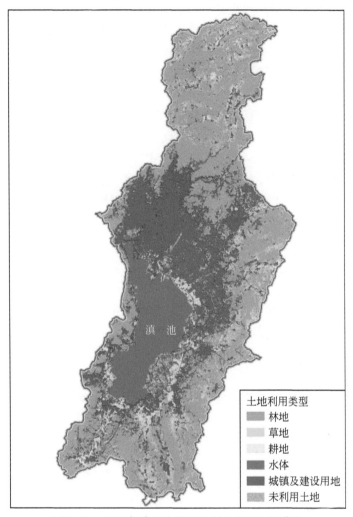

图 2-15 2013 年滇池流域土地利用类型空间分布

对流域水生态的负面影响。

随着滇池人口压力的增大,农业用地面积不断扩大,对流域水生态形成了巨大的环境胁迫。

城镇及建设用地是人类建设城市从事活动的主要场地,也是人类活动对流域水生态系统负面影响最大的一种土地利用类型。城镇及建设用地主要包括建筑面积、公路不透水地面。其面积的增加,增加了地表径流,减少甚至完全阻截了地表水下渗过程。城镇内排水设施的修建,能改变自然状态下水体的流速、流动路径等,从而改变了水文循环。同时,城镇及建设用地是高强度人类活动发生的所在地,交通排放尾气、生活用水、工业废水及大气沉降等,成为流域水生态系统的重要污染源。城市用地面积变化,能很好地表征人类活动对水生态系统的压力。

滇池流域城镇及建设用地约为 6.8 万 hm^2,包含了昆明市主要城区。由于滇池湖体处于昆明市区下游,城市生活污水是滇池流域水生态系统健康的主要污染胁迫因子。

　　林地和草地大部分是处于自然状态下，受人类干扰程度较小的土地利用类型。林地和草地都具有较好的涵养水源、水土保持功能。疏松的土壤和植物根系，在一定程度上具有很好截污的作用。对流域生态系统来说，林地和草地的面积越大，其本身的生态服务价值就越高。特别是环滇池湖体区域，大面积的林地和草地有效地缓解了水土流失和面源污染的输入。

　　湖滨带是湖泊生态系统的重要组成部分，其具有调节气候、涵养水源、蓄洪抗旱、控制土壤侵蚀、净化入湖水质、为动植物提供栖息和生存环境、维持生物多样性、改善湖滨景观、维持生态平衡等生态功能。湿地特殊的生态环境，决定了湿生植物具有生长迅速、抗逆性强等特点，这种生物所特有的吸收和分解营养物的自然过程，保证了物质在自然生态系统中的有效利用，防止了物质的过分局部积累所形成的污染。

　　滇池流域的湖滨带湿地面积约为 6.39 万亩①，其中 96% 已被开发利用，湖滨湿地几乎消失殆尽。随着对滇池水污染情况的日益重视，很多湿地已经重建。其中，捞鱼河湿地和宝象河湿地是滇池流域相对较为完整的两个湿地。

　　捞鱼河湿地位于滇池东岸大渔乡附近，总面积约为 8.33hm²，集观光和湿地生态功能为一体，是目前滇池湿地中管护较好的湿地之一。湿地主要植物类型有中山杉、柳树、杨树、芦苇、香蒲和茭草等滇池湿地常见植物。捞鱼河湿地由于接纳了该片区农田回归水及村镇部分生活污水，削减了捞鱼河片区村庄、农田面源污染负荷，通过工程手段逐渐恢复滇池湖滨生态环境，初步实现河道预处理和河口生态系统恢复。

　　宝象河湿地在滇池北岸湖滨生态带，紧临宝象河，总面积约为 160hm²。引入墨西哥羽杉广泛种植在自然岛上，在充分考虑植物季相、花色基础上建设人工湿地，使水体在流过高低不同的植物区时得到净化，不仅成为滇池生物多样性最丰富的场所，也能提高滇池生态自然净化能力。

　　（2）河岸带土地利用类型特征

　　对入湖河流来说，河流沿岸区域受人类活动影响较大，以人工景观为主，土地利用类型非常单一（表2-6），主要是农田和城市建设用地，只有个别河流的上游土地利用方式为林地。

表 2-6　入湖河流河岸带土地利用类型

河流名称	土地利用类型
王家堆渠	上游林地，中下游城市建设用地
新运粮河	城市建设用地
老运粮河	城市建设用地
乌龙河	城市建设用地
大观河	城市建设用地
西坝河	城市建设用地

---

①　1 亩 ≈ 666.67m²

续表

河流名称	土地利用类型
船房河	城市建设用地
采莲河	城市建设用地
金家河	城市建设用地
盘龙江	上游林地，中下游城市建设用地
大清河	城市建设用地
海河	上游源头是林地，中下游是城市建设用地
六甲宝象河	农田为主，其次是乡镇建设用地
小清河	农田为主，其次是乡镇建设用地
五甲宝象河	农田为主，其次是乡镇建设用地
虾坝河	农田为主，其次是乡镇建设用地
老宝象河	乡镇建设用地用地为主，其次是农田
新宝象河	乡镇建设用地、农田
马料河	上游源头是林地，其余是农田
洛龙河	农田
捞鱼河	水库源头是林地，其余是农田
南冲河	水库源头是林地，其余是农田
淤泥河	农田
老柴河	农田
白鱼河	水库源头是林地，主要为农田
茨巷河	水库源头是林地，主要为农田
东大河	水库源头是林地，主要为农田
中河	农田
古城河	农田

2.2.5.2　土地利用景观空间格局特征

滇池流域土地利用的景观类型，包括六大类，即森林景观、农田景观、农村城市建设地、荒草地、裸地景观和水体。根据不同景观类型在非点源污染物产生和迁移过程中的作用的不同，可分为"源"与"汇"两种类型。前者是有较高非点源污染危险的景观类型，如农地、村庄、果园等，后者是对农业非点源污染物起到一定截留作用的景观类型，如林地、草地（陈利顶等，2002）。如果将流域内的景观类型进行"源"与"汇"的划分，林地、草地可划归到"汇"景观，耕地、水体、建设用地、未利用土地划归到"源"景观。

总体上看，滇池土地利用景观空间格局呈现以滇池湖体为中心的环状分布特征。流域中心是"源"景观——湖体，河流是以滇池为中心呈放射状分布。农田作为"源"景观，环绕滇池，建设用地处于农田"源"景观之内，流域最外环是"汇"景观——森林、零星的草地散落于整个流域。分析流域内景观格局可以发现，具有非点源污染的"源"景观都是相连的，而对农业非点源污染具有截留作用的森林景观，并没有分布于农田与湖体之间，发挥截污的作用，少量的草地也由于面积很小，"汇"的截污作用甚微。因此，滇池流域土地利用景观空间格局，是造成流域水污染的重要自然因素。

在景观生态学中，景观指数分为三级来表征其分布格局，即斑块水平指数、类型水平指数和景观水平指数，不同级别表征不同空间尺度的生态学意义。考虑到滇池流域的尺度，本研究选取类型水平指数来表征滇池流域各种土地利用类型的分布格局，具体景观指数包括斑块数量（NP）、斑块密度（PD）、最大斑块指数（LPI）、边界密度（ED）、景观形状指数（LSI）、景观分裂指数（DIVISION）、分离度（SPLIT）、聚合度（AI）。

从表2-7中可以看出，滇池流域建设用地斑块数量最多，荒草地的斑块密度最大，林地有最大斑块指数，农田则有最大边界密度和景观形状指数，而六种土地利用类型的景观分裂指数都接近或等于1，分离度最大的是裸地，水体聚合度最大。

表2-7　滇池流域土地利用类型水平景观指数

土地利用类型	NP	PD	LPI	ED	LSI	DIVISION	SPLIT	AI
林地	675	0.23	17.48	16.52	37.37	0.96	26.77	76.84
农田	935	0.32	11.30	20.04	50.84	0.99	73.14	62.05
建设用地	1 079	0.37	7.29	9.73	36.94	0.99	187.49	58.60
水体	184	0.06	10.51	1.84	7.27	0.99	90.52	92.43
荒草地	1 264	0.44	0.23	7.41	42.94	1.00	60 030.11	25.77
裸地	253	0.09	0.06	1.10	16.82	1.00	1 088 195.4	23.85

随着流域地形起伏、海拔的变化，滇池流域土地利用类型呈现明显的空间分异规律，主要表现为：①林地主要分布于高海拔、坡度较大的面山区域，其中，80%以上分布在松华坝、宝象河水库、柴河、大河水源保护区范围内。②农田连片集中，多分布于地势较平缓的环滇池平原区，其中，水浇地及菜地分布在城镇、村庄等居民点附近，尤其是近年来，种植蔬菜和花卉的大棚在官渡、呈贡和晋宁三个县区靠近滇池的地区发展迅速，旱地主要分布在高海拔平坝区和平缓的山坡上，坡旱地在广大山区呈小面积零星分布。③建设用地主要分布在滇池湖体的北部，这里河网密集、水资源丰富，体现了人类缘水而居的特点。④水体主要是滇池和入湖河流，大部分河流流程短、无天然补给水源，并且沿途经受农村垃圾倾倒、接纳城市污水、面源污染物等，水质严重超标。

第 3 章　滇池流域水生生物特征

水生生物是流域水生态系统的主要组成部分，具有光合作用能力的藻类和水生植物构成生产者，鱼类和底栖动物构成主要的消费者，水体和底质中的微生物构成分解者，在水体中形成完整的食物链，推动流域生态系统中的物质循环、能量流动和信息交换。水生生物群落的多样性和结构完整性，决定着水生态系统的健康状态，进而影响着流域生态系统的服务功能。该章将基于水专项"十一五"和"十二五"执行期间对滇池流域水生态全面调查的数据，对滇池流域藻类、鱼类、大型底栖动物、浮游动物、大型水生植物和浮游细菌分别进行分析，表述滇池流域水生生物的基本特征。

3.1　藻　　类

藻类是原生生物界一类真核生物和少量能进行光合作用的原核生物（如蓝藻门）的总称，广泛存在于各种水体之中，是水生生态系统中的初级生产者，也是其他水生生物的食物来源。由于藻类生活周期短、传代速度快，在其生命周期中易受其所在水体环境中各种因素的影响，也容易在影响因素消除后快速恢复。因此，藻类在水质生物学监测评价中得到了广泛的应用。藻类并不是一个严格的分类学单位，这里主要指生活在水里、无维管束、能进行光合作用的藻类。根据其在水体中的存在状态，分为着生藻类和浮游藻类。

3.1.1　滇池流域入湖河流着生藻类群落特征

着生藻类，又称为周丛藻类，是一种生活在水体基质上的附着生物藻类。着生藻类位于水生生态系统食物链的低端，分布范围广，并且能够敏感响应水环境状况的变化，尤其对 N、P 等无机营养盐浓度反应敏感。因此，着生藻类是重要的水环境指示生物之一。其物种组成、生物密度及多样性指数等群落特征，被广泛用于监测和评价海洋、河流等水体流动性比较大的水生生态系统的状态。

（1）入湖河流着生藻类种类分布特征

滇池流域入湖河流丰水期（2012~2013 年）共检出着生藻类 7 门 32 科 68 属。其中，硅藻门 7 科 24 属，占总属数的 35.29%；其次为绿藻门 13 科 23 属，占 33.82%；再次为蓝藻门 7 科 14 属，占 20.59%；裸藻门 1 科 3 属，占 4.41%；甲藻门 2 科 2 属，占 2.94%；金藻门和隐藻门均 1 科 1 属，均占 1.47%。着生藻类以硅藻门的舟型藻属为优势属。

滇池流域入湖河流枯水期（2010 年）共检出着生藻类 7 门 28 科 32 属。其中，绿藻门 11 科 11 属，占总属数的 34.38%；其次为硅藻门 7 科 10 属，占 31.25%；黄藻门 5 科 5

属,占15.63%;蓝藻门2科3属,占9.38%;轮藻门、裸藻门和隐藻门均为1科1属,占4.17%。着生藻类群落以硅藻门的舟型藻属为优势属。所有着生藻类名录请参见附表1——滇池流域着生藻类名录。

（2）着生藻类密度分布特征

滇池流域入湖河流和水源地丰水期着生藻类生物密度在0~8 478 103cells/cm²。在空间分布格局上,流域北部入湖河流丰水期着生藻类生物密度最大,为331 820cells/cm²;流域东部入湖河流次之,为259 909cells/cm²(图3-1);流域南部入湖河流最小,为194 130cells/cm²。生物密度百分比均以硅藻门最多,蓝藻门次之,绿藻门、甲藻门、裸藻门、金藻门和隐藻门最少。

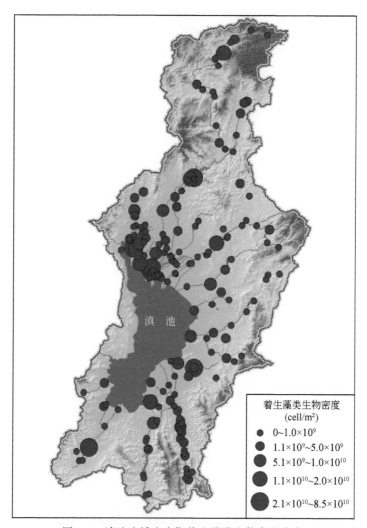

图3-1　滇池流域丰水期着生藻类生物密度分布

滇池流域入湖河流和水源地枯水期着生藻类生物密度在0~384 243cells/m²。在空间分布格局上,流域南部入湖河流枯水期着生藻类生物密度最大,为83 430cells/cm²;流域北部入湖河流次之，为 50 043cells/m² （图 3-2）。生物密度在流域东部入湖河流最小，为 846cells/m²。生物密度百分比均以硅藻门最多，绿藻门次之，黄藻门、蓝藻门、裸藻门和隐藻门较少。

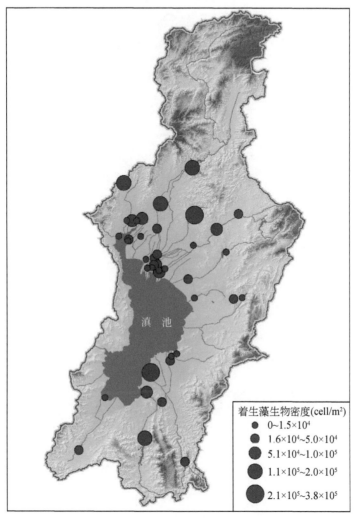

着生藻生物密度(cell/m²)
- 0~1.5×10⁴
- 1.6×10⁴~5.0×10⁴
- 5.1×10⁴~1.0×10⁵
- 1.1×10⁵~2.0×10⁵
- 2.1×10⁵~3.8×10⁵

图 3-2　滇池流域枯水期着生藻类生物密度空间分布

　　滇池流域入湖河流丰水期和枯水期着生藻类生物密度空间分布差异明显，主要体现在丰水期着生藻类生物密度由大至小为北部>南部>东部，枯水期着生藻类生物密度由大至小为南部>北部>东部，流域北部和南部的季节性变化是滇池流域丰枯时期的主要区别。

　　（3）着生藻类生物多样性特征

　　Shannon-Wiener 指数用于表述滇池流域丰水期和枯水期的着生藻类生物多样性状态。滇池流域河流水系在丰水期和枯水期的着生藻类 Shannon-Wiener 指数空间分布分别如图 3-3 和图 3-4 所示。

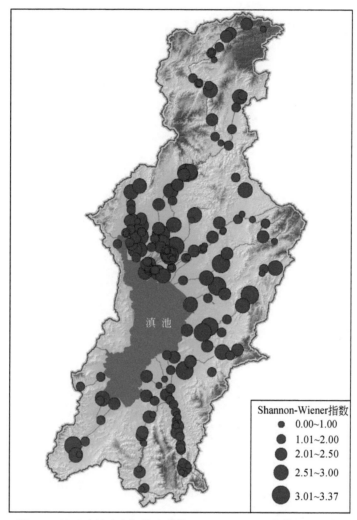

图 3-3 滇池流域丰水期着生藻类 Shannon-Wiener 指数空间分布

从图 3-3 可以看出，丰水期滇池流域各水系的着生藻类 Shannon-Wiener 指数在 0 ~ 3.37。滇池的北部入湖河流的下游河段藻类 Shannon-Wiener 指数较大，表明该处着生藻类的群落组成种类较多，且每一种类的个体数较均衡；流域东部入湖河流次之；流域南部入湖河流再次；流域北部入湖河流的上游河段地区 Shannon-Wiener 指数最小。

滇池流域枯水期入湖河流的着生藻类 Shannon-Wiener 指数在 0.09 ~ 3.46，但多数样点着生藻类 Shannon-Wiener 指数均小于 2，整个流域着生藻类多样性空间差异性较大。滇池的南部和北部入湖河流的藻类 Shannon-Wiener 指数分别为 1.25 和 1.16，流域东部入湖河流的着生藻类 Shannon-Wiener 指数仅为 0.26，表明该处的藻类群落组成极为单一，结构不稳定。

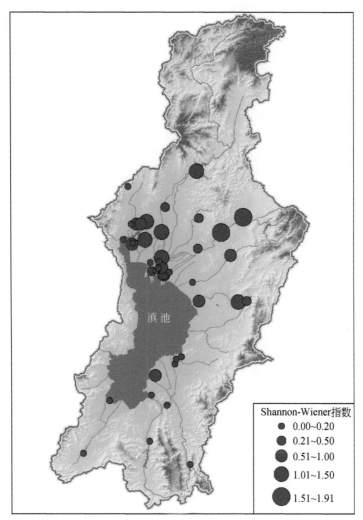

图 3-4　滇池流域枯水期着生藻类 Shannon-Wiener 指数空间分布

3.1.2　滇池湖体浮游藻类群落特征

浮游藻的运动能力非常弱，只能随波逐流地漂浮或悬浮在水中做极微弱的浮动。为了适应漂浮生活，浮游藻形成了具有特色的形态以增加浮力。浮游藻类的种群结构和污染指示种是湖泊营养型评价的重要参数，尤其是在特定环境，如高营养条件下，能大量生存的藻类，其种类和数量在一定程度上直接反映了水体营养状况。

（1）浮游藻类种类分布特征

滇池湖体共检出浮游藻类 8 门 34 科 70 属。其中，绿藻门 14 科 28 属，占总属数的 40.00%；其次为硅藻门 9 科 17 属，占 24.29%；再次为蓝藻门 4 科 15 属，占 21.43%；甲藻门 3 科 4 属，占 5.71%；裸藻门 1 科 3 属，占 4.29%；隐藻门、金藻门和黄藻门均为

1 科 1 属，占 1.43%[①]。滇池流域滇池湖体浮游藻类的群落结构以硅藻门的小环藻属和卵形藻属为优势属。

滇池湖体为以蓝藻为主的藻型水生态系统，蓝藻门终年占绝对优势。浮游藻类的多数种为 α-中污带和 β-中污带的指示种，具体信息见附表 2——滇池流域浮游藻类名录。

滇池湖体浮游藻的结构和种类在过去几十年间发生了巨大的变化。1957 年的丰水期，滇池湖体浮游藻类优势种为绿藻门的鼓藻属、新月藻属、角星鼓藻属，硅藻门的粗壮双菱藻和甲藻门的角甲藻。1982～1983 年，滇池湖体浮游藻类的优势属变为绿藻门的栅藻属、盘星藻属，硅藻门的直链藻属、波缘藻属、双菱藻属和蓝藻门的微囊藻属，优势种为硅藻门的颗粒直链藻、线形菱形藻、端毛双菱藻、线形双菱藻、草鞋型波缘藻，蓝藻门的铜绿微囊藻、小颤藻，甲藻门的角甲藻，绿藻门的葡萄藻、单角盘星藻、单角盘星藻具孔变种、二角盘星藻具孔变种、转板藻。25 年前的优势种类鼓藻属仅剩一种，且只在一个样点出现，粗壮双菱藻的优势地位被端毛双菱藻取代，微囊藻属也成为优势种类。

1992 年，滇池浮游藻类优势种明显变为蓝藻门植物占绝对优势，束丝藻属、微囊藻属和颤藻属占很大的优势，尤其是丰水期，微囊藻占绝对优势。绿藻门占优势的是细链丝藻，栅藻属和盘星藻属次之。与 10 年前相比，滇池浮游植物优势种类已由硅藻门、绿藻门植物演变为蓝藻门植物。

2001～2002 年，滇池浮游植物以蓝藻门的铜绿微囊藻和惠氏微囊藻占绝对优势，水华束丝藻、四尾栅藻、颗粒直链藻最窄变种也占一定的优势。相比于 1957 年的优势种绿藻门的鼓藻目、硅藻门的粗壮双菱藻和甲藻门的角甲藻已基本消失，鼓藻属、新月藻属、角星鼓藻属种类少，也不再占优势地位。20 年前的优势种线形双菱藻、线形菱形藻、二角盘星藻具孔变种、转板藻等均已消失，端毛双菱藻、草鞋形波缘藻罕见，颗粒直链藻的优势被其最窄变种取代。10 年前形成的微囊藻属优势地位加强，而束丝藻属和颤藻属则失去其优势地位。直到 2013 年，滇池湖体浮游藻类中，蓝藻门成为绝对优势，且终年如此。

（2）浮游藻生物密度特征

根据历史资料（图 3-5），1992 年，浮游藻类的生物密度全年平均为 0.656×10^{6} cells/L；2001～2002 年，浮游藻类的生物密度全年平均为 1.188×10^{8} cells/L，上升 3 个数量级；

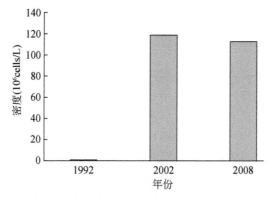

图 3-5　滇池浮游藻类生物密度的变化趋势

---

① 由于进行四舍五入运算，百分比加和未等于 100%。

2008 年，浮游藻类生物密度全年平均为 $1.128×10^8$ cells/L。自 20 世纪 90 年代以来，浮游藻类的生物密度呈现增加的趋势，特别是 1992～2002 年，增加速度迅猛，这可能和滇池湖体富营养化严重、爆发水华有很大的关系。

（3）浮游藻类生物多样性特征

滇池湖体形成了以蓝藻为绝对优势的浮游藻类结构，其浮游藻多样性远低于入湖河流。在 1992 年的丰水期，Shannon-Wiener 指数最高值为 3.15，多数在 2.11～2.97。在 2002 年丰水期间，Shannon-Wiener 指数最高只有 2.23，多数在 1.00～1.99。而在 2013 年的丰水期，Shannon-Wiener 指数最高值为 3.01，Shannon-Wiener 指数在 0.84～2.16。在 1992～2002 年，滇池浮游藻类生物多样性明显降低。2002～2013 年，滇池浮游藻类多样性相对较为稳定。

基于 2013 年丰水期生态调查结果（图 3-6），滇池湖体的浮游藻类 Shannon-Wiener 指数较小，表明滇池浮游藻类的群落组成种类相对较少，均在 0.84～2.56，整个湖体的浮游藻类 Shannon-Wiener 指数呈现明显的异质性特征。

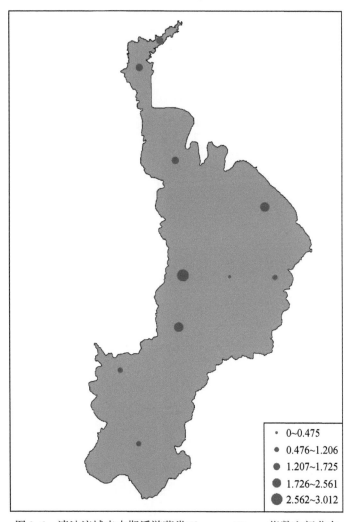

图 3-6　滇池流域丰水期浮游藻类 Shannon-Wiener 指数空间分布

3.2 浮 游 动 物

浮游动物是悬浮于水中的水生动物,它们的身体一般都很微小,要借助显微镜才能观察到。浮游动物的种类组成极为复杂,在养殖业和生态系统结构、功能和生物生产力研究中占有重要地位。一般有原生动物、轮虫、枝角类和桡足类四大类。浮游动物不能像浮游植物一般进行自养生活,它们必须摄取其他生物,如浮游植物或更小的浮游动物,作为延续生命的食料。浮游动物中的不少种类可作为水污染的指示生物。例如,在富营养化水体中,裸腹溞、剑水蚤、臂尾轮虫等种类一般形成优势种群。本节介绍的浮游动物,采样均来自滇池湖体。

3.2.1 浮游动物群落特征

依据 2008 年的调查资料,滇池湖体内浮游动物 39 属 155 种,其中,原生动物 58 种,占浮游动物总种数的 37.4%;轮虫类 57 种,占 36.8%;枝角类 20 种,占 12.9%;桡足类 11 种,占 7.1%(其中,剑水蚤 7 种,占 4.5%;镖水蚤 2 种占 1.3%,猛水蚤 1 种占 0.6%);其他浮游动物 9 种,占 5.8%(表 3-1)。具体见附表 3——滇池流域浮游动物名录。

表 3-1　滇池浮游动物物种统计

物种类别	物种数(种)	占总数百分比(%)
原生动物	58	37.4
轮虫类	57	36.8
枝角类	20	12.9
剑水蚤	7	4.5
镖水蚤	2	1.3
猛水蚤	1	0.6
无节幼体	1	0.6
其他	9	5.8
合计	155	99.99

注:表中百分比数据经四舍五入,加和未等于100%

滇池常见的浮游动物有 14 种,其中,原生动物 5 种,分别是浮游累枝虫、溞累枝虫、团睥睨虫、毛板壳虫和车轮虫;轮虫 3 种,分别是针簇多肢轮虫、迈氏三肢轮虫和独角聚花轮虫;枝角类 2 种,分别是透明溞和角突网纹溞;桡足类 2 种,分别是锐额溞和绿色近剑水蚤;其他的还包括腺介和线虫。

滇池浮游动物种类的空间分布差异不大。在北部、中部、南部等敞水区的浮游动物组成没有明显的差异,总的种类数在上述 3 个区域也没有明显的区别。北部物种数在 22 ~ 47 种,平均最多有 33 个物种;中部物种数在 20 ~ 43 种,平均种数为 31.9 种;南部物种数在 22 ~ 47 种，平均种数为 32.7 种。这种空间分布趋同在时间分布上具有较高的稳定性（表 3-1）。而滇池湖体浅水区浮游动物组成与深水区也没有明显的区别。这可能是因为滇池深水区与浅水区的界限不明显，特别是湖泊的围垦和岸带固化，导致水陆交错带被破坏，岸带植被消失殆尽，滇池已经没有真正意义上的湖泊浅水区。实际上从现场湖泊环境的调查结果来看，湖泊沿岸带与敞水区在水色、透明度、藻类悬浮状态等明显趋同现象，滇池浮游动物种类的分布与环境的空间趋同性密切相关。

3.2.2 浮游动物密度分布特征

湖体中浮游动物的平均生物密度为 7985.5 个/L，其中，原生动物为 2142.5 个/L，占 26.8%；轮虫类为 4705.0 个/L，占 58.9%；枝角类为 615.0 个/L，占 7.7%；桡足类成体和幼体合计为 519.9 个/L，占 6.55%（其中，剑水蚤为 88.8 个/L，占 1.1%；镖水蚤为 35.8 个/L，占 0.45%；无节幼体为 395.3 个/L，占 5.0%）；其他浮游动物为 3.3 个/L，占 0.04%（表 3-2）。

表 3-2 滇池浮游动物个体数量统计

物种类别	生物密度（个/L）	占总数百分比（%）	Shannon-Wiener 指数
原生动物	2142.5	26.8	7.4318
轮虫类	4705.0	58.9	6.6222
枝角类	615.0	7.7	2.9588
剑水蚤	88.8	1.1	1.3374
镖水蚤	35.8	0.45	0.2795
无节幼体	395.3	5.0	0
其他	3.3	0.04	6.7006
合计	7985.7	100	17.1389

滇池浮游动物生物密度的季节变化比较明显。每年 5 ~ 9 月的丰水期生物密度显著高于其他季节，但是不同类别浮游动物的变化趋势并不一致。例如，原生动物、轮虫、枝角类和桡足类的剑水蚤在水温较高的 5 月、7 月和 9 月生物密度较高；桡足类的镖水蚤生物密度变化强烈，在 7 月、9 月生物密度较低，11 月较高；而无节幼体则除了在枯水季节的 1 月较低外，其他月份均有较高的生物密度。

3.2.3 浮游动物生物多样性分布特征

Shannon-Wiener 指数是用来估算群落多样性高低的常用指数，因此，选用 Shannon-Wiener 指数来表征滇池湖体的浮游动物分布情况。如图 3-7 所示，湖体内浮游动物的 Shannon-Wiener 指数均值为 1.59，总体多样性偏低。其中，罗家营生物多样性最低，

Shannon-Wiener 指数为 0.85，其余 9 个监测点的生物多样性在均值附近波动，差异不明显。

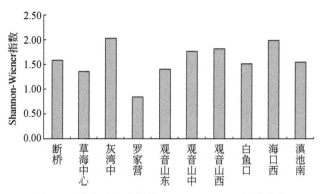

图 3-7 滇池浮游动物的 Shannon-Wiener 指数分布

3.3 浮游细菌

浮游细菌指水体中营浮游生活的原核生物类群，主要包括自养和异养细菌及古细菌，总体上异养细菌的数量要远大于自养细菌，尽管绝大多数的浮游细菌个体大小只有 0.2 ～ 2μm，但是它们在水生生态系统生物地球化学循环中具有极其重要的作用，维持着整个淡水生态系统中的物质循环和能量流动。

3.3.1 滇池流域入湖河流浮游细菌特征

3.3.1.1 浮游细菌群落特征

使用 T-RFLP 对 27 条入湖河流中浮游细菌（2009 年）进行分析，在丰水期共发现 158 种不同的细菌。其中，25 种细菌广泛分布在至少一半的河流中。各河流取样点中检测出平均细菌数为 44 种。其中，老宝象河、乌龙河、马料河中的细菌数最多，分别为 128 种、109 种、100 种，东大河中仅发现一种。比较各样点浮游细菌的优势菌发现，27 条入湖河流无共有的优势菌，除 70bp 所代表的细菌是 23 条河流共有的优势菌外，其他优势菌仅在少数河流中出现。这些结果说明，各入湖河流中的浮游群落结构不同，且与地理位置无关。

在枯水期，于入湖河流各样点中共发现 269 种不同细菌，远高于丰水期时相同样点中监测到的细菌数。每条河中的细菌组成不同，其中，40 种菌在 20 条以上的样点中都被监测到。相比于丰水期，各样点的丰富度也明显高于丰水期，平均细菌种数为 113 种。各河流种细菌种数变化范围较大，其中，老运粮河、船房河、古城河中的细菌数超过 160 种，分别为 169 种、169 种、164 种，而大河和老宝象河中的细菌数最少，仅为 47 种和 48 种。最广泛分布的细菌也与丰水期不同。

3.3.1.2　浮游细菌空间分布特征

为了进一步研究滇池流域入湖河流浮游细菌群落结构的空间分布差异，将各河流取样点中浮游细菌群落结构进行聚类分析（图 3-8）。27 条河流中，白鱼河与东大河最相似，相似系数为 0.9。其余河流中浮游细菌群落结构的相似系数都低于 0.65。根据相似系数，可将 27 条河流分为五类。第一类包括虾坝河、白鱼河、东大河；第二类为乌龙河、船房河、六甲宝象河、老宝象河、金家河、海河、新运粮河、茨巷河、王家堆渠、小清河、新宝象河；第三类为大青河、柴河、捞鱼河、中河、五甲宝象河、马料河、淤泥河、古城河、洛龙河；第四类为南冲河；第五类为老运粮河、大观河、盘龙江。从河流的分类情况，可以看出，地理位置相近的河流其浮游细菌群落结构也较相似。其中，第一类河流流位于东部，第二类河流主要位于北部，第三类和第四类河流主要位于东部和东南部，第五类河流位于东北部。

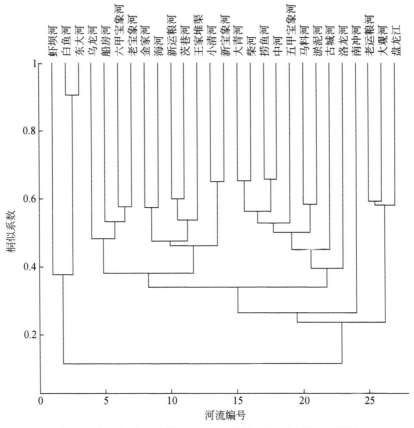

图 3-8　丰水期滇池流域入湖河流浮游细菌群落结构聚类分析

与丰水期不同，枯水期各样河流点间浮游细菌群落结构的相似系数较低（图 3-9）。其中，茨巷河与柴河，白鱼河与南冲河，两对样点间的相似系数最高，为 0.74；而丰水期最高为 0.9。同样，根据相似系数，可将各样点浮游细菌群落结构分为四类。第一类仅包含一条河，即东大河；第二类为老宝象河、捞鱼河、大观河、船房河、大清河、大河、六甲宝象河、柴河、茨巷河、南冲河、白鱼河、淤泥河、古城河、五甲宝象河、中河、洛龙河、盘龙江；第三类为新宝象河；第四类为海河、老运粮河、新运粮河、王家堆渠、小清河、虾坝河。虽然河流的分类情况与地理位置有一定的相关性，但不如丰水期明显。

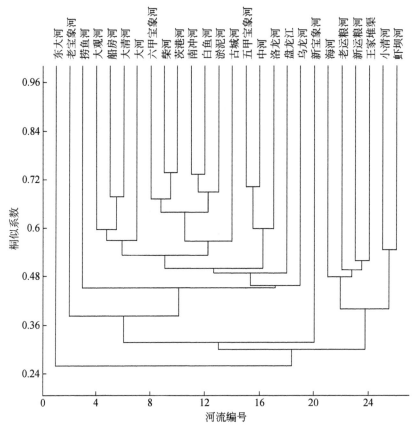

图 3-9　枯水期滇池流域入湖河流浮游细菌群落结构聚类分析

3.3.1.3　浮游细菌生物多样性分布特征

根据 T-RFLP 数据，运用 Shannon-Wiener 指数表征各入湖河流丰水期和枯水期的浮游细菌群落结构的基因多样性。

丰水期分析结果如图 3-10 所示，由于东大河中只有一种片段，Shannon-Wiener 指数无法计算。因此，除去东大河后，26 个取样点的 Shannon-Wiener 指数变化幅度较大，乌龙河最高，为 4.018，白鱼河最低，仅为 0.3116。均匀度指数的变化范围为 0.2943（老运粮河）~0.7069（南冲河）。同样，Shannon-Wiener 指数和均匀度指数也未表现出明显的规律。

枯水期结果如图 3-11 所示，Shannon-Wiener 指数在枯水期高于丰水期，且变化幅度较大，显示枯水期生物多样性增加，且各河流因为水源的不同，具有不同的生物多样性。其中，淤泥河生物多样性最高，达到 3.934，老宝象河多样性最低，达到 2.248。

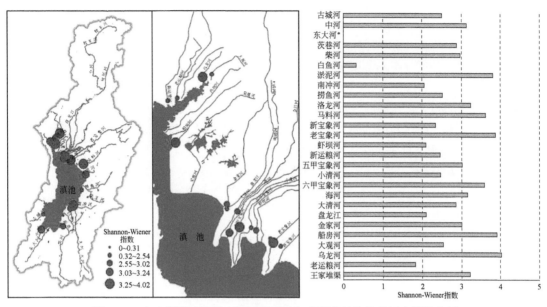

图 3-10　丰水期滇池流域入湖河流浮游细菌群落结构的基因多样性分析

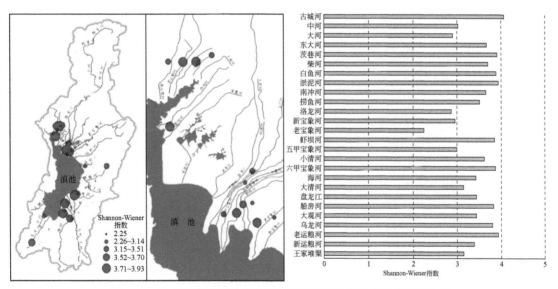

图 3-11　枯水期滇池流域入湖河流浮游细菌种群的基因多样性分析

3.3.2　滇池流域湖体浮游细菌群落特征

3.3.2.1　浮游细菌种类分布特征

滇池内浮游细菌群落结构的差异主要表现为不同湖区间，即草海与外海间浮游细菌群落结构的差异，而草海与外海内各样点的浮游细菌并无显著性差异。采用分子生物学的克隆技术，对草海和外海两个取样点的水体浮游细菌做克隆。16S rRNA 克隆文库分析显示，草海的浮游细菌群落主要由变形菌门（*Proteobacteria*）（42.43%）、浮霉菌门（*Planctomycetes*）（24.24%）、放线菌门（*Actinobacteria*）（20.20%）、拟杆菌门（*Bacteroidetes*）（10.10%）、疣微菌门（*Verrucomicrobia*）（3.03%）5 门细菌构成，外海的主要是由变形菌门（55.81%）、浮霉菌门（1.16%）、放线菌门（1.16%）、拟杆菌门（10.47%）、蓝细菌门（*Cyanobacteria*）（27.91%）、厚壁菌门（*Firmicutes*）（2.33%）、芽单胞菌门（*Gemmatimonadetes*）（1.16%）7 门细菌构成。其中，草海与外海的变形菌门之中包含 α-变形菌纲（*Alphaproteobacteria*）、β-变形菌纲（*Betaproteobacteria*）、γ-变形菌纲（*Gammaproteobacteria*）三个亚门（图 3-12）。

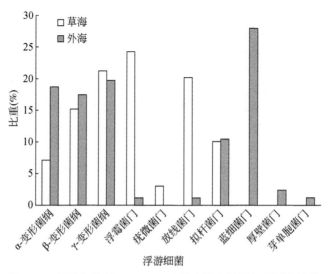

图 3-12　草海与外海 16S rRNA 克隆文库中浮游细菌群落结构

对草海来说，优势菌群为变形菌门（42.43%）、浮霉菌门（24.24%）、放线菌门（20.20%）；对外海来说，优势菌群为变形菌门（55.81%）和蓝细菌门（27.91%）。可见，草海和外海的浮游细菌群落结构有显著性差异，主要表现为 α-变形菌纲、浮霉菌门、放线菌门、疣微菌门及蓝细菌门这 5 类细菌在两个克隆文库间分布的差异：α-变形菌纲在草海中为 7.07%，明显低于外海（18.60%）；浮霉菌门在草海中为 24.24%，在外海中仅为 1.16%；放线菌门在草海中为 20.20%，在外海中仅为 1.16%；疣微菌门仅在草海中出现；蓝细菌门、厚壁菌门、芽单胞菌门仅在外海中出现。

上述差异的出现和水体中营养盐浓度的不同有着密切的关系。水环境中，溶解无机氮和溶解无机磷是异养细菌重要的 N 源和 P 源，因此，异养浮游细菌的生长依赖于无机营养盐的数量和性质，营养盐浓度对浮游细菌群落多样性有直接的影响。草海的水质整体要劣于外海，其营养物浓度要高于外海。有研究表明，随着营养物浓度的升高，α-变形菌纲菌群数量明显降低而浮霉菌门显著增加（Dimitriu et al.，2008），这很好地解释了 α-变形菌纲和浮霉菌门在草海和外海中显著差异的现象。另有研究发现，疣微菌门能利用高浓度的营养物，通常在富营养化的水环境中发现（Zwart et al.，1998；Haukka et al.，2005）。

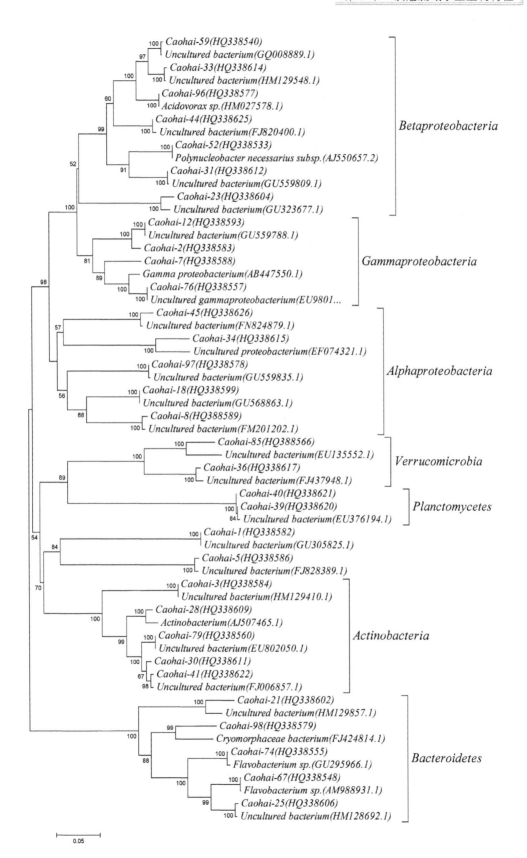

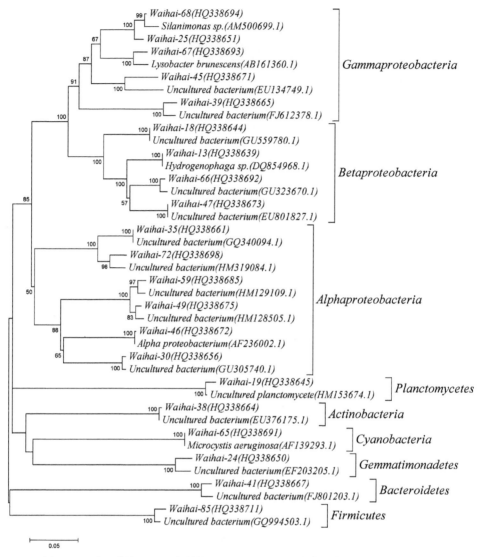

图 3-13　基于草海（上）与外海（下）16S rRNA 克隆文库的基因系统发育树

与外海相比，草海富营养化程度更高，疣微菌门的出现也从一定程度上说明草海水质高度富营养化的特点。蓝细菌门仅出现在外海，根据 Steinberg 和 Hartmann（1988）的理论，即引起水华的藻类都有其特定合适的营养盐浓度，因此，可认为草海溶液水势大于发生水华的蓝细菌门细胞水势，这是蓝细菌门在草海难以检测到的主要原因。

　　为了获得滇池湖体水体浮游细菌群落更全面的信息，进一步采用末端限制性片段长度多态性技术（TRFLP）的分子生物学方法，分析滇池湖体不同季节多点水样中的细菌群落结构特征。

　　丰水期的采样结果显示（图3-13），10 个样点中共发现 96 种不同的基因片段(TRFs)，每个基因片段至少代表一种细菌，即滇池湖体在丰水期内至少有 96 种不同的细菌。其中，15 种菌为广泛分布种，在至少 9 个样点中都被检出。各样点中检测到的平均细菌数为 49

种；断桥中细菌分布最多，有 68 种，晖湾中和海口西细菌种数较少，分别为 13 种和 18种。将细菌基因片断相对峰面积大于 5% 的定为优势菌，则 10 个样点中共发现 13 个优势种。断桥及草海中心虽然都属于草海，但两者仅共有 3 种相同的优势菌（70bp，227bp，237bp）。外海的 8 个样点中，共有一个优势菌（260bp）。

枯水期分析结果与丰水期结果相差甚远。10 个样点中共发现 196 种不同的细菌。其中有 51 种细菌分布广泛，在至少 9 个样点中都被检测出。各样点中检测到的平均细菌数为 116 种，明显高于丰水期湖体内浮游细菌的种数，且分布更为均匀。其中，观音山东的细菌种树最多，为 172 种，观音山中的最少，为 78 种。枯水期 10 个样点中共发现 13 个优势种，分布最为广泛的优势菌与丰水期的优势菌不同，而且断桥和草海中心共有的 3 个相同优势菌与丰水期的也不同。这个结果说明，枯水期改变了水生态系统中分解者的基本结构。

3.3.2.2　浮游细菌空间分布特征

滇池内浮游细菌群落结构的差异主要表现在草海与外海间，而各湖区内的差异较小。草海与外海的水环境相差较大，湖区内的差异较小。为了进一步研究滇池内浮游细菌群落组成的空间分布差异，对丰水期和枯水期各样点浮游细菌群落结构进行聚类分析。

如图 3-14 所示，10 个样点中，罗家营和观音山东间的相似系数最大，为 0.72。根据图 3-14，可将 10 个样点的浮游细菌群落结构分为两类。第一类包括断桥和草海中心，位于草海；而第二类为位于外海的 8 个样点。表明草海和外海的浮游细菌群落结构具有各自的特点，在各自的区域内浮游细菌结构较为相似。

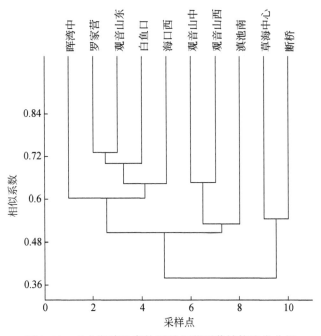

图 3-14　丰水期滇池湖体浮游细菌群落结构聚类分析

如图 3-15 所示，枯水期各样点浮游细菌群落结构的聚类方式与丰水期时不同。10 个样点中，观音山西和海口西浮游细菌群落结构最相似，其相似系数最大，为 0.82；与丰水期不同的是，枯水期时草海中心与断桥浮游细菌群落结构较为相似，相似系数为 0.80；同时，白鱼口与滇池南的浮游细菌群落结构的相似系数也较高，为 0.76；以上说明，枯水期时，地理位置距离相近的样点，浮游细菌群落结构也更为相似。根据聚类结果，可将 10 个样点的浮游细菌群落结构分为三类。第一类包括断桥和草海中心，位于草海；而第二类为位于外海的 7 个样点（晖湾中、观音山东、观音山中、观音山西、白鱼口、海口西、滇池南），第三类为罗家营。

浮游细菌群落结构在丰水期和枯水期呈现的差别，主要是由水质的变化引起的。水体中营养盐、有机物、溶解氧含量的变化均会对浮游细菌的分布产生影响。

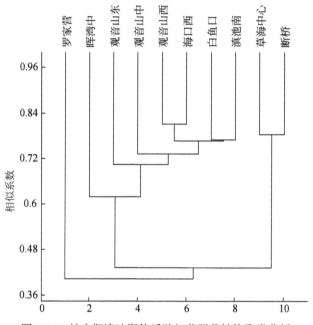

图 3-15　枯水期滇池湖体浮游细菌群落结构聚类分析

3.3.2.3　浮游细菌生物多样性分布特征

根据 T-RFLP 数据，利用 Shannon-Wiener 指数计算各样点浮游细菌种群的基因多样性指数，结果显示，滇池湖体浮游细菌的 Shannon-Wiener 指数在 2 ~ 4，枯水期高于丰水期。丰水期断桥细菌多样性最高，晖湾中最低，Shannon-Wiener 指数分别为 3.867、2.070（图 3-16）；枯水季节晖湾中生物多样性最高，草海中心最低，Shannon-Wiener 指数分别为 4.087、3.430（图 3-17）。

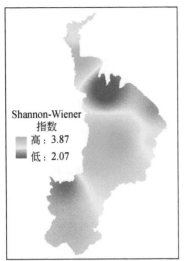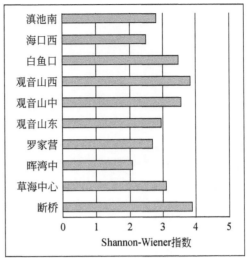

图 3-16 丰水期滇池湖体各样点浮游细菌种群的基因多样性分析

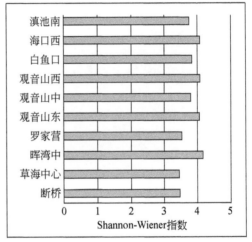

图 3-17 枯水期滇池湖体各样点浮游细菌结构的基因多样性分析

3.4 大型水生植物

　　大型水生植物指植物体的一部分或全部永久地或至少一年中数月沉没于水中或漂浮在水面上的高等植物类群。这是一个生态学范畴上的类群，是不同类群植物通过长期适应水环境而形成的趋同性生态适应类型，包括多个植物门类。一般情况下，将大型水生植物分为四种生活型，即挺水植物、漂浮植物、浮叶根生植物和沉水植物。由于大型水生植物一般可以通过促进悬浮物沉降、吸收水体中的污染物等途径改善水质，大型水生植物的种类、数量等指标通常可以反映水质的优劣。

3.4.1 大型水生植物种类及数量分布特征

由于污染和人类对湖泊生态系统的扰动加剧，滇池的水生植物在 20 世纪 60 年代至 80 年代初期发生了急剧变化，主要表现在种类数量和物种多样性减少，一些不耐污染的种类甚至完全消失；分布的面积迅速减少，生物量下降，建群种类趋于单一，耐污染、抗风浪的高体型沉水植物篦齿眼子菜成为优势种群。湖泊污染加剧，尤其是以蓝藻水华为显著特征的湖泊富营养化的发展极大地限制了沉水植物的生存与发展。自 90 年代以来，滇池的水生植物尤其是沉水植物在经历了大幅度衰减后已经趋于相对稳定，变化不大。

2000～2003 年对滇池全湖水生植物的调查结果表明，滇池高等水生植物共计 23 种，分别隶属于 16 科 20 属。其中，挺水植物 9 种，占植物种类总数的 39.1%，包括水花生、莲、水蓼、水芹、芦苇、茭草、稗草、菖蒲、水葱；漂浮植物 3 种，占植物种类总数的 13%，包括水葫芦、槐叶萍和满江红；浮叶植物 3 种，占植物种类总数的 13%，包括野菱、菱和荇菜；沉水植物 8 种，占植物种类总数的 34.8%，包括金鱼藻、狐尾藻、菹草、马来眼子菜、篦齿眼子菜、大茨藻、轮叶黑藻和苦草等[①]。具体植物种类可见附表 4——滇池流域大型水生植物名录。

3.4.1.1 挺水植物

滇池挺水植物所占面积很小，呈群落状分布的有水花生和茭草，水花生为单优群落，分布在滇池的西山脚下，多生长于岸边或者扎根于漂浮的水葫芦浮岛上，或者一些大的石块周围，在盘龙江和明通河的入湖河口也有一些分布，特别是渔民用水花生做鱼礁，在湖中形成一个个水花生浮岛，调查估算其在生长旺盛季节的分布面积约为 250 亩，覆盖度达 35%。茭草主要分布在晖湾及乌依河河口等湖区，面积约为 645 亩，覆盖度达 90%。

3.4.1.2 漂浮植物

滇池漂浮植物的分布面积较大，以水葫芦为单一优势群落，它的分布受风浪的影响比较大，分布相对较集中的区域有滇池的海埂、海口等水域，最近几年由于水葫芦为灾害，已经发动群众打捞了很多水葫芦，面积减少了很多，调查估算其在生长旺盛季节的分布面积约为 250 亩，分布区的植被覆盖度为 100%。

3.4.1.3 浮叶根生植物

滇池浮叶植物的分布极其有限，目前只发现菱和荇菜有一定的群落分布，菱的分布面积较大一些，在晖湾和海口外侧南部水域有一些分布，面积约为 120 亩，覆盖度为 90%。荇菜在古城湾有群落分布，常与金鱼藻等伴生，面积约为 30 亩，覆盖度为 70%。

---

① 百分比数据因四舍五入，加和未等于 100%。

3.4.1.4　沉水植物

滇池沉水植物以篦齿眼子菜和狐尾藻群落分布较多，马来眼子菜和轮叶黑藻也有一定的群落分布。篦齿眼子菜已经成为滇池最主要的水生高等植物，形成单优群落，在滇池的西山区、晋宁县岸带水域（离岸边 50～300m 水域）均有一定程度的分布，初步估算其分布面积约为 4500 亩，但是覆盖度仅仅为 20%。狐尾藻群落主要分布在滇池的腰湾、晖湾和南部的昆阳等地，面积约为 300 亩，覆盖度为 35%。

综上所述，滇池现有水生高等植物的群落结构简单，多为单一的优势种群落（茭草群丛、水花生群丛、水葫芦群丛、菱群丛、篦齿眼子菜群丛），伴生种类很少（篦齿眼子菜+狐尾藻群丛、马来眼子菜+狐尾藻群丛、荇菜+狐尾藻+金鱼藻+大茨藻群丛）。目前已看不到由岸边向湖心的挺水植物、漂浮植物、浮叶根生植物和沉水植物的连续分布带。

3.4.2　优势种类分布特征

根据 2008 年调查资料，滇池水生高等植物的优势种主要包括水花生、水葫芦、篦齿眼子菜，其次是狐尾藻、马来眼子菜，茭草和轮叶黑藻也有一定规模的分布，其他种类如其他物种的分布面积和生物量极其有限。

3.5　底栖动物

底栖动物是生活在水体底部的肉眼可见的动物群落。多数底栖动物长期生活在底泥中，具有区域性强、迁移能力弱等特点，对环境污染及变化通常少有回避能力，其群落的破坏和重建需要相对较长的时间；且多数种类个体较大，易于辨认。同时，不同种类底栖动物对环境条件的适应性及对污染等不利因素的耐受力和敏感程度不同。根据上述特点，利用底栖动物的种群结构、优势种类、数量等参量可以确切反映水体的质量状况。本节介绍的底栖动物，采样均来自入湖河流和水源地。

3.5.1　底栖动物种类分布特征

2013 年滇池流域入湖河流丰水期共检出底栖动物 3 门 6 纲 16 科 17 属。其中，环节动物门 2 纲 3 科 3 属，占总属数的 17.65%；其次为软体动物门 2 纲 5 科 6 属，占 35.29%；再次为节肢动物门 2 纲 8 科 8 属，占 47.06%。滇池流域丰水期底栖动物的群落结构以环节动物门的尾鳃蚓属为优势属。

2010 年滇池流域入湖河流枯水期共检出底栖动物 3 门 6 纲 10 科 11 属。其中，环节动物门 3 纲 5 科 6 属，占总属数的 54.55%；其次为软体动物门 2 纲 4 科 4 属，占 36.36%；再次为节肢动物门 1 纲 1 科 1 属，占 9.09%。滇池流域枯水期底栖动物的群落结构以环节动物门的水丝蚓属为优势属。所有底栖动物类名录请参见附表 5——滇池流域底栖动物名录。

3.5.2　底栖动物生物密度分布特征

滇池流域入湖河流和水源地底栖动物的密度，在不同季节有所不同。

丰水期底栖动物生物密度在 $0 \sim 68174$ ind./m²。流域北部入湖河流丰水期底栖动物生物密度最大，为 2297ind./m²，其次为流域东部入湖河流，为 883ind./m²，流域南部入湖河流丰水期底栖动物生物密度最小，只有 764ind./m²（图 3-18）。枯水期底栖动物生物密度在 $0 \sim 5664$ ind./m²，流域北部入湖河流枯水期底栖动物生物密度最大，为 978ind./m²，其次为流域南部入湖河流，为 654ind./m²，流域东部入湖河流枯水期底栖动物生物密度最小，只有 112ind./m²（图 3-19）。与丰水期相比，枯水季入湖河流的底栖动物生物密度要小得多。从水文分析（第 2 章）的数据可以看出，2005 年来滇池流域的持续干旱，以及

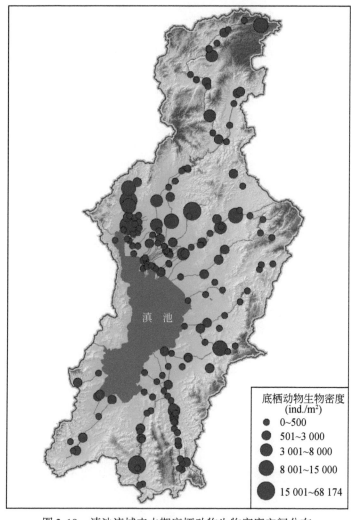

图 3-18　滇池流域丰水期底栖动物生物密度空间分布

不合理的水资源开发利用，严重影响了滇池入湖河流的水量，尤其在枯水期，对底栖动物形成了巨大的威胁。

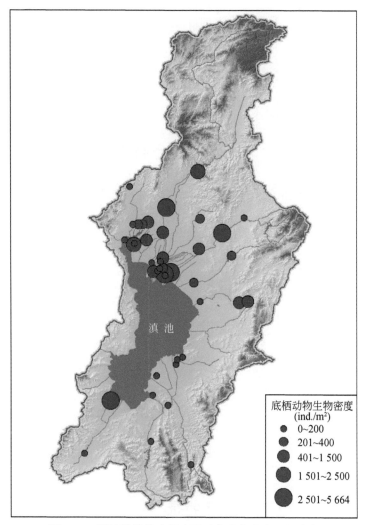

图 3-19　滇池流域枯水期底栖动物生物密度空间分布

同时，底栖动物组成在不同季节也发生了较大变化。在丰水期，滇池流域水源地底栖动物生物密度百分比以节肢动物门和环节动物门较多，软体动物门最少；流域北部入湖河流以环节动物门最多，节肢动物门次之，软体动物门最少；流域东部入湖河流以节肢动物门最多，环节动物门次之，节肢动物门最少；而流域南部入湖河流则以环节动物门最多，节肢动物门次之，软体动物门最少（图 3-20）。到了枯水期，环节动物门的生物密度最大，节肢动物门次之，软体动物门最少；而流域水源地则以节肢动物门最多，软体动物门次之，环节动物门最少（图 3-21）。

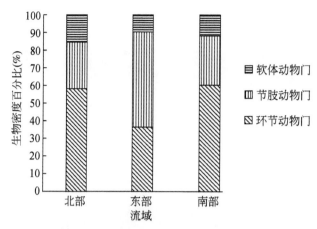

图 3-20 滇池流域丰水期底栖动物生物密度百分比空间分布

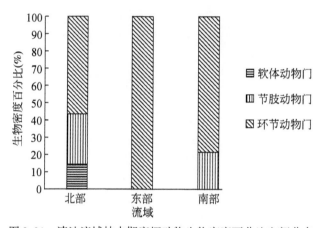

图 3-21 滇池流域枯水期底栖动物生物密度百分比空间分布

3.5.3 底栖动物多样性分布特征

丰水期滇池流域入湖河流底栖动物 Shannon-Wiener 指数在 0~2.28，流域东部入湖河流丰水期底栖动物 Shannon-Wiener 指数最大，为 1.04；其次为水源地，Shannon-Wiener 指数为 1.13；再次为南部入湖河流，Shannon-Wiener 指数为 0.78；流域北部入湖河流 Shannon-Wiener 指数最小，为 0.77（图 3-22）。

枯水期滇池流域入湖河流和水源地底栖动物 Shannon-Wiener 指数比丰水期小，在 0~1.91。但水源地底栖动物 Shannon-Wiener 指数比丰水期大，为 1.64。而流域东部（0.63）、流域南部（0.50）和流域北部的入湖河流（0.25）Shannon-Wiener 指数都比丰水期小（图 3-23）。

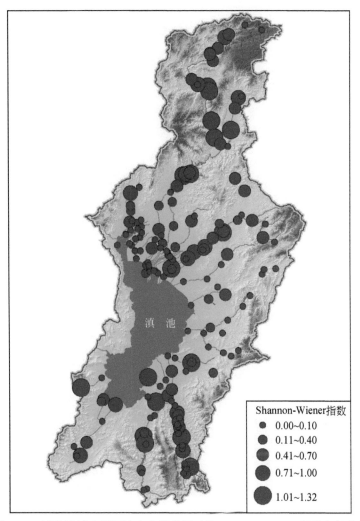

图 3-22 滇池流域入湖河流丰水期底栖动物 Shannon-Wiener 指数空间分布

3.6 鱼 类

鱼类是水域生态系统的重要组成部分，系统中非生物和生物环境是鱼类赖以栖息的场所。鱼类在水体中呼吸，依靠水体获取氧气，绝大多数鱼类从水中摄取饲料，将二氧化碳、粪便等排入水体。同时水中的化学物质、生物特征也会影响鱼类的结构变化，因此，鱼类的种类、种群结构特征和生物量，反映了流域生态系统的动态变化。

3.6.1 鱼类群落特征

结合历史资料及"十一五"和"十二五"课题的野外考察结果，滇池流域共记录有 5 目 10 科 64 种鱼，以鲤形目最多，有 3 科 45 种，其次为鲇形目，有 4 科 7 种，鲈形目有 4

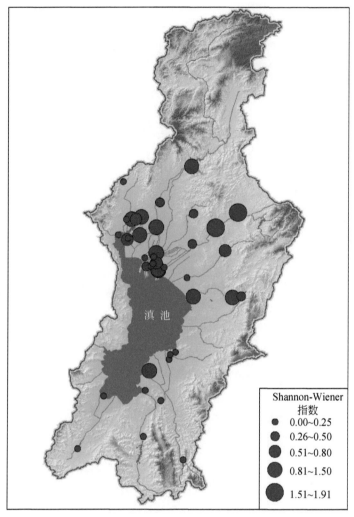

图 3-23　滇池流域入湖河流枯水期底栖动物 Shannon-Wiener 指数空间分布

科 5 种，胡瓜鱼目有 2 科 2 种，颌针鱼目 2 科 2 种，鲑形目、鳉形目、合鳃鱼目各 1 科 1 种。其中，土著种 28 种，外来引入种 36 种。

　　滇池属于金沙江支流螳螂川的上游，滇池鱼类组成与金沙江水系具有一定的相似度，但也有其独特性。将外来物种剔除，滇池鱼类区系主要由 4 种区系成分组成，其中，以鳞属、倒刺鲃属、光唇鱼属、鲤属、鲫属、鲇属、拟鲿属、青鳉属、黄鳝属、鳢属为代表的古近纪类群为主要成分；以白鱼属、金线鲃属、云南鳅属、盘鮈属、球鳔鳅属、细头鳅属为代表的云贵高原特有类群次之；兼有少量以鮈属、鱼央属为代表的东亚类群和以裂腹鱼属与高原鳅属为代表的青藏高原类群成分。说明滇池鱼类区系在较古老的老第三纪类群的基础上，曾广泛地受到多次其他区系成分的入侵，目前的分布格局是各个区系成分相互制约从而达到平衡的结果。自 20 世纪 60 年代以来，外来物种的引入及滇池的污染，使得滇池流域内土著种大量减少，外来物种急剧增多，现在滇池鱼类已被以红鳍原鲌、太湖新银鱼、子陵吻虾虎为代表的长江中下游鱼类区系代替。

滇池流域鱼类土著种共 28 种，隶属于 5 目 13 科 27 属，其中 10 种为滇池特有鱼类，即多鳞白鱼、银白鱼、云南鲴、长身鱊、滇池金线鲃、小鲤、异色云南鳅、滇池球鳔鳅、昆明鲇、金氏鱼央；中华倒刺鲃、昆明裂腹鱼、昆明高原鳅、中臀拟鲿、黑尾鱼央等 15 种为滇池–金沙江水系特有种；云南光唇鱼、云南盘鮈、细头鳅、黑斑云南鳅、侧纹云南鳅、杞麓鲤 6 种为云贵高原特有种；鲫、泥鳅、黄鳝、横纹南鳅、红尾荷马条鳅、中华青鳉、乌鳢 7 种为广布种。具体可见附表 6——滇池流域鱼类名录。

3.6.2　鱼类空间分布特征

在 2012 年 12 月及 2013 年 1 月对滇池六甲村鱼市、白鱼口鱼市、滇池湖岸进行调查。共计发现 16 种鱼类，其中以红鳍原鲌、太湖新银鱼、鲫、鲢、鳙数量最多，为滇池湖体的优势鱼种；似鱼乔、棒花鱼、麦穗鱼、鲤、间下鱵鱼、泥鳅、食蚊鱼、小黄鱼幼鱼、子陵吻鰕虎鱼为常见种类。从种类数量和资源量两方面来讲，滇池湖体鱼类均以外来种为主。滇池湖体中至少有 25 种土著鱼类，而现在仅剩鲫、黄鳝、银白鱼、泥鳅、滇池金线鲃生活在滇池湖体。本次调查仅发现鲫、泥鳅 2 种，均为适应能力强的广布种。银白鱼数量稀少但偶尔能捕到少数个体。自 2009 年开始，通过人工增殖放流的方式，滇池金线鲃被重新引入滇池，但滇池湖体内滇池金线鲃数量仍然稀少。滇池湖体中的土著鱼种已经被引入种取代，并形成以红鳍原鲌、鲫鱼、太湖新银鱼 3 种经济鱼类为主的组成格局；由于鲢、鳙则用以控制蓝藻，被大量放流至滇池而形成了较大的产量，另外一些小杂鱼，如间下鱵鱼、泥鳅、子陵吻鰕虎鱼、麦穗鱼等，在滇池湖体亦有大量的种群。

现存的土著种多集中在滇池周边的入湖河流和龙潭。其中以松华坝流域及上游的黑龙潭寺龙潭、呈贡白龙潭所保存的土著种最多。松华坝流域内保存有鲫、泥鳅、侧纹云南鳅、横纹南鳅、昆明高原鳅、黄鳝等 6 种土著鱼类。呈贡白龙潭内有滇池金线鲃、鲫、云南盘鮈、异色云南鳅、泥鳅、中臀拟鲿、中华青鳉 7 种土著鱼类；嵩明黑龙潭内则保存有滇池金线鲃、昆明裂腹鱼、云南光唇鱼、鲫、云南盘鮈、侧纹云南鳅、泥鳅、黄鳝 8 种土著鱼类。另外一些龙潭，如黑龙潭寺龙潭、白草村龙潭、旧寨龙潭、大板桥龙泉寺龙潭则至少存在滇池金线鲃 1 种土著鱼类。昆明裂腹鱼、云南光唇鱼仅存于嵩明黑龙潭寺黑龙潭。异色云南鳅则仅存在于呈贡白龙潭及大板桥龙泉寺龙潭。

3.6.3　鱼类时间变化特征

20 世纪 50 年代初，滇池有土著鱼类 23 种，其中，多鳞白鱼、鲫鱼、杞麓鲤、侧纹条鳅、银白鱼、云南鲴、中华倒刺鲃、昆明裂腹鱼等占优势，最高年产量达 1050t。

1963～1970 年，为了提高云南高原湖泊的鱼产量和发展池塘养鱼，水产部门投放青鱼、草鱼、鲢、鳙四大家鱼和鲤鱼的鱼苗到云南各主要高原湖泊和全省各地的池塘中，一些非经济性外来鱼类（麦穗鱼、黄幼、子陵栉鰕虎鱼等）也混杂其中被带进云南各主要高原湖泊和全省各地的池塘中；1982～1983 年，太湖新银鱼和间下鱵鱼等被引进滇池、星云湖等湖泊。然而，这 2 次较大规模的引进鱼类，使滇池鱼类区系成分发生了明显的变化，直接间接地增加了种间关系的复杂性，产生了种间竞争、饵料基础的再分配，以及土著种与外来种之间相互排挤等问题，再加之20世纪60年代后的围湖造田、过渡捕捞等人为活动，导致土著鱼类产卵、孵化场地的生态环境被破坏，以及流域点源、非点源污染日益严重，到80年代末，滇池土著鱼类急剧减少，仅存4种，滇池金线鲃、云南鲴、多鳞白鱼、长身刺鳅鲅、昆明裂腹鱼、中华倒刺鲃、云南盘鮈等均已在滇池绝迹。

2008年，滇池鱼类有31种，其中，土著鱼类只有7种，主要包括鲫鱼、泥鳅、黄鳝等；外来鱼类有24种，池沼公鱼、罗非鱼虽数量不大，但成常见种，太湖新银鱼是滇池鱼类优势种。因此，滇池鱼类种群结构随土著鱼类的濒于灭绝，向简单型结构发展，同时，生物量中小型鱼类占有一定比例，滇池鱼类小型化应该引起注意。

3.6.4 鱼类多样性分布特征

滇池流域入湖河流和滇池湖体的鱼类 Shannon-Wiener 指数空间分布如图3-24所示，

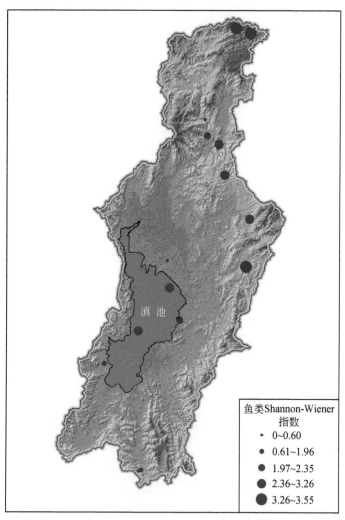

图3-24 滇池流域鱼类 Shannon-Wiener 指数空间分布

整个流域的鱼类 Shannon-Wienerr 在 0 ~ 3.55。从空间分布来看，对入湖河流来说，鱼类 Shannon-Wiener 指数在 0 ~ 3.55。流域东部的捞鱼河的鱼类 Shannon-Wiener 指数最大，多在 2.09 ~ 3.55，表明捞鱼河着生藻类的群落组成种类较多，且每一种类的个体数较均衡；位于滇池的北部的盘龙江 Shannon-Wiener 指数次之，多在 1.95 ~ 3.44；流域北部的宝象河鱼类 Shannon-Wiener 指数再次之，多在 0.60 ~ 2.63；流域南部的古城河和柴河的鱼类 Shannon-Wiener 指数最低，分别只有 1.42 和 0，表明流域南部的鱼类种类可能较少，且每一种类可能数量较大。对滇池湖体来说，两个监测点罗家营和白鱼口的鱼类 Shannon-Wiener 指数分别是 2.19 和 2.28，其鱼类群落组成种类相对较多，且每一种类个体数相对不多。

第4章 滇池流域水生态系统演变及驱动力

基于水陆耦合关系，陆域自然过程和人类活动强度，是水生态系统的状态和演变过程的主要影响因素，而土地利用作为人类和自然共同的结果，其状态和变化过程，直接影响着水生态系统的能量流动和物质平衡。本章将以土地利用变化为切入点，分析土地利用变化与水环境和水生生物的关系，识别影响滇池流域水环境和水生生物群落结构的环境因子，评价滇池水生态系统演变的驱动力及其特征。

4.1 滇池流域水环境及其影响因子

湖泊作为一种重要的自然资源，具有蓄水、供水、养殖、航运和旅游等多项生态功能，在区域经济社会可持续发展中起着重要作用。近20～30年我国一些重要湖泊水环境发生了巨大的变化，尤其是水质，呈现急剧恶化的态势。滇池是富营养化严重的国家重点治理的三湖之一，国家在滇池保护治理方面投入了大量的人力物力财力，实施了滇池流域水污染防治的三个"五年计划"，颁布了《滇池保护条例》，且工作力度不断加大，对滇池水质的急剧恶化起到了控制作用，但是从总体上看水环境并不稳定，水质依然呈下降趋势，尤其是滇池的草海部分，水质尤其不佳，使得滇池水质呈现出北差南好的空间差异性。滇池水体特征的空间差异，与流域内人类活动强度，呈现出极大的相关性。

4.1.1 滇池水质时空特征及与流域人类活动的关系

我国重要湖泊水质呈现恶化态势的现象，已经成为研究者、管理者和公众的一种共识。然而，这些湖泊流域的水文、气象等条件并没有发生特别异常的变化，只有流域内人类活动方式和强度，伴随着经济的发展发生了剧烈变化，人类生产和活动产生的工业废水、生活污水、农田及畜牧养殖排水，成为湖泊水体污染的主要来源。

滇池是中国富营养化最严重的几个湖泊之一，大量的研究探索了滇池水质下降与人类活动的关系，其中有基于水循环和水污染过程的定性分析，也有对滇池整个流域的污染负荷、土地利用、社会经济随时间变化的定量分析，而针对湖体水质的空间差异的影响因子定量分析相对较少。在此，将采取空间和时间相结合的方法，在分析1999～2009年滇池水质随时间变化和空间变化的基础上，量化人类活动影响因子指标，根据水质发生空间变化的湖体方位，通过合并入湖河流汇水区来划分陆地区域，分析人类活动对滇池水质时空变化的影响。

基于1999～2009年的水质监测数据，分析滇池水质随时间和空间变化的规律和特征，定位水质存在明显差异的时间节点和空间方位，划分水质存在差异的不同水域所对应的陆地汇水区,选择适于进行时间变化分析的年份。以受人类干扰的土地(城镇用地、农村建设用地、耕地)比例、城镇与湖岸的距离、人口密度、单位土地 GDP 作为反映人类活动的量化指标。对水质存在明显差异的不同水域,分析在同一年份不同水域对应汇水区的人类活动因子差异。对水质随时间变化明显的同一水域,分析在不同年份其对应的汇水区人类活动因子的变化及对水质的影响。

滇池水质数据来自昆明市环境监测中心在滇池湖面均匀布设的 10 个监测点(图 4-1),每点每月获得一次监测数据。根据近年来水质监测显示的水质情况,选用了 COD_{Mn}、NH_3-N、TP、TN 作为本研究水质分析的指标。乡镇人口和 GDP 数据部分来源于云南省政府工程的"数字乡村"项目,部分来源于国家统计局农村司。土地利用数据则是基于 2008 年 7 月 Landsat 遥感影像(空间分辨率为 30m),用 1:50 000 的地形图为基准进行地理坐标配准,结合野外调查利用 ERDAS Imagine 遥感处理软件进行图像的解译和分类,从而获得流域内的土地利用类型数据。参照 1984 年的《全国土地利用现状调查技术规程》

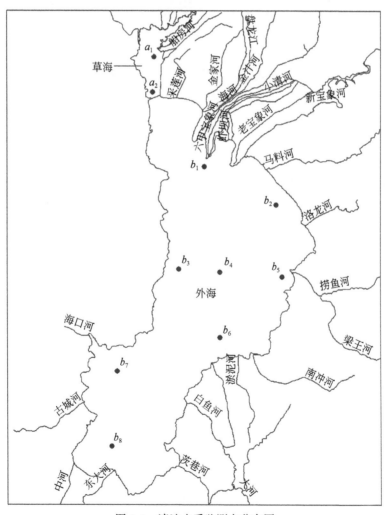

图 4-1 滇池水质监测点分布图

的土地分类体系，将滇池流域土地类型分为 7 个一级类，即耕地、林地、草地、居民点及工矿用地、交通用地、水域、未利用土地。考虑到城镇、农村的对湖泊水质的影响差别较大，本研究将居民点及工矿用地再分为城镇用地、农村建设用地（由于 TM 数据分辨率所限，居民点及工矿用地未单独区分出）。

4.1.1.1　滇池水质时空特征

（1）空间变化特征

1999~2009 年，滇池 COD_{Mn}、NH_3-N、TN、TP 空间分布如图 4-2 所示。a_1、a_2 位于草海，$b_1 \sim b_8$ 位于外海，其排列顺序为自北至南。

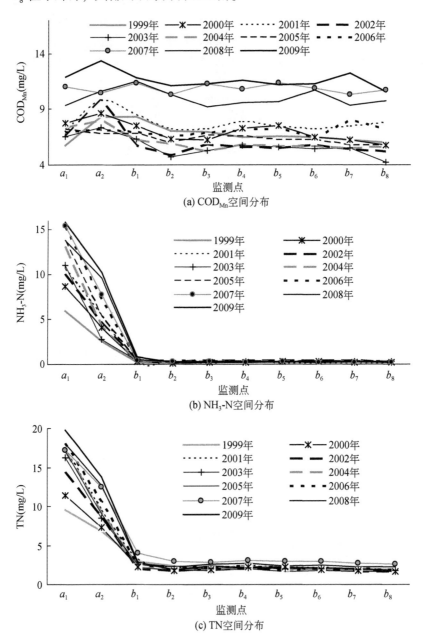

(a) COD_{Mn}空间分布

(b) NH_3-N空间分布

(c) TN空间分布

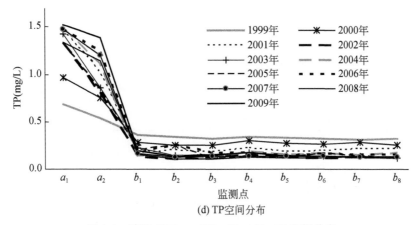

(d) TP空间分布

图 4-2　滇池 COD_{Mn}、NH_3-N、TN、TP 空间分布

　　滇池水质的空间差异主要表现在草海和外海 NH_3-N、TP、TN 浓度的差异，草海比外海高出 5~50 倍。对草海而言，北部 NH_3-N、TP、TN 浓度高于南部，而外海的南北差异极小，只有位于最北部的监测点 b_1 略高，b_2~b_8 几乎没有差别（图 4-2）。这是因为草海水体流速非常小，污染物扩散慢，河流来水从北部入湖，入湖河流的污染物浓度比草海自身的浓度高，因此，出现北高南低的现象；而外海水体流速大，污染物扩散快，使得不同方向河流来水很快融在一起，因此未表现出空间差异。

　　（2）年际变化特征

　　由于草海内部和外海各自的污染物浓度空间差异很小，这里用草海样点（a_1，a_2）和外海样点（b_1~b_8）的平均值曲线反映其年际变化特征（图 4-3）。草海水质总体呈明显的下降趋势，COD_{Mn}1999~2006 年为 6.0~8.5 mg/L，2007~2009 年上升到 11.0~13.0 mg/L 的地表水环境标准的 V 类水平；NH_3-N、TN、TP 浓度逐年上升且升高幅度较大，NH_3-N 从 1999 年的 4.2 mg/L 上升到 2009 年的 13.0 mg/L（超出 V 类水标准 5 倍），TN 从 1999 年的 8.2 mg/L 上升到 2009 年的 16.8 mg/L（超 V 类水标准 7 倍），TP 从 1999 年的 0.6 mg/L 上升到 2009 年的 1.4 mg/L（超出 V 类水标准 6 倍）。外海 COD_{Mn} 变化趋势与草海相同，浓度略低于草海；NH_3-N、TN、TP 浓度远低于草海，且 1999~2009 年变化幅度很小，NH_3-N 为 0.18~0.31 mg/L（Ⅱ~Ⅲ类）；TN 浓度为 1.9~3.0 mg/L（处在 V 类左右），在 2007 年浓度最高，TP 呈现下降趋势，1999 年为 0.33 mg/L（劣 V 类），2003~2009 年保持在 0.13~0.18 mg/L（V 类）。

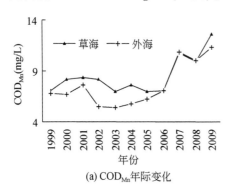

(a) COD_{Mn}年际变化

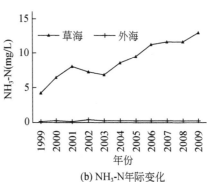

(b) NH_3-N年际变化

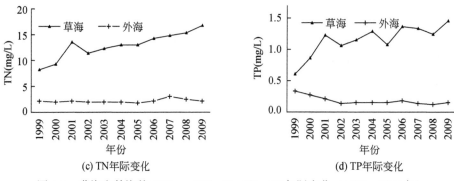

(c) TN年际变化　　　　　　　　(d) TP年际变化

图 4-3　草海和外海的 COD_{Mn}、NH_3-N、TN、TP 年际变化（1999～2009 年）

（3）季节变化特征

滇池流域降水的季节性分明，2～5 月为枯水期，6～9 月为丰水期，10 月至次年 1 月为平水期。1999～2009 年，滇池草海 CODmm、NH_3-N、TP、TN 浓度随季节变化的规律为枯水期 > 平水期 > 丰水期。可见，滇池污染物浓度与自然降水量有关，自然来水量越大，水体污染物浓度越低，外海的季节变化不明显。图 4-4 以 2007 年为例说明滇池水污染指标随季节变化的规律。

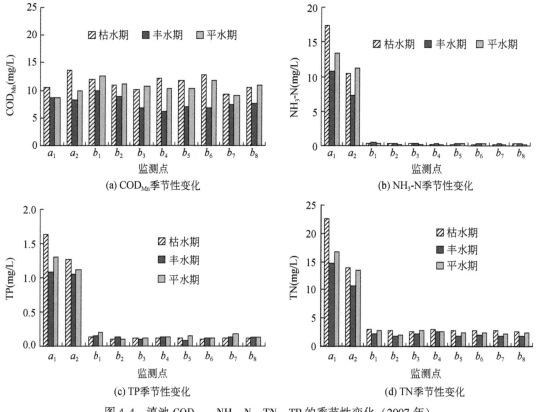

(a) COD_{Mn}季节性变化　　　　　　　　(b) NH_3-N季节性变化

(c) TP季节性变化　　　　　　　　(d) TN季节性变化

图 4-4　滇池 COD_{Mn}、NH_3-N、TN、TP 的季节性变化（2007 年）

4.1.1.2　影响水质时空特征的人类活动因子分析

出入滇池的主要河流为 29 条，其中 7 条入草海、21 条入外海，1 条为出湖河流。基于流域生态学的水文完整性理论，以水系分布矢量数据和 1：10 万 DEM 栅格数据为基础，利用 ArcGIS 的 Hydrology 模块将陆地划分为 12 个集水区，分别合并入草海、外海河流的集水区，流域陆地被分为三个部分（R_1、R_2、R_3）：R_1 为入草海河流的汇水区（占流域陆地总面积的 5%）；R_2 为入外海河流的汇水区（占 91%），R_3 为出湖河流的陆地区域（占 4%）（图 4-5）。

针对草海和外海水质的空间差异，通过对比同一年份入草海河流和入外海河流所在汇水区 R_1 和 R_2 的人类活动因子差异，以及汇水区 R_1 和 R_2 在水质较好的 2000 年和较差的 2007 年的人类活动因子差异，分析滇池水质时空差异与人类活动因子的关系。

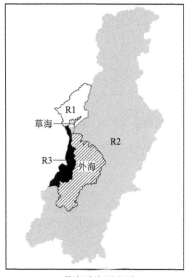

(a) 子流域划分	(b) 草海外海汇水区

图 4-5　子流域划分和草海、外海汇水区

（1）人类活动强度空间分布

土地是人类活动和水体产生关联的媒介，土地类型、人口密度、单位土地 GDP 体现了人类活动强度。从图 4-6 中可以看出，林地、耕地、城镇用地、农村建设用地、草地为主导土地类型，具有耕地环绕于滇池外海的东部、南部和北部，林地分布在流域四周，城镇用地位于滇池北部，农村建设用地散落于耕地之间的空间分布特征。土地利用呈现城镇用地和耕地面积增加，草地面积减少，以及外海北部城镇用地与湖岸的距离缩小的变化特征。滇池流域绝大多数人口和单位土地 GDP 分布在滇池北部，占到了整个区域的 80% 以上（图 4-7）。

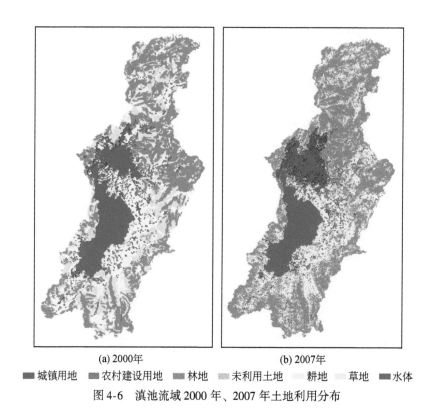

(a) 2000年　　　　　　　　　(b) 2007年

■城镇用地　■农村建设用地　■林地　▨未利用土地　□耕地　□草地　■水体

图4-6　滇池流域2000年、2007年土地利用分布

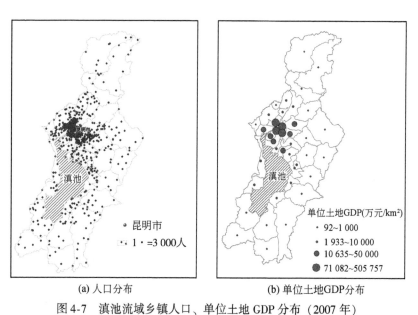

(a) 人口分布　　　　　　　　　(b) 单位土地GDP分布

图4-7　滇池流域乡镇人口、单位土地GDP分布（2007年）

（2）基于空间差异的人类活动因子分析

为了分析流域内不同区域的人类活动强度，将滇池流域的汇水区进行区划。采用ArcGIS的空间分析模块，将乡镇区划GIS矢量图和流域汇水区GIS区划图叠加，得到汇水

区 R_1 和 R_2 内所包含的乡镇，从而计算汇水区内的人口总数和 GDP（注：对同时跨两个汇水区的乡镇，根据被分割的乡镇面积比例来估算落入 R_1 和 R_2 内的人口与 GDP）。同样，将土地利用矢量图和汇水区区划图叠加，计算落入 R_1 和 R_2 内的各种土地利用类型的面积和。

汇水区 R_1 和 R_2 的城镇用地比例、耕地比例、农村建设用地比例、城镇与湖岸距离、人口密度、单位土地 GDP 计算结果见表 4-1。

表 4-1　2000 年、2007 年草海和外海汇水区（R_1、R_2）人类活动因子指标值

汇水区	年份	城镇用地比例	耕地比例	农村建设用地比例	城镇用地与湖岸的距离（km）	人口密度（人/km²）	单位土地 GDP（万元/km²）
R_1	2000	0.35	0.15	0.04	0～1	3 903	3 031
R_2	2000	0.04	0.30	0.05	5～9	708	986
汇水区	年份	城镇用地比例	耕地比例	农村建设用地比例	城镇用地与湖岸的距离（km）	人口密度（人/km²）	单位土地 GDP（万元/km²）
R_1	2007	0.38	0.08	0.05	0～1	5774	22 158
R_2	2007	0.05	0.35	0.06	3～6	903	3 859

由表 4-1 可见，2007 年，草海汇水区（R_1）的城镇用地为外海汇水区（R_2）的 7 倍，耕地 R_1 为 R_2 的 1/4，农村建设用地比例相当，R_1 的人口密度、单位土地 GDP 均为 R_2 的 6 倍左右，城镇用地与湖岸的距离 R_1 比 R_2 近。2000 年和 2007 年非常相似，草海汇水区（R_1）与外海汇水区（R_2）相比，受人类活动干扰的土地比例、人口密度、单位土地 GDP 的差别很大。由上述水质空间变化分析可知，草海 NH_3-N、TN、TP 的浓度远高于外海，这说明城镇用地比例、人口密度、单位土地 GDP，是 NH_3-N、TN、TP 差异的影响因素，城镇工业生产、居民生活的氮磷贡献要远大于农业农村面源；而草海 COD_{Mn} 水平在 1999 年～2006 年略高外海，2006～2009 年两者水平相当，农业农村面源污染对滇池 CODmm 的影响亦较大，且呈现明显的污染增长趋势。

（3）基于时间差异的人类活动因子分析

从表 4-1 可见，对草海汇水区（R_1），2007 年比 2000 年城镇用地增加 3%，农村建设用地增加 1%，耕地减少 7%，城镇用地与湖岸的距离没有变化，人口密度增加了 48%，单位土地 GDP 产值则增加了 600%。由上述水质时间变化分析，COD_{Mn}、NH_3-N、TN、TP 浓度均呈明显的上升态势，这说明随着城镇扩张，人口和 GDP 快速增长，带来更多的生活污水和工业废水，使治理的速度赶不上污染的速度，导致草海污染物浓度大幅增加，因此，人口和经济的急剧增长是草海水质下降的根本驱动力。

对外海汇水区（R_2），2007 年比 2000 年城镇用地增加 1%，城镇用地与湖岸的距离缩小 2km，农村建设用地增加 1%，耕地增加 6%，人口密度增加了 28%，单位土地 GDP 产值则增加了 270%。城镇用地比例、人口、GDP 的增长，会对外海污染物浓度的升高起到一定的贡献作用，由于涨幅较草海的汇水区（R_1）小，影响程度自然远小于草海。由水质随时间变化曲线（图 4-3）显示，外海 TN 浓度略有升高，NH_3-N 几乎没有变化，一方面由于该区部分河流污染治理工程（如盘龙江北岸截污工程）的作用，另一方面，农业农村面源污染治理降低了污染物排放基数，外海汇水区（R_2）的耕地比例大，因此效果明显，使外海 TN 升高幅度较小，TP 浓度甚至出现了下降。COD_{Mn} 升高非常明显，这说明一些农村企业用地和居民地是 COD_{Mn} 的贡献者，且治理和控制力度还不够。

总之，城镇用地、人口密度、单位土地 GDP，是影响草海和外海 NH_3-N、TN、TP 空间差异的主导因子，而耕地、农村建设用地的贡献较小；草海汇水区内城镇扩张，人口和 GDP 快速增长，使污染治理的速度赶不上污染增加的速度，导致草海污染物浓度大幅增加；外海的 NH_3-N、TN、TP 上升不明显甚至有下降趋势，其原因为外海汇水区人口和经济增长相对缓慢，农业农村面源污染的有效控制，抵消了人口和经济增长带来的污染贡献。此外，农村工矿企业及居民地也是 COD_{Mn} 的主要输出源，其贡献度不亚于城镇用地，因此，草海和外海的 COD_{Mn} 水平没有明显的差异。

GDP 总值能够体现人类活动压力的强弱，通常 GDP 产值越高的区域，社会经济越发达，对水质的压力和干扰越强。如果数据资料充足，能够将不同产业分开，关注和水污染密切相关的工业 GDP、农业 GDP 的变化，将能反映出具体产业对滇池水质的影响，这将在今后作进一步研究。

4.1.2 土地利用类型对入滇池河流水质的影响

水质对土地利用的响应关系一直是流域中广泛关注的问题。研究表明，城镇用地和耕地与水体污染物浓度存在显著正相关关系，林地、草地、绿化用地与污染物浓度存在负相关关系；耕地与水体污染物浓度呈负相关或没有相关性；河岸带 200m 缓冲区以内耕地与氨氮为负相关，而大于 200m 缓冲区耕地与氨氮为正相关。这些研究结论的差异说明，不同研究区内土地利用结构组成和空间分布特征不同，土地利用与水质的关系亦不同，即使同一研究区内，若土地利用结构和分布差异性较大，也会造成不同汇水单元内的土地利用类型对水质的影响效果产生差异。在此，本节将以子流域为研究单元，研究滇池流域在不同土地利用格局下的土地利用类型对水质的影响，为滇池土地利用规划、水污染防治提供科学依据。

4.1.2.1 土地利用数据的提取

土地利用数据获取方法同 4.1.1 小节。

4.1.2.2 子流域的划分及水质监测

基于流域生态学中的水文完整性理论，利用流域 1:10 万 DEM 和水系分布矢量数据，在 ArcGIS 的 Hydrology 中提取集水区。在合并集水区过程中，考虑水库对水文过程的截断影响，将水库上游和下游分开，最后将滇池流域划分成 22 个子流域单元，如图 4-8（a）所示。其中编号为 22 的子流域是出湖河流（海口河）所在流域，其中无入湖河，所以不作为研究对象。

为了监测子流域内河流水质状况，在河流干流和一级支流上以 3~4km 为间隔均匀布设样点［图4-8（a）］，丰水期（7~8 月）、平水期（11~12 月）各监测一次，取多个样

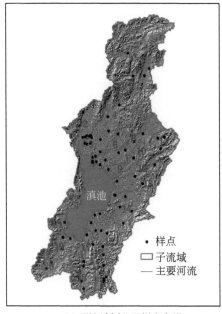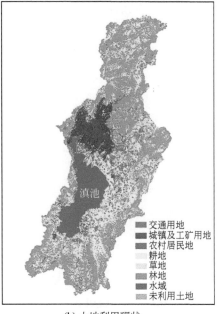

(a) 子流域划分及样点布设　　　　(b) 土地利用现状

图 4-8　滇池子流域划分及样点布设与土地利用现状

点的丰水期、平水期平均值代表子流域的水质状况。根据近年来水质监测显示的污染物情况，取 COD_{Mn}、TP、TN、NH_3-N 作为水质污染状况的指示指标。

4.1.2.3　土地利用类型与水质的相关性分析

首先，利用 ArcGIS 的 Intersect、Summary statistics 模块计算 21 个子流域的各种土地利用类型百分比；其次，以土地利用结构组成（百分比）为变量，利用 SPSS 进行聚类；再次，逐个分析每类中各子流域的土地利用空间分布格局，对聚类结果进行调整，使同一类中的子流域土地利用结构和空间格局相似；最后，分别以所有子流域集合和分类后的同类子流域集合为样本，利用 SPSS 计算土地利用类型与水质的相关系数，从整体和局部两个层次分析土地利用类型对水质的影响。

4.1.2.4　土地利用结构及空间格局分析

如图 4-8 （b） 所示，滇池流域山地、丘陵、湖积平原并存，且昆明市区坐落其中，土地利用结构复杂多样。各种类型所占比例为：林地 41%、耕地 28.7%、水域 11.5%、城镇及工矿用地 6.1%、农村居民地 5.7%、交通用地 1%；草地 5.4%、未利用土地 0.8%。林地、耕地、农村居民地、城镇及工矿用地为主导土地利用类型。

以主导土地利用类型的面积百分比为变量，运用 SPSS 统计软件中的系统聚类方法分析子流域土地利用结构组成的相似度，21 个子流域被分为 A、B、C 三类（图 4-9）。

A 类：包括 5 个子流域单元，编号分别为 1、2、3、4、6。这些子流域单元经过昆明市城区，城镇及工矿用地占 20% ~ 57%，林地占 6% ~ 22%，耕地占 2% ~ 6%。5 个子流

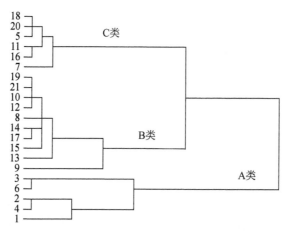

图 4-9　基于土地利用结构的子流域聚类分析

域单元的土地利用类型的空间分布特征具有一致性，即上游为林地、中游为城镇及工矿用地，下游分布着耕地和少量的农村居民地。

B 类：包括 10 个子流域单元，编号分别为 8、9、10、12、13、14、15、17、19、21。这些子流域单元位于滇池东部和南部的农业区，土地利用类型都是以耕地为主，面积比例为 37% ~59%，城镇及工矿用地比例<5%，农村居民地和林地比例为 6% ~20%，林地为 10% ~15%。除子流域 13 的其他 9 个子流域的土地利用空间分布特征均是上游为林地，中下游主要为耕地，农村居民地散落其中。而子流域 13 的空间分布特征为森林均匀分布、中间分散分布一些耕地和少量农村居民地。

C 类：包括 6 个子流域单元，编号分别为 5、7、11、16、18、20。这些子流域都位于水库的上游，土地利用类型以林地为主，林地面积平均在 55% 以上，耕地占 5% ~23%，农村居民地不足 5%，无城镇及工矿用地分布。此类子流域内的土地利用空间分布特征一致，即森林均匀分布在整个区域，少量耕地和农村居民地散落其中。

综上可以发现，B 类中的子流域 13 的土地利用空间布局与 C 类相同，并且其林地占 39%，比例也比较高，在土地利用类型的组成结构上也与 C 组的相类似，考虑到土地空间布局对水质的影响很大，因此，将其调整到 C 类。子流域土地利用结构组成如图 4-10 所示。

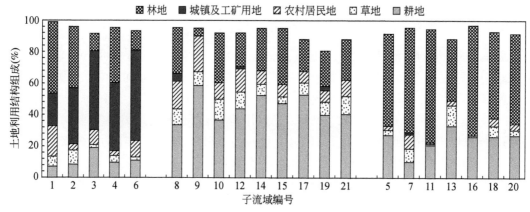

图 4-10　子流域土地利用结构组成

4.1.2.5　水质特征分析

根据河流均匀布设样点的监测结果，计算每个子流域内水质指标 COD_{Mn}、TP、TN、NH_3N 平均值，并依据《地表水环境质量标准》（GB 3838—2002）评价 21 个子流域的水质状况（表4-2）。

表4-2　子流域 COD_{Mn}、TP、TN、NH_3N 平均值　　　（单位：mg/L）

类别	子流域编号	COD_{Mn}	TP	TN	NH_3-N
A	1	17.49	2.23	24.35	17.15
	2	12.12	1.36	18.84	13.19
	3	12.95	0.91	18.27	10.96
	4	10.89	0.80	12.80	7.42
	6	22.04	1.99	26.45	21.24
B	8	11.10	0.78	7.83	4.81
	9	12.61	0.71	12.66	7.85
	10	4.75	0.05	1.40	0.20
	12	2.41	1.16	1.57	0.28
	14	4.13	0.28	4.46	0.40
	15	4.79	2.02	2.11	0.91
	17	3.38	0.22	8.54	3.45
	19	4.49	0.18	5.68	2.31
	21	3.71	0.39	3.29	0.59
C	5	2.40	0.73	0.05	0.19
	7	10.80	0.20	3.54	1.51
	11	1.25	0.03	3.13	0.13
	13	1.75	0.03	0.72	0.20
	16	2.40	0.16	0.40	0.32
	18	8.34	0.12	0.80	0.42
	20	3.40	0.03	0.67	0.20

由表4-2可得，A 类子流域水污染程度非常严重。子流域 1 和 6 COD_{Mn} 为劣Ⅴ类水标准，其他子流域为Ⅴ类；所有子流域 TP、TN、NH_3N 均为劣Ⅴ类，TP 超Ⅴ类水标准 2~4 倍，TN、NH_3N 超Ⅴ类水标准 6~20 倍，同样是子流域 1 和 6 超标最多。

B 类子流域水污染程度总体较 A 类好很多。子流域 8、9 COD_{Mn} 为Ⅴ类水标准，其他子流域 COD_{Mn} 优于Ⅲ类水标准；TP 除子流域 10、14、17、19 以外，其余子流域均为劣Ⅴ类，子流域 15 超Ⅴ类水标准 4 倍，所有子流域 TN 均为劣Ⅴ类，超Ⅴ类水标准 2~6 倍。子流域 8、9、17、19 NH_3-N 为劣Ⅴ类，超Ⅴ类标准 1~3 倍，其余子流域 NH_3-N 为Ⅱ类或Ⅲ类水标准。

C 类子流域水质情况比较好。子流域 7、18 COD_{Mn} 平均含量为 V 类和 IV 类水标准，其余子流域均为 II 类水标准；除子流域 5 为劣 V 类水标准，TP 均为 II 类或 III 类水标准。除子流域 7、11，其他子流域 TN 为 III 类水标准；所有子流域 NH_3-N 为 II 类水标准。

4.1.2.6　土地利用类型和水质的相关性分析

基于所有子流域的土地利用类型和水质污染指标的相关系数综合分析结果见表 4-3，城镇及工矿用地、农村居民地与 COD_{Mn}、TP、TN、NH_3-N 均显著正相关，这说明城镇及工矿用地、农村居民是滇池流域入湖河流水质污染的主要贡献者，并且城镇及工矿用地贡献大于农村居民地。两者与 TP 的相关性稍弱，说明建设用地对河流水质的影响主要是居民排污和工矿企业排污导致的有机污染。

表 4-3　基于所有子流域的土地利用类型和水质污染指标的相关系数

土地利用类型	COD_{Mn}	TP	TN	NH_3-N
城镇及工矿用地	0.693＊＊	0.678＊＊	0.707＊＊	0.701＊＊
农村居民地	0.637＊＊	0.494＊	0.512＊＊	0.556＊＊
耕地	−0.354	−0.176	−0.278	−0.287
草地	−0.008	−0.086	−0.023	0.014
林地	−0.400	−0.381	−0.525＊＊	−0.508＊＊

＊表示 $P<0.05$，＊＊表示 $P<0.01$

林地与 COD_{Mn}、TP、TN、NH_3-N 呈负相关，说明随着林地面积增加，污染物浓度随之降低，这是由于林地一方面通过截流降解作用降低了水质污染程度，另一方面林地面积增加引起城镇及农村居民地的减少，从而污染物输出也相应减少，这与一些同类研究的结果相一致。草地与各水质指标相关系数较小，说明草地对流域水质的影响较小。

耕地与 COD_{Mn}、TP、TN、NH_3-N 呈弱负相关，这与很多研究结果不同。其原因为城镇村及工矿用地污染贡献较高（超 V 类水标准 10～50 倍），掩盖了耕地本身对河流的污染贡献，使耕地比例与水质污染程度呈负相关，夏叡等也有类似结果。

基于同类子流域的聚类分析的结果，将三类子流域的土地利用类型与子流域的水质数据进行 Spearman 相关性分析，结果见表 4-4。

表 4-4　基于同类子流域的土地利用类型与水质相关系数

类别	土地利用类型	COD_{Mn}	TP	TN	NH_3-N
A	城镇及工矿用地	0.429	0.257	0.486	0.486
	农村居民地	0.543＊	0.371	0.257	0.257
	耕地	−0.200	−0.414	−0.543	−0.543
	草地	−0.429	−0.257	−0.371	−0.371
	林地	−0.143	0.371	0.143	0.143

类别	土地利用类型	COD$_{Mn}$	TP	TN	NH$_3$-N
B	城镇及工矿用地	−0.312	−0.078	−0.062	−0.062
	农村居民地	0.486	0.405	0.486	0.438
	耕地	0.095	0.452	0.690*	0.643*
	草地	−0.143	−0.333	−0.381	−0.429
	林地	0.238	−0.024	−0.690*	−0.595
C	城镇及工矿用地	—	—	—	—
	农村居民地	0.883**	0.144	0.593*	0.750*
	耕地	−0.306	0.306	−0.643	−0.321
	草地	−0.360	−0.288	−0.429	−0.464
	林地	−0.140	−0.093	−0.524	−0.298

　　＊表示 $P<0.05$，＊＊表示 $P<0.01$，"—"表示无相关系数

　　A 类：城镇及工矿用地、农村居民地均与 4 种水污染指标呈正相关，这同样证明了城镇及工矿用地、农村居民地是水质污染的主要来源。耕地与水中污染物浓度均呈负相关，说明随着河流两岸耕地面积所占比例的增加，水体污染物浓度降低。草地与水中污染物浓度呈负相关，说明草地对河流水质起到正面作用。林地与水质污染指标相关性很小，这是由于此类子流域中林地比例非常小，对污染物的截留吸附作用不明显。

　　B 类：农村居民地与 COD$_{Mn}$、TP、TN、NH$_3$-N 均呈正相关，且与 A 类相比相关性增强，而城镇及工矿用地与 4 个水质污染指标均相关性较小，这是由于该类中农村居民地比例有所升高，成为水质污染重要来源，而只有两个子流域有少量城镇，样本太少。耕地与4 个水质污染指标呈正相关，这可能是滇池流域蔬菜花卉的大量种植施用化肥农药引起的。草地、林地与水污染指标均呈负相关，其中与 TN、NH$_3$-N 的相关性比 A 类有所增强，这是由于随着两者面积的增加，耕地和居民点（城镇与农村）用地的面积百分比相应减少，所输出的污染物减少，从而使水质污染物浓度降低。

　　C 类：农村居民地面积不到 2%，仍与 COD$_{Mn}$、NH$_3$-N、TN 呈显著正相关，这说明在以林地为主的区域，农村居民地是水污染的一个主要来源。耕地与 TP 呈正相关，说明耕地是水体中 TP 的主要贡献者，而与 COD$_{Mn}$、TN、NH$_3$-N 呈负相关，其原因与 A 类相同。草地、林地与 4 个水质污染指标呈负相关，这说明草地和林地对农村居民地、耕地产生的污染物具有过滤截流的作用。该类子流域无城镇及工矿用地分布，因此无相关系数。

　　总之，滇池流域 21 个子流域的土地利用结构和空间分布格局，可以分为三类：上游为林地、中游为城镇及工矿用地、下游为耕地掺杂农村居民地，城镇及工矿用地为优势类型；上游为林地、中下游为耕地掺杂农村居民地，耕地为优势类型；林地均匀分布，耕地和农村居民地散落其中，林地为优势类型。

　　滇池流域居民点及工矿用地始终与 COD$_{Mn}$、TP、TN、NH$_3$-N 均呈正相关；林地始终与以上水质污染指标呈负相关；而耕地因子流域内土地利用的结构和格局差异，与水质污

染指标表现出不同的相关性：在居民点（城镇与农村）用地比例较少、以耕地林地混合结构为主的子流域，耕地与水质呈正相关；在以居民点（城镇与农村）用地为主的子流域，耕地与水质污染指标呈负相关。

4.1.3 土地利用景观空间格局对滇池流域水环境的影响

在流域尺度上，利用景观生态学研究景观格局变化对水质的影响，为流域水质控制提供理论基础，成为当前生态环境研究中的热点问题之一。

从景观格局角度研究土地利用对水质影响的研究，主要是以景观格局指数为指标，分析其与水质污染指标的关系。在流域尺度上，利用景观生态学研究景观格局变化对水质的影响，可以为流域水质控制提供理论基础。因此，本节拟在评价滇池流域内子流域水质污染综合状况的基础上，通过分析斑块类型水平上景观格局指数与水质污染状况的相关关系，探讨流域内优势斑块的空间格局对水质的影响，为水生态功能区划和合理利用土地，控制流域污染提供科学依据。

4.1.3.1 数据处理方法

根据 4.1 节的数据，水质评价选用水质指数评价法，指数表达式为 $X_1 \cdot X_2 (X_3)$，其中，X_1 为水质污染类别，X_2 为水质在该类别中所处的位置，X_3 为首要污染因子指标名称。X_1 值的确定是根据《地表水环境质量标准》（GB 3838—2002）的评价标准，来判定水质污染类别，水质污染类别为 I 类时，$X_1 = 1$；水质污染类别为劣 V 类时，X_1 为 6。X_2 为单项指标浓度值在该类别中所处的位置，污染物的浓度值越接近该类水体的下限值时，其值越小；越接近该类水体的上限值时，其值越大。一般 X_2 计算公式如下：

$$X_2 = (C_i - C_{\text{下限值}}) / (C_{\text{上限值}} - C_{\text{下限值}}) \tag{4-1}$$

根据实测的水质数据、近年来水质监测显示的污染物状况及参考影响滇池流域水生态系统健康的主要水环境因子的研究，选取 TN、TP、NH_3-N、COD_{Mn} 和 DO 作为水质评价的主要污染因子。

景观格局指数在 Fragstats 3.3 软件中通过计算 2008 年土地利用栅格数据得出。景观指标高度浓缩景观格局信息，是反映景观要素组成、空间配置特征的简单量化指标，不同的景观类型和景观空间格局，将对水质产生不同的影响。本研究在斑块类型水平上选取斑块数量（NP）、斑块密度（PD）、最大斑块指数（LPI）、最大形状指数（LSI），作为表征景观空间格局的参数。

4.1.3.2 水质状况分析

利用 2009 年水质调查数据，参照《地表水环境质量标准》（GB 3838—2002），通过水质指数评价法，计算得出每个子流域的污染水平（表4-5）。

表4-5　子流域污染水平评价结果

编号	子流域名	$X_1 \cdot X_2$ (X_3)	编号	子流域名	$X_1 \cdot X_2$ (X_3)
1	王家堆渠	50.7（TN）	12	洛龙河流域	13.6（TP）
2	运粮河流域	39.6（TN）	13	捞鱼河上游	3.4（TN）
3	船房河流域	38.5（TN）	14	捞鱼河流域	10.9（TN）
4	盘龙江流域中下游	27.6（TN）	15	白鱼河—大河流域	22.2（TP）
5	盘龙江流域上游	4.1（TP）	16	大河水库流域	3.6（TP）
6	海河流域下游	54.9（TN）	17	柴河中下游	19.0（TN）
7	海河流域上游	9.0（TN）	18	柴河水库流域	4.5（COD$_{Mn}$）
8	宝象河流域	17.6（TN）	19	东大河中下游	13.3（TN）
9	马料河中下游	27.3（TN）	20	双龙水库流域	3.3（TN）
10	马料河上游	4.8（TN）	21	古城河流域	8.5（TN）
11	宝象河水库流域	4.4（TN）			

通过分析发现，捞鱼河上游（3.4）、大河水库流域（3.6）和双龙水库流域（3.3）的水质达到Ⅲ类水标准，盘龙江流域上游（4.1）、马料河上游（4.8）和宝象河水库流域（4.4）的水质达到Ⅳ类水标准，而其他流域的水质均达到劣Ⅴ类水标准，其中，王家堆渠流域水质已经远超出劣Ⅴ类水标准，水质指数为50.7，为劣Ⅴ类水标准的7倍之多，污染最为严重。另外，有16个子流域主要污染物为TN，4个子流域主要污染物为TP，仅有一个子流域主要污染物为COD$_{Mn}$，TN为整个滇池流域的主要污染因子。其水质污染评价结果空间分布如图4-11所示。

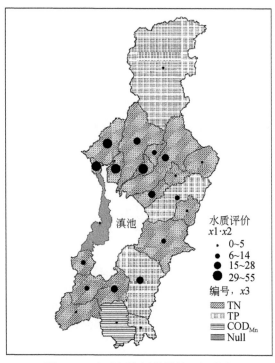

图4-11　水质污染评价结果空间分布

4.1.3.3 景观格局分析

流域优势斑块对水质有主导作用，本研究选定2008年土地利用数据（考虑到短期内土地利用变化较小，与水质数据不同时相），按照土地利用类型百分比，将滇池流域的21个子流域，经聚类分析得出以农村居民地和城镇及工矿用地为主、以耕地为主和以林地为主的三类子流域（图4-9）。

子流域优势斑块面积百分比分类如图4-12所示。

A类中，农村居民地和城镇及工矿用地为主要土地利用类型，百分比均在39%以上，海河流域下游达到了68%，为全流域最高，其次则为林地，最低的为耕地，多在20%以下，该类子流域主要位于昆明城区所在区域。

B类中，耕地为主要土地利用类型，百分比均在34%以上，马料河中下游达到了59%，林地占其次，最少的为农村居民地和城镇及工矿用地，该类子流域主要位于农业区所在的沿滇池东部和南部。

C类中，林地为主要土地利用类型，百分比均在55%以上，其中，宝象河水库流域和大河水库流域分别达到了72%和70%，其次为耕地，农村居民地和城镇及工矿用地所占比例非常低，仅有海河流域上游占10%，其他均在5%以下，该类子流域主要位于滇池流域最南部和北部的山区。

由于8号宝象河流域的水质样点基本位于中下游，而中下游土地利用类型主要为农村居民地和城镇及工矿用地，其景观格局对水质的影响较大，故将8号子流域调整到以农村居民地和城镇及工矿用地为主的A类中。

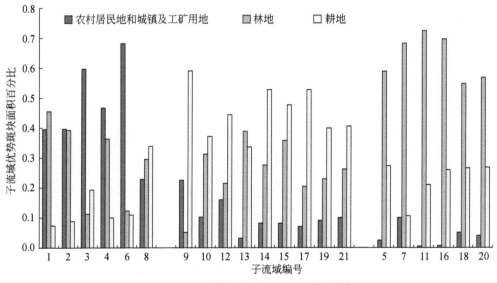

图4-12 子流域优势斑块面积百分比分类

在聚类分析结果的基础上，选取景观指数NP、PD、LPI、LSI分析每类子流域优势斑块的景观格局，在A类中计算农村居民地和城镇及工矿用地的景观格局指数，在B类中计算耕地的景观格局指数，在 C 类中计算林地的景观格局指数，结果见表4-6。

表4-6 各类子流域优势斑块景观指数

土地利用类型	LID	NP	PD	LPI	LSI
农村居民地和 城镇及工矿用地	con1	2	0.36	97.28	3.28
	con2	27	0.62	93.11	7.60
	con3	26	20.56	6.90	5.09
	con4	54	0.56	96.40	10.58
	con6	11	0.58	96.98	6.16
	con8	135	2.64	54.15	17.12
林地	fore5	83	0.24	93.04	18.72
	fore7	4	0.20	91.73	4.57
	fore11	3	0.05	99.84	6.25
	fore16	14	0.40	59.24	6.42
	fore18	27	0.40	93.41	10.54
	fore20	24	0.43	56.46	9.36
耕地	farm9	12	0.45	90.34	6.92
	farm10	19	1.30	56.29	7.81
	farm12	57	0.83	52.04	13.59
	farm13	17	0.91	69.79	8.17
	farm14	55	0.54	89.53	12.15
	farm15	68	0.63	89.72	13.32
	farm17	23	0.55	87.64	9.29
	farm19	27	0.81	81.84	9.15
	farm21	12	0.63	79.49	8.02

4.1.3.4 景观格局对水质的影响

根据以上计算得出的水质评价结果和景观格局指数，在 SPSS 中对两者进行 spearman 相关性分析，结果见表4-7。

表4-7 水质评价结果与景观格局指数相关系数

优势斑块	污染指数	NP	PD	LPI	LSI
农村居民地和城镇及工矿用地 （1、2、3、4、6、8）	$X_1 \cdot X_2$（X_3）	-0.886*	-0.429	0.657	-0.714
耕地 （9、10、12、13、14、15、17、19、21）	$X_1 \cdot X_2$（X_3）	0.285	-0.700*	0.667*	0.233
林地（5、7、11、16、18、20）	$X_1 \cdot X_2$（X_3）	-0.257	-0.543	0.600	-0.371

* 表示在0.05水平上显著相关

通过分析可以看出，土地用地类型主要为农村居民地和城镇及工矿用地的子流域污染程度与景观指数 NP、PD 和 LSI 呈负相关，与 LPI 呈正相关，其中与 NP 呈显著负相关，说明斑块数量越大，斑块越破碎，农村居民地和城镇及工矿用地产生的污染物集中排放的可能性就越低，受其他用地如耕地、林地的截留作用，污染程度就有所降低。从反面来讲，这与最大斑块指数越大，污染程度越高是相一致的。另外，最大形状指数越大，说明斑块越不规则，污染物进入河流的过程中就有更大的可能受耕地或林地的截留作用而降低污染物浓度。

土地利用类型主要为耕地的子流域污染程度与景观指数 PD 呈显著负相关，与 LPI 呈显著正相关，与 NP、LSI 相关性较弱。说明耕地斑块密度越大，耕地本身产生的面源污染和流经耕地的径流携带的污染物就会受耕地的过滤作用而降低污染物的浓度；而斑块越大，则说明耕地本身产生的面源污染就越集中，污染程度就越高。

土地利用类型主要为林地的子流域污染程度与景观指数 PD 呈负相关，与 LPI 呈正相关，与 NP、LSI 相关性不明显。说明林地斑块密度越大，污染程度就越低，林地对污染物的截留纳污作用就越大；而斑块越大，只能起到局部截留纳污的作用，很多污染物可能未通过林地而直接排放到河流中。

通过流域的水质评价和相关性分析得出，流域水质最差的是以农村居民地和城镇及工矿用地为主的子流域，水质等级远超劣 V 类，同时农村居民地和城镇及工矿用地斑块数量越多、形状越不规则，越有利于改善水质状况；流域水质次差的是以耕地为主的子流域，水质等级除马料河流域为 IV 类水外，其余也远超劣 V 类，同时耕地斑块越大，越集中，本身产生的面源污染浓度就越高，而流经耕地的径流中的污染物浓度则会因大斑块的吸附过滤作用而降低；流域水质最好的为以林地为主的子流域，水质等级多为 III 类或 IV 类，同时林地斑块密度越大，对污染物的截留纳污作用就越大，而斑块越大，可能产生局限性，导致未流经林地的污染物直接进入河流而影响水质。

4.2 滇池流域水生生物群落结构变化及其影响因子

由于自然、经济和社会的综合性影响，水生态系统呈现出不同的状态，而这种由其组成成分、结构、过程所形成的状态与生活在其中的水生生物息息相关。水生态系统作用于水生生物，对其生态位、新陈代谢、捕食等产生一定的影响，水生态系统任何一部分因干扰而发生状态改变都会在不同程度上改变水生生物的生存环境，同时水生生物为适应生境的改变，其生存状态、生理结构、多样性等也会相应发生变化。健康的水生态系统为水生生物提供稳定的生存环境，因而水生生物在数量、结构、分布等上表现出良好的状态。水生生物对外界干扰敏感性较强，分布范围较广，有一定的生命周期，能反映多种压力负荷累积与生物群落变化的相互影响结果的特性，因此，水生生物指标是水生态系统组成、结构和过程变化的综合响应的集合，能够很好地反映水生态系统健康程度。

水生生物一般包括浮游动植物、着生藻类、底栖动物、水生植物、鱼类及浮游细菌群落等，其水生态系统结构关系如图 4-13 所示。

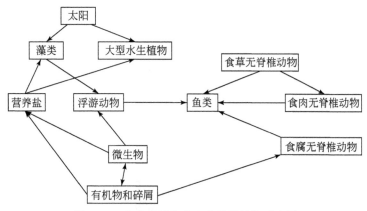

图 4-13　水生态系统水生生物的结构示意图

从水生态系统的结构来看，鱼类是食物链的最高级食物链，生命周期明显，空间尺度较大，具有一定的社会文化价值，其生存状态能很好地表征水生态系统健康情况。然而，在滇池流域水域中，由于污染鱼类生存情况很差，在较多入湖河流中没有鱼的生命迹象，鱼类指标在大多数区域不具有参考性；大型无脊椎底栖动物群落组成较为稳定，对水生态系统的物质循环和能量流动起着重要的作用，如能加速碎屑分解、提供高级营养层食物来源和促进水体自净，对水质有良好的指示作用，同时在流域中分布广泛，监测较为容易，在水生态评价中较为广泛应用；藻类在滇池流域中分布较广，作为水生态系统的初级生产者之一，是整个水生态系统物质循环和能量流动的基础，其中，着生藻类相对于浮游藻类来说生存位置更加稳定，便于监测，同时位于水生态系统食物链的低端，影响整条食物链结构和状态，并且能够敏感地响应水环境状况的变化，尤其是在N、P 等无机营养盐浓度方面；微生物包括原生生物和细菌，原生生物是水生态系统次级生产者之一，世代周期短，通过细胞膜与周围环境直接接触，对环境变化敏感，而细菌数量庞大、种类多，对水质产生非常重要的影响，主要用于人类健康及与水有关的疾病监测。

基于滇池水体污染严重、无机营养盐浓度高等特点，下面将选择滇池流域水体中的大型无脊椎底栖动物、着生藻类和浮游细菌表征水生态系统，分析其与水环境状态的关系，识别影响水生生物群落结构的主要影响因子。

4.2.1　着生藻类群落与水环境因子的关系分析

4.2.1.1　流域水环境状况的主导因子分析

根据滇池流域水体特征，主要通过氨氮（NH_3-N）、总磷（TP）、总氮（TN）、高锰酸盐指数（COD_{Mn}）、溶解氧（DO）、生化需氧量（BOD）、总有机碳（TOC）、锌（Zn）、镉（Cd）、铅（Pb）、铜（Cu）、铬（Cr）、硝氮（NO_3-N）、总悬浮物（TSS）、电阻值（R）、水温（WT）、pH 共 17 个指标来反映滇池水环境状态。通过对逐月水环境指标的年均值进行因子分析，以辨识表征滇池流域入湖河流水环境状况的主导因子。结果显示，NH_3-N、TP、TN、CODMn、DO、Zn、Cd、Cr、NO_3-N、R、WT、pH 可作为主导因子来表征滇池流域入湖河流丰水期的整体水环境状况（表4-8）。

表4-8 滇池流域入湖河流水环境指标旋转后的因子载荷率

指标	旋转后的因子载荷率				
	F1	F2	F3	F4	F5
NH_3-N	0.940	0.215	−0.034	−0.058	−0.121
TP	0.913	0.124	−0.028	−0.007	−0.193
TN	0.901	0.249	0.102	−0.095	−0.169
COD_{Mn}	0.890	0.029	−0.189	−0.164	0.195
DO	−0.816	0.009	0.064	−0.230	−0.061
BOD	0.723	0.544	−0.140	−0.188	0.116
TOC	0.656	−0.096	−0.243	0.548	−0.008
Zn	0.213	0.944	0.086	−0.049	−0.099
Cd	0.239	0.907	0.076	0.032	−0.034
Pb	−0.135	0.690	−0.142	−0.142	−0.228
Cu	0.181	0.504	−0.126	0.006	0.415
Cr	−0.127	−0.155	0.867	−0.059	0.287
NO_3-N	−0.390	0.141	0.769	0.003	0.020
TSS	0.186	−0.042	0.718	−0.201	−0.195
R	0.155	−0.024	−0.166	0.860	−0.015
WT	−0.304	−0.097	0.003	0.801	0.079
pH	−0.151	−0.212	0.102	0.046	0.886

4.2.1.2 影响着生藻类属种的主要水环境因子识别

对滇池流域29条入湖河流12项水环境因子与着生藻类属种进行典型对应分析，以辨识影响着生藻类群落结构的主要水环境因子。由图4-14可得，滇池流域入湖河流水环境因子对着生藻类属种分布的影响程度为$NH_3-N>TN>TP>pH>COD_{Mn}>Zn>R>NO_3-N>DO>Cd>Cr>WT$。再通过典型对应分析中的蒙特卡罗检验，对其影响程度的显著性进行检验。由表4-9可得，TN、NH_3-N 和 TP 这3项水环境因子对着生藻类属种分布的影响程度显著，是影响滇池流域入湖河流着生藻类群落特征的主要水环境因子。

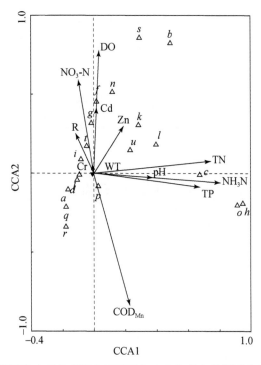

图 4-14　滇池流域入湖河流水环境状况主导因子与丰水期着生藻类属种的典型对应分析双轴图

a-颤藻属（*Oscillatoria*）、b-腔球藻属（*Coelosphaerium*）、c-平裂藻属（*Merismopedia*）、d-舟型藻属（*Navicula*）、e-羽纹藻属（*Pinnularia*）、f-卵型藻属（*Cocconeis*）、g-异极藻属（*Gomphonema*）、h-直链藻属（*Melosira*）、i-小环藻属（*Cyclotella*）、j-脆杆藻属（*Fragilaria*）、k-针杆藻属（*Synedra*）、l-桥弯藻属（*Cymbella*）、m-根管藻属（*Rhizosolenia*）、n-丝藻属（*Ulothrix*）、o-小球藻属（*Chlorella*）、p-栅藻属（*Scenedesmus*）、q-弓形藻属（*Schroederia*）、r-鼓藻属（*Cosmarium*）、s-金囊藻属（*Chrysocapsa*）、t-褐枝藻属（*Phaeothamnion*）、u-裸藻属（*Euglena*）

表 4-9　滇池流域入湖河流水环境状况主导因子与丰水期着生藻类属种的相关系数

指标	与丰水期着生藻类属种的相关系数
WT	0.0136
R	−0.1112
pH	0.3459
COD_{Mn}	0.2134
NH_3-N	0.7574**
TP	0.6326*
TN	0.6988**
NO_3-N	−0.0913
Zn	0.1764

续表

指标	与丰水期着生藻类属种的相关系数
Cd	0.0201
Cr	−0.0124
DO	0.0312

＊表示 $p<0.05$；＊＊表示 $p<0.01$

4.2.2 底栖动物群落与水环境因子的关系分析

4.2.2.1 流域水环境状况的主导因子分析

此部分与4.2.1.1节相同

4.2.2.2 影响底栖动物群落的主要水环境因子识别

对滇池流域入湖河流状况的 12 项水环境因子与大型底栖动物属种进行典型对应分析（图4-15），以辨识影响滇池流域入湖河流大型底栖动物群落特征的主要水环境因子。因此，滇池流域入湖河流环境因子对大型底栖动物属种分布的影响程度为 TN>DO>pH>NH$_3$–N>TP> COD$_{Mn}$>Zn>NO$_3$–N>Cr>R>WT>Cd。再通过典型对应分析中的蒙特卡罗检验，对各

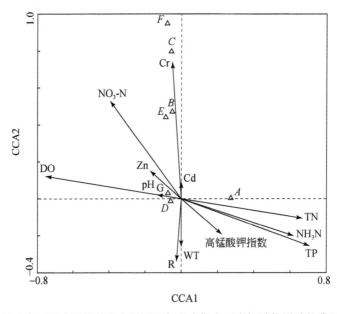

图 4-15 滇池流域入湖河流水环境状况主导因子与丰水期大型底栖动物属种的典型对应分析双轴图

A-摇蚊属（*Chironomus*）、B-石蛭属（*Erpobdella*）、C-舌蛭属（*Glossiphonia*）、D-尾塞蚓属（*Branchiura*）、E-水丝蚓属（*Limnodrilus*）、F-珠蚌属（*Unio*）、G-圆田螺属（*Cipangopaludina*）

环境因子的显著性进行检验。由表 4-10 可得，DO、TN、NH_3-N、TP 和 DO 这 4 项环境因子对大型底栖动物属种分布的影响程度显著，是影响滇池流域入湖河流大型底栖动物群落特征的主要水环境因子。

表 4-10　滇池流域入湖河流水环境状况主导因子与丰水期大型底栖动物属种的相关系数

项目	WT	R	pH	COD_{Mn}	NH_3-N	TP	TN	NO_3-N	Zn	Cd	Cr	DO
丰水期大型底栖动物属种	0.001	-0.024	-0.136	0.222	0.616*	0.648**	0.699**	-0.391	-0.172	0.000	-0.050	-0.748**

* 表示 $p<0.05$；** 表示 $p<0.01$

4.2.3　浮游细菌群落与水环境因子的关系分析

4.2.3.1　滇池湖体内浮游细菌与环境因子的关系

通过 FORWARD SELECTION 选出关键的环境因子，丰水期为 NH_3-N、TN、NO_3-N、TP、DO，枯水期为 NH_3-N、TN、SD、WT、COD_{Mn}，说明丰水期或枯水期，滇池湖体内浮游细菌群落结构受不同的环境因子影响。

利用 CCA 探讨滇池中影响浮游细菌群落结构的关键环境因子（图 4-16），丰水期环境

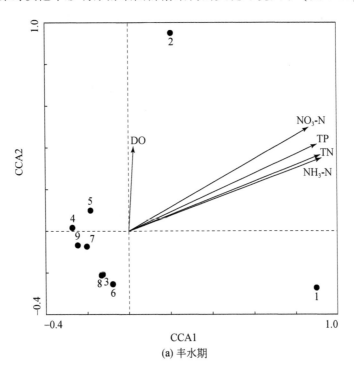

(a) 丰水期

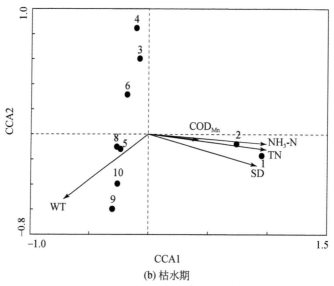

(b) 枯水期

图 4-16　滇池湖体环境因子与浮游细菌物种的 CCA 双排序

1-断桥、2-草海中心、3-晖湾中、4-罗家营、5-观音山东、6-观音山中、7-观音山西、

8-白鱼口、9-海口西、10-滇池南

因子对浮游细菌群落结构的影响程度大小依次为：$NH_3-N>TN>TP>NO_3-N>DO$。而枯水期水环境因子对浮游细菌群落结构影响的程度依次为：$NH_3-N>TN>SD>WT>COD_{Mn}$。通过蒙特卡罗法检验，前 3 个环境因子对浮游细菌群落结构的影响显著。

综合丰水期与枯水期滇池湖体内各样点中浮游细菌群落结构与环境因子的 CCA 分析得出，NH_3-N 和 TN 是影响滇池湖体内浮游细菌群落结构的关键环境因子。

4.2.3.2　滇池流域入湖河流浮游细菌与环境因子的关系

基于 TN、NH_3-N、BOD_5、DO、TSS、TOC、COD_{Mn}、T、TP、NO_3-N、pH 共 11 项环境因子与入湖河流浮游细菌群落结构进行典型对应分析（CCA），以辨识影响滇池流域入湖河流浮游细菌群落的主要环境因子。通过典型对应分析中的蒙特卡罗法对其影响程度的显著性进行检验，可得 TN、NH_3-N、BOD_5、DO 是影响丰水期滇池流域入湖河流浮游细菌群落结构的关键水环境因子，且顺序为 $TN>NH_3-N>BOD_5>DO$。同样，对枯水期滇池流域入湖河流，水环境因子影响顺序为 $TP>TSS>NH_3-N>TN>pH>WT>F>NO_3-N>COD_{Mn}$，通过蒙特卡罗法检验其显著性，可得，TP、TSS、NH_3-N、TN 是影响枯水期滇池流域入湖河流浮游细菌群落结构的主要水环境因子（图 4-17）。

综上，与滇池湖体情况相似，影响滇池流域入湖河流内浮游细菌群落结构的关键环境因子也是 NH_3-N 和 TN。

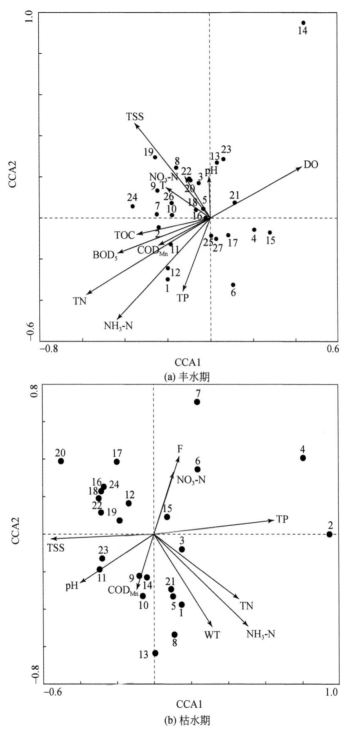

图 4-17 滇池流域入湖河流水环境因子与浮游细菌样点的典型对应分析双轴图

1-王家堆渠、2-新运粮河、3-老运粮河、4-乌龙河、5-大观河、6-船房河、7-金家河、8-盘龙江、9-大青河、
10-海河、11-六甲宝象河、12-小清河、13-五甲宝象河、14-虾坝河、15-老宝象河、16-新宝象河、17-马料河、
18-洛龙河、19-捞鱼河、20-南冲河、21-淤泥河、22-白鱼河、23-柴河、24-茨巷河、25-东大河、26-中河、
27-古城河

第 5 章　滇池流域水生态系统类型和特征

水生态系统指由生物群落（包括鱼类、水生植物、底栖动物和微生物等）及其环境相互作用，通过物质循环和能量流动所构成的具有一定结构和功能的动态平衡系统。非生物环境包括阳光、大气、无机物（碳、氮、磷、水等）和有机物（蛋白质、碳水化合物、脂肪、腐殖质等），为各种生物提供能量、营养物质和生活空间。生物群落根据其生态功能可以分为生产者（浮游植物、大型水生植物、底栖植物等）、消费者（浮游动物、底栖动物、鱼类等）和分解者（细菌和真菌）。自然状态下的水生态系统具有动植物种类较多、结构稳定的特征，但也存在易被破坏、难以恢复的特点。

水生态系统类型划分是按照既定的标准将一系列水生态系统按照相似性或差异性分组或者归类的过程。其目的是进行有序的观察和描述，进而深入认识和理解水生态系统内在的物质循环、能量流动导致的结构和功能的差异。与单纯的水域分类相比，水生态系统分类综合考虑了水域环境特征和生物特征，更能反映水生态系统状态的差异。水生态系统一般可以分为淡水生态系统和海水生态系统。由于淡水生态系统和多个生态系统相互作用，受多种因素的影响，成为水生态系统类型分类工作中的重点研究对象，本章主要介绍淡水生态系统类型的分类及滇池流域水生态系统的主要类型和相关特征，为滇池流域水生态功能区划提供基础。

5.1　流域水生态系统类型概述

流域水生态系统指在流域范围内，由不同类型水体所构成的生态系统。根据流域水网特征和主要水体的流动特征，又可分为河流-流域水生态系统和湖泊-流域水生态系统。

大多数流域都是以动态水网为基础的河流流域，其不同层级的河流所形成的水文形貌特征，为水生生物提供了多样的栖息地。湖泊流域，是由湖泊及其入湖河流、出湖河流所在集水区构成的区域。作为地球表面一个相对独立的自然综合体，湖泊流域以水为纽带，将不同层级的河流与湖泊组合起来，从而形成一个具有物质循环和能量流动功能的复杂系统（杨桂山，2004）。

由于不同水生态系统的形成与地形地貌、气候变化、水质水文等多种影响因素相关，在同一流域内可形成多种多样的水生态系统类型。与河流流域相比，湖泊流域内湖泊与河流并存，形成了更为多样的水生态系统类型。探讨湖泊流域水生态系统类型的划分，对更好地了解不同水生态系统环境和生物特征差异、简化水生态系统生态过程机制研究具有重要意义，同时也可以为流域的水生态功能分区提供科学基础和参考依据。

由于受水质污染、河道改造、水文调控、生物资源过度利用、植被破坏、外来物种引入等人为干扰及洪水、干旱、火山爆发、野火等自然干扰，加之湖泊流域管理方式的不合理，世界上大多数水生态系统正经历着严重的生态退化过程。如何科学合理地调控并管理水生态系统，成为当前的研究热点。通过研究水生态系统的生物组成结构和功能及生态过程，在明确水生态系统的状态和类型的基础上，对水生态系统进行分类管理，是实现流域综合管理的关键。同时，流域水生态系统分类，对认识水生态系统差异规律，揭示流域水生态系统区域差异及其形成机理，具有重要意义。

5.2 湖泊流域水生态系统特征

与河流流域相比，自然条件下湖泊流域的入湖河流与出湖河流的径流量、流速都较小，整条河流上下游的空间区域差异性不显著。然而，湖泊流域中入湖河流多，不同河流的物理、化学环境因子，以及河岸带的差异性，导致不同的生物群落特征。多样的生物群落及其栖息地环境共同构成了湖泊流域水生态系统的多样性。其主要特征包括以下方面。

5.2.1 整体性

湖泊流域的水生态系统类型主要由河流生态系统和湖泊生态系统构成。从水文特征来看，湖泊与河流相互联系，两者在水体理化性质和生物群落等方面相互影响，其连通性在一定程度上影响了物质循环和能量流动的过程。从水体特征上来看，河流属于流水生态系统，湖泊属于静水生态系统。两者可以被视作独立的水生态系统，其内部的生态过程及形成的水生态结构和功能具有较大的差异。因此，在划分多级水生态系统类型时，既要将河流和湖泊分别划分，又要考虑两者的关联性。

5.2.2 空间尺度小

流域尺度的不同会对水文和物质循环过程产生比较明显的影响，从而导致不同水生态系统的理化性质和生物群落结构的差异。与尺度较大的河流流域相比，湖泊流域内的入湖河流形成的小流域，更容易受降水等气候因素的影响，表现为径流历时更短、理化指标峰值更高、不同时间段水体理化性质的变异更大。另外，小流域内的物质输出大部分发生在径流产生的初期，而大流域的物质循环输出主要产生于后期，由于河道内的沉积物悬浮和冲刷作用，会产生新的物质输出（刘永，2007）。水体理化特征和水文特征上的明显差异，导致生物群落的组成和分布的差异，导致湖泊流域水生态系统类型多样。

5.2.3 层次性

水生态系统由多个层次水平的等级体系组成。不同等级的水生态系统，其结构与功能具有不同的相互依存关系。水生态系统生态过程的多层次性，形成了结构的多等级层次。与此相对应，水生态系统类型具有一定的等级体系，为不同层级的管理提供参考和支持。湖泊流域水生态系统类型，根据入湖河流的等级差别，全流域水生态系统可逐渐分级，形成不同层次的水生态系统类型。从具体的水体单元来看，可分为以线状水体为主的河流，以及以面状水体为主的湖泊、水库、坑塘等。对线状水体，可根据不同区段水文形貌特征，分为不同的水生态系统类型；对面状水体则可分为不同块区的水生态系统类型。

5.2.4 复合性

在早期的研究中，人们对水生态系统的关注多集中于其自然属性，将其视为自然生态系统。但随着人类对流域生态过程的不断介入，自然生态系统在人类的参与下，逐渐形成了与自然生态系统具有明显不同结构、功能，且更加复杂的开放式社会–经济–自然复合生态系统（SENSE）（王如松和欧阳志云，2012）。社会、经济和自然是三个不同性质的系统，都有各自的结构、功能及其发展规律，但它们各自的存在和发展又受其他系统结构、功能的制约（马世骏和王如松，1984）。

湖泊流域水生态系统长期受人类活动的干扰，为典型社会–经济–自然复合生态系统，其自然生态系统的发生和发展，明显受社会系统和经济系统的制约。水生生物，作为流域自然生态系统的重要组成部分，其群落结构直接或间接地受人类活动的干扰（杨芳和贺达汉，2006）。人类活动主要通过资源消耗、污染输入及工程改造等途径，改变流域原有的物质循环和能量流动，损害流域的生态完整性。人为因素已经成为影响流域生态完整性的重要因素，在研究和分析湖泊流域水生态系统类型中，应充分考虑流域生态系统的复合性，分析人类干扰的影响范围和作用结果，从而客观地反映栖息地生境特征。

5.2.5 动态性和不确定性

流域水生态系统的动态性主要表现为自身的周期性和非规律性变化上。系统的动态性，使得水生态系统类型分类具有很大的不确定性。例如，一年内湖泊中营养盐变化范围大且空间变化不一致，这进而会导致不同时间点划分的水生态系统类型方案不一致。

5.3 水生态系统分类研究进展

目前公认的水生态系统分类是根据水体流动性的差异，在大尺度上将淡水生态系统分为河流生态系统、湖泊生态系统和湿地生态系统。而在中小尺度上如何进行进一步划分，即对河流生态系统、湖泊生态系统及湿地生态系统如何进行二级分类，目前还未形成统一的体系，缺少权威性、系统性的研究。

5.3.1 河流生态系统分类研究

针对河流生态系统分类研究，从 20 世纪初 Cotton 提出河流分类以来，已经有多种方法相继出现，主要是基于地貌学、生态学、水文学和价值服务的分类体系（何萍等，2008）。

（1）基于地貌学的河流分类体系

河流分类最早出现在河流地貌学领域。在早期的研究中，河流分类主要以河流形态学特征为依据。Leopold 等（1957）根据河流平面形态将河流分为顺直河、曲流河和辫状河。在此基础上，Rust（1977）又依照河流的弯曲度、河道分叉指数特征，将上述 3 种类型丰富为顺直河、曲流河、辫状河和网状河 4 种类型。

随着河流地貌学的研究重点转向沉积侵蚀、搬运与堆积，河流的分类也开始结合动力学过程。Schumm（1977）基于大尺度系统的沉积物搬运过程，提出了沉积物源区、搬运区和堆积区的三区分类模型。在此基础上，Schumm 和 Simon 提出了河渠演化概念模型，该模型认为河流从上游至下游纵向分布了 5 种类型，而这些类型分布于河渠演变过程中的不同时段：源头起点处于干扰前状态，随着水能增加及河道的堆积、拓宽，在下游某处达到新的平衡（Schumm et al.，1984；Simon，1989）。该模型在多个河流的分类工作中得到了应用。Montgomery 和 Buffington（1997）则是考虑河流的整体地貌（沉积物和流量等特征），将山地河流分为了 8 个类型，即山坡段、深谷段、塌陷段、瀑布段、阶梯-深潭段、平坦河床段、深槽-浅滩段及沙波河段。

以上的分类都属于定性分类，Rosgen（1994）、Rosgen 和 Silvey（1996）的分类模型应用了定量方法。运用河道几何学原理，以河道下切比、宽深比、蜿蜒度等特征划分了 8 种一级类型，然后根据河流纵向坡度和河床物质粒径等参数共划分了 94 种二级类型。该分类体系和标准是客观的测量数据，不同测量人员的数据能够重复。目前，Rosgen 的分类方法已广泛应用于河流开发管理规划中。

最广为应用的是 River Styles 模型，它是一个成功结合河流物理-生物特征的、基于水文过程的地貌等级分类框架（Brierley，1999）。在第一层次上，按照河谷的坡度、形态和限制性特征，考虑河道与洪泛区之间的过程，划分为约束的（没有洪泛区）、部分约束的（不连续的洪泛区）和冲积的（连续的洪泛区）三类。第二层次在河段尺度上，根据河渠的几何形态及与生物特征密切相关的地貌单元（如浅滩、深潭、急流等）的聚集特征来划分河段类型。Chessman 等（2006）应用 River Styles 模型对澳大利亚新南威尔士 Bega 河流域的 42 个地点按照地貌进行分类，同时调查硅藻、水生和湿生大型植物、大型无脊椎动物及鱼类的空间分布，发现地貌类型能够很好地反映生物的分布规律。River Styles 模型是一个开放的系统，可以根据研究对象添加新类型。Thomson 等（2004）在 River Styles 模型的基础上，在地貌单元的下一级进一步划分水力单元。其中，水力单元是表面流类型及下垫面构成基本一致的斑块，代表了与生物相关的微栖息地类型。

（2）基于生态学的分类体系

在 20 世纪的中后期，各种解释河流中生命有机体分布和过程的结构与功能模型不断涌现。河流生态分类模型假定河流生物与河流地貌、水文等控制因子之间有可预测的关系。Huet（1959）提出结合河道坡度与宽度进行河流的纵向分区。这些分区与典型鱼类群落的分布相对应，从上游窄、陡的小河流到下游宽、浅的大河，典型鱼类群落依次是鲑鱼、河鳟、触白须、鲤鱼及河口鱼类。虽然这一简单的模型很难应用于覆盖各种气候区的丰富的动物区系，并且不能完全准确预测动物的分布特征，但是该模型在欧洲的一些地方仍具有较高的使用率（Goethals and Pauw，2001）。

河流连续系统（river continuum concept，RCC）模型是基于生态学理论，较为常用的一个水生态系统类型划分模型，其预测了河流纵向的物理、化学和生物特征的变化，解释了生物分布与地貌因子的相互关系（Vannote et al.，1980）。RCC模型认为，从源头小河到下游大河物种的数量会增加，上游、中游、下游的优势群落依次是食碎屑者、牧食群落及滤食者群落，因此，将一条河流分为3个部分，即源头河流、中等河流和大型河流。

在景观生态学的影响下，Berman（2002）提出了一个基于景观结构和过程的内在过程等级（generic process hierarchy，GPH）模型，通过对景观结构和过程的分类，来评估生态系统的脆弱性和完整性。该分类框架是基于流域过程而建立的，可以应用于多个时空尺度。在粗尺度上，GPH模型对土地利用转化程度及影响物流的过程进行等级划分；在可视的尺度上，对物流过程的速率和途径进行分级；在精细尺度上，对河道内的物质储存和搬运过程进行分级。该分类体系的重要突破是强调了干扰-恢复过程、尺度、等级及斑块的动力，并且利用GIS手段实现了对景观过程的分级。

（3）基于水文学的分类体系

许多水生态学家都认为水文条件是河流及河漫滩湿地的重要驱动因子。Bunn和Arthington（2002）提出了流量节律对水生生物多样性产生影响的4条重要原理：①流量对河流栖息地具有决定性作用，决定着生物构成；②水生生物的生活史策略主要用来应对流量变化规律；③维持纵向和横向的连通性对河流物种的种群生存力具有关键的作用；④河流中外来物种的入侵和演替也是由流量节律的改变而引发的。流量变化影响了河流植物、无脊椎动物和鱼类。Poff和Ward（1989）认为水文节律（流量大小、变化频率、持续时间、时刻、变化率）是一种调节生态完整性的控制变量。

早在1977年，Jones和Peter为了开发一个客观的、可重复划分未污染的河流群落结构的方法，通过平均、最小、最大月流量图来表达节律，将流量划分为"稳定"或者"大水"。随后，Poff和Ward（1989）开发了一个概念性河流分类模型，基于4种水文特征（间歇性、洪水发生频率、洪水可预测性和整个流量的可预测性）将全美的78条河流划分为9种类型，并进行等级排序。他们讨论了流量生态格局的意义，认为高频间歇的河流一般会支持体型小的鱼类及休眠期的无脊椎动物，增加扩散能力；而稳定的高流量将会支持体型大的、特种的鱼类和无脊椎动物及长寿的物种。Harris等（2000）根据温度和流量对河流生态系统的重要性，开发了一个按照"波型"和"大小"划分流量和温度节律的级别并将两者综合起来划分河段类型的方法，并将这一分类方法成功地应用于4条英国河流，该方法对河流生态流量节律设计非常有益。基于水文特征的分类一开始就与生物的种类、分布、行为及形态等特征紧密结合。同时，由于水文数据的相对易获取性，定量分析的发展程度较高。

无论是基于何种学科，河流生态系统分类的发展趋势是从早期的静态结构分类到动态过程的分类，从定性分类到定量分类，从单尺度线状河段分类到多尺度的等级系统分类，从应用单一因子分类到综合多个因子分类，从揭示河流特征差异到深入认识和体现河流生态系统差异的过程。

在我国，关于河流分类的系统研究不多，只在自然地理学、河流沉积学、水文学等领域零星出现。按照河流的补给水源，中国除季节性小河外，几乎所有的河流都有两种或两种以上的水源补给。中国科学院地理科学与资源研究所等根据补给条件（雨水补给、地下水补给、季节性融雪补给、永久性冰川融雪补给）的不同，将中国的河流划分为八大类型（黄锡荃等，1995）。按照河水归宿，中国河流可以分为外流河和内流河两大类。考虑地貌类型，长江水系的河流被划分为峡谷型河流、丘陵平原型河流、长江中下游直接汇入江湖的中小河流三大类型。在中国，河流沉积学界最早涉及河型的分类问题，钱宁（1985）吸收了 Rust 的河型分类后，把河流分为游荡型、弯曲型、顺直型和分汊型四类，在中国水利学界和地貌学界受到广泛的重视和应用。但是，这些分类还都停留在生态学科之外。因此，急需基于生态学理论对河流水生态系统类型进行划分，以推进水生态系统综合管理从而解决流域生态受损等问题。

5.3.2　湖泊生态系统分类研究

针对湖泊生态系统类型划分提出的各种分类方法，其分类指标多是根据分类目的来确定的。20 世纪二三十年代，E. Nuamna、A. Theimnan 对德国北部和瑞典南部的一些湖泊进行了研究，并依据水温、透明度、溶解氧、生物类群特征及营养盐（以氮、磷为主）将湖泊区分为富营养型、贫营养型和腐殖质营养型三类，这是国际上较早的湖泊分类。随后，吉村信吉（1937）在广泛汲取 E. Nauman 和 A. Thieman 等人研究成果的基础上，将湖泊分为调和型和非调和型两大类、5 个类型和 8 个亚型，从而使分类研究较前迈进了一步。而 W. M. Darvis 基于地貌学理论，按照湖盆的营力性质将湖泊区分为建设性、破坏性和堰塞性三大类（Hutchinson，1957）。姜加虎和王苏民（1998）提出利用湖盆取开、闭相对关系作为一级分类的指标，水体含盐量作为二级分类的指标，湖泊水量作为三级分类的指标。通过建立多等级的水生态系统类型划分指标体系，对湖泊生态系统进行系统性的划分。但是，到目前为止，国际上对湖泊的分类基本上仍是停留在单要素分类的水平上，尚无系统的研究成果问世。所以，现存的湖泊分类，既不能客观地反映出湖泊中诸要素间的有机联系和相互作用，也难以揭示湖泊综合体在内、外营力相互作用下所具有的各种自然特性和演变特点。关于人类经济活动对湖泊所产生的深刻影响，在湖泊分类中更是未引起足够的重视。

我国存在多种湖泊类型划分方案。按湖盆的成因，有人将湖泊划分为人工湖、构造湖、火山口湖、堰塞湖、河成湖、冰川湖、风成湖、海成湖和溶蚀湖等；按湖水补排情况分类，有吞吐湖和闭口湖两类；按湖水含盐度的大小，湖泊被划分为淡水湖、微咸水湖、咸水湖及盐水湖 4 类；按湖水营养水平分类，湖泊被划分为贫营养湖、中营养湖、富营养湖三大基本类型；按水深或是否存在热力分层，可划分为深水湖、浅水湖两类；按湖水排泄条件，被划分为外流湖和内陆湖；按湖泊热状况，则被划分为热带湖、温带湖和寒带湖等。应该说，上述划分方案，对研究湖泊的成因机理、富营养化程度等有积极意义。但是，上述湖泊类型多根据单一指标进行划分，未能体现水生态系统的多等级特征和生态差异规律。因此，构建多等级的且能全面反映生态特征差异的湖泊类型划分体系成为了湖泊管理的基础。

在滇池流域水生态系统类型划分工作过程中，主要是在借鉴河流生态系统类型和湖泊生态系统类型划分已有研究成果的基础上，结合流域自身的特征，分析环境因子及其尺度效应、生物群落的适应性、人类活动的干扰及水生态系统组成作用关系等，确定出科学、合理、简单、实用的水生态系统类型划分体系。

5.4　滇池流域水生态系统分类原则

在湖泊流域内，不同类型的水生态系统内所发生的各种物理、化学和生物过程丰富多彩，物质和能量流动与转换形式千变万化，彼此相互影响相互制约，存在着不可分割的内在有机联系，且受流域内的各种自然因素及人类经济活动的影响或制约。湖泊流域内河流与湖泊并存，其水生态系统更为复杂。在进行水生态系统类型划分时，由于湖泊和河流的差异，两者分别作为独立体进行单独分类。但入湖河流和湖体两者又在水文方面相互联系，因而湖泊流域的水生态系统类型划分并不是单纯的湖泊生态系统和河流生态系统类型的划分。

滇池流域的水生态系统类型划分，既基于已有的水生态系统类型研究，也结合滇池流域的特征，将不同水生态系统看作独立个体比较其差异性和相似性，兼顾考虑其相互联系，建立了以下原则来划分滇池流域的水生态系统类型。

5.4.1　区域相似性与差异性的对比分析是分类的重要环节

湖泊流域是相对独立的区域，具有明显的区域性特色。依据不同区域之间的相似性和差异性进行对比分析，予以区分，是综合分类应遵循的主要原则。例如，滇池流域入湖河流的下游河段水质都较差，但北部河流的河道人工化情况较严重，南部河流的河道人工化情况相对较轻。同时北部河流的污染主要是由生活污染和工业污染导致的，而南部河流的污染主要是由农业面源污染引起的。因此，需要综合对比多个备选指标，选择空间异质性大且能直观表征不同类型水生态系统差异的指标作为最终指标。

5.4.2　自然因素与人为因素相结合，理论性与应用性相结合

水生态系统分类的本身，是揭示水生态系统内在的个性和流域不同水生态系统之间共性的过程，它直接关系湖泊资源的利用、改造和保护。因此，这就在客观上要求我们不仅要对湖泊综合体内所发生的各种自然过程进行定性、定量的分析，总结出其时空变化的规律，找出其各自然要素的特征值，而且对在自然背景上人类经济活动对湖泊综合体内所发生的各种过程的影响强度与方式也是不可忽视的。另外，入湖河流与以往研究的河流差别较大，一般规模较小，其河流发育较为简单。因此，不能将大型河流水生态系统类型分类指标生搬硬套，要结合滇池流域自身特点及尺度效应，理性地舍取指标。同时，要充分考虑分类指标的可操作性。

5.4.3 主导因素与综合因素相结合，识别关键因子

水生态系统形成并相对稳定后，在其生命活动和演变过程中，必然受所在地理带或自然地理区域内的各种自然因素制约，并具有地带性色彩。因此，在进行综合分类时，必须立足于综合各自然要素的原则，在对各自然要素进行单项分类和综合分析论证后，识别驱动水生态系统栖息地环境和生物群落变化的关键因子，将其作为反映水生态系统综合特征的主导标志要素。在指标筛选过程中，要充分权衡指标的数量，多指标分类虽然能最大限度揭示水生态系统的特征，但是突出了不同水生态系统之间的差异性，不易揭示不同水生态系统之间的共性，导致水生态系统类型过多，不便于进行进一步的研究。因此，应尽可能识别少量的关键因子，这样既能合理地反映水生态系统之间的差异和共性，又使得水生态系统类型划分变得简单、易于应用。

5.4.4 建立多等级嵌套的水生态系统类型分类体系

水生态系统由多个层次水平的等级体系组成。在不同的空间尺度中，其结构与功能具有不同的相互依存关系。水生态系统发生过程的多层次性，形成了结构的多等级层次。与此相对应，水生态系统类型划分（体现水生态系统结构和功能的差异）指标体系应具有一定的等级体系，便于由浅入深地理解水生态系统生态过程机制。因此，滇池流域水生态系统类型划分指标体系是多等级的，不同等级具有不同的空间尺度，在划分时还应充分考虑空间尺度效应。

5.5 滇池流域水生态系统分类体系

水生态系统综合分类方法以水生态系统为研究对象，应用河流地貌学和水生态学原理与方法，借助不同空间尺度上的环境因子对河流系统进行分层递进分析，获得特征河段综合环境表现（生境）的基础信息，并由此进一步识别对应的生物群落特征，建立环境与生物的对应关系。流域水生态系统类型划分主要是根据水生态系统的相似性和差异性进行划分，因此，选择何种指标显得尤为重要。从分类途径和原则来说，Lotspeich（1980）提出，引起类别差异的原因可能比造成的结果是更好的分类依据。因此，对流域水生态系统类型划分，应该选取能够简单、清晰、显著地体现不同水生态系统之间的差异的驱动指标。

在一级水生态系统类型划分时，借鉴主流的划分方法，选择水体流速作为一级分类指标，水体流速会影响水生态系统搬运、堆积和侵蚀情况，从而影响其中的生物群落结构，故可以分为静水生态系统和流水生态系统。

在二级水生态系统类型划分时，静水生态系统主要由湖泊和水库构成，其主要差别在于滇池湖体水量更为丰富，水量的大小一定程度上决定了水生态系统功能的丰富程度，从而决定滇池具备更多的水生态功能（滇池具备供水、航运、发电、灌溉等多种功能，流域

的其他水库一般只具备供水或者灌溉功能），因此，选择驱动指标水量作为静水生态系统类型二级分类指标。

而流水生态系统类型划分原则较为复杂。根据划分原则，从地质地貌、气候、水源补给、河流形态、河流生境等方面选择备选指标。由于滇池流域水生态系统空间尺度较小，而地质和气候方面的指标在滇池流域的空间差异性较小，不予以考虑。另外，滇池流域的入湖河流相对较为平直，不同河流的形态差异较小，故不考虑将其纳入指标体系。最终，根据水源补给、地貌、河流生境（河道人工化情况、营养盐情况）进行流域水生态系统类型划分。其中，地貌通过影响地表径流间接影响水体营养盐含量，但由于其更能直观体现不同水生态系统类型的区别，故舍弃营养盐指标。最终选取以下指标，构建滇池流域水生态系统类型分类指标体系（表5-1）。

表 5-1　滇池流域水生态系统类型分类指标体系

分类指标	分类对象	指标因子	对生态系统的影响
一级	流域水生态系统	水体流速	水体流速大小一定程度影响了流域水体更新速度，同时对流域物质循环、能量流动具有一定的作用
二级	静水生态系统	水量	水量的大小是维持水生态系统结构和功能稳定的重要条件之一
	流水生态系统	地貌	通过影响降水量来间接影响水量，并且影响水文的径流过程
		水源补给	不同类型的水源补给对径流量大小和稳定具有一定的影响，从而影响水生态系统的功能
		河道人工化情况	体现人类活动对水生态系统的影响程度

5.6　滇池流域水生态系统类型特征

根据表5-1构建的水生态系统类型分类指标体系，滇池流域可被分为7个水生态系统类型（图5-1），包括湖泊静水生态系统、水库静水生态系统、平原–自然水源–人工河流流水生态系统、平原–自然水源–天然河流流水生态系统、平原–非自然水源–人工河流流水生态系统、山地–自然水源–人工河流流水生态系统及山地–自然水源–天然河流流水生态系统。

5.6.1　湖泊静水生态系统

湖泊静水生态系统即为滇池湖体水生态系统。滇池是云贵高原湖面最大的淡水湖泊，水面面积约为300km²，为南北长、东西窄的湖盆地，属于断陷构造湖泊。其表面水体流速较小，但其水量较大，可达15.6亿 m³之多。其位于昆明市主城区下游，对昆明市社会经济的发展和宜人气候的形成有着重要的作用，被誉为"母亲湖"，是国家重点保护和治理的水域之一。

滇池自1996年修建了船闸以后，就被分割为既相互联系，但又几乎互不交换的草海、外海两部分。草海、外海各有一个人工控制出口，分别为西北端的西园隧洞和西南端的海

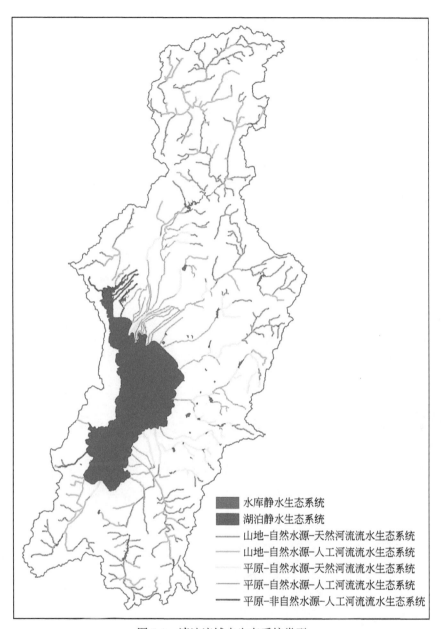

图 5-1　滇池流域水生态系统类型

口中滩闸。滇池出水向北经螳螂川、普渡河后，汇入金沙江。2001 年，《云南省地表水环境功能区划（复审）》将外海功能定为饮用水源二级保护区、一般鱼类用水区、工农业用水区和景观娱乐用水区；将草海功能定为工农业用水和景观娱乐用水区。

　　外海是滇池的主体部分，在正常高水位时的水量为 12.7 亿 m³，占滇池总水量的 98%。长期以来作为昆明市主城区的饮用水源，多年平均供水量占流域城市总供水量的 10% 左右。即便是 2006 年引水济昆工程完成后，外海也将长期作为昆明市主城区的备用饮用水源。外海生态环境脆弱，承受着城市污染、工业污染、非点源污染的三重压力，所接受的污染负荷占流域水污染总负荷的 70% 左右，建设中的呈贡新区也对其构成了潜在污染威胁。再加上外海水量交换周期大约是草海的 20 倍，出入湖水量交换周期需要 3 年以上，受污染后需要的恢复期更长。

草海是昆明市主城西部城市纳污河流的过流水域，水量约为 0.2 亿 m³，占滇池总水量的 2%。位于草海西部的西园隧洞多年平均出流量为 1.2 亿 m³，草海水体在一年中能得到不少于 6 次置换。每年汛期过后，草海水质均能得到不同程度改善。在草海控制区内，有第一污水处理厂、第三污水处理厂、船房河截污泵等城市污水处理工程。因此，其污染来源主要是昆明市的各种污水处理尾水。

自 1990 年以来，除被作为昆明市饮用水源地，滇池还具有工农业用水、调蓄、防洪、旅游、航运、水产养殖、调节气候和水力发电等功能。滇池湖泊静水生态系统生境如图 5-2 所示。

图 5-2　湖泊静水生态系统生境

从水质特征来看，该类水生态系统溶解氧含量较高，在 5.56 ~ 8.65mg/L，表明其水体自净能力较强。但同时，高锰酸盐指数较高，在 6.2 ~ 14.4mg/L，表明其有机污染程度较为严重。根据水体氮磷含量可以看出，滇池水生态系统处于较高的富营养化水平，其氮磷均已严重超标 [《地表水环境质量标准》（GB 3838—2002）Ⅴ类标准]，位于湖泊水生态系统北部的草海富营养尤为严重。但氨氮含量呈现出显著的空间异质性，外海的氨氮含量较低，其平均含量为 0.24mg/L，而草海的氨氮含量较高，其平均含量高达 4.26mg/L。

从水生生物群落来看，该类水生态系统的生物较多栖息在外海区域。草海由于营养丰富、污染严重，生物群落几乎无法在其中生存。而外海的生物多样性虽然相对草海要高，但由于外海有机污染，藻类和底栖动物多为耐污种类，种类相对单一，故其生物多样性亦比较低。由于水量丰富，在部分水质较好的水域，其鱼类生物多样性相对较高。2012 年 12 月的鱼类调查结果显示，滇池湖体共计发现 16 种鱼类，其中以红鳍原鲌、太湖新银鱼、鲫鱼、鲢鱼、鳙鱼数量最多，为滇池湖体的优势鱼种；似鱼乔、棒花鱼、麦穗鱼、鲤鱼、间下鱲鱼、泥鳅、食蚊鱼、小黄鱼幼鱼、子陵吻鰕虎鱼为常见种类。从种类数量和资源量两方面来讲，滇池湖体现有鱼类均以外来种为主。

5.6.2　水库静水生态系统

水库静水生态系统主要是由入湖河流上游的水库构成的水生态系统。其中，大中型水库有 8 座，分别是松华坝水库、宝象河水库、大河水库、柴河水库、双龙水库、松茂水库、果林水库和东白沙水库。水库多分布在中上游区域，周围多为山区林地。由于人类供水、灌溉之需，滇池流域的水库才得以形成。与滇池湖体相比，其水量相对较小，其中水量最大的松华坝水库，其设计库容仅为 2.19 亿 m^3。20 世纪中期，滇池流域的水库多作为昆明市的饮用水备用水源，但随着人类活动导致的水库水质恶化及气候原因引起的水量减少的现象越来越严重，无论是从水质还是从水量上来看，水库的饮用水功能已经逐渐下降。

水库静水生态系统属于典型的人工生态系统，该类生态系统由于季节性运行在一定程度上改变了局部水域的水文情势，导致河流上下游的水文过程连续性遭到破坏（一般来说，水库上游河段水流较为湍急，下游河段水流较为缓慢）。这对水库下游的水环境特征及生物群落特征有较大的影响。丰水期时，水库的"放水"对下游河床、河道造成巨大冲击，河床侵蚀严重，导致河底泥沙被侵蚀、搬运。同时，水体中的含沙量大大增加，很多水生生物（尤其是底栖动物）无法生存。而枯水期时，水库的"存水"常常导致下游水量不足，又对水生生物的生存、生活造成了较大的影响。另外，水库的存在阻断了一些鱼类的洄游路线，导致一些土著鱼类的生存受到极大的威胁。水库静水生态系统生境如图 5-3 所示。

从水质特征来看，该类水生态系统的 DO 含量相对较高，表明其水体自净能力较强。COD_{Mn} 较高，表明其仍存在一定的有机污染。根据其氮磷含量可以看出，该类水生态系统处于中度富营养水平，其 TN 含量相对较高，在 0.37 ~ 3.72mg/L，而 TP 含量在 0.02 ~ 0.20m/L，NH_3-N 含量在 0 ~ 0.28mg/L，均较低。

从水生生物群落来看，该类水生态系统生物多样性相对其他类型水生态系统较高，主要原因是其水环境条件相对较好。由于滇池流域的鱼类较多分布在水库中，其鱼类生物多样性为流域内最高的区域，鱼类主要包括高体鳑鲏、棒花鱼、子陵吻鰕虎鱼、麦穗鱼、泥鳅和黄鳝。底栖动物的多样性相对降低，以环棱螺和圆田螺为优势种。藻类多样性同样呈现较低的现象，以硅藻为主，舟形藻、脆杆藻、针杆藻及桥弯藻为主要优势种。

图 5-3　水库静水生态系统生境

5.6.3　平原–自然水源–天然河流流水生态系统

平原–自然水源–天然河流流水生态系统分布在入湖河流中下游的环湖体平原区域，河道未受到人为干扰，因此，该类水生态系统的河宽相对较窄，河道仍保持砾石或泥构成的天然状态。该类水生态系统河岸带土地利用类型多为林地和农田。由于平原地区的人类活动强度比较大，受人类活动影响的水生态系统较多，该类型水生态系统数量较少。该类河流的水源补给多为上游河水或水库水补给、地下水补给和降水补给。降水补给主要集中在5～10 月。

该类型水生态系统主要分布在环滇池湖体平原南部和东部的河流下游，如柴河、大河、南冲河、马料河、捞鱼河。少数分布在流域北部，如盘龙江、宝象河。其中最为典型的是柴河下游、大河下游及宝象河下游水生态系统。

（1）柴河下游水生态系统特征

柴河下游水生态系统其河道仍保持天然的状态，少部分为两面光的人工河道，河底多为泥沙和砾石，主要集中在茨巷河上；区域河流蜿蜒度平均值为 1.287。河岸带两侧多为农田，河岸带植被主要是由草、灌木还有农作物（主要是蔬菜）构成。河流的水源补给主要来自地下水补给、柴河水库补给及降水补给。由于两侧的农业种植，其水体会受农业污染，导致溶解氧含量较低，营养盐浓度较高，水质总体偏差。

从水体理化特征来看，该水生态系统的 pH 在 7.3 ~ 7.7，变化幅度不大，表明水体酸碱度较为稳定。水体中 DO 为 1.52mg/L（属劣Ⅴ类水），水体的自净能力较差。水体富营养程度属于中度富营养，水质较差。TN 平均含量为 4.09mg/L（属劣Ⅴ类水），TP 平均含量为 0.24mg/L（属Ⅳ类水），NH_3-N 平均含量为 0.35mg/L（属Ⅱ类水）。

从生物群落特征来看，该水生态系统大型底栖动物 Shannon-Wiener 指数为 0.889，以红蛭、环棱螺、无齿蚌及圆田螺为优势种。着生藻类 Shannon-Wiener 指数为 1.614，以硅藻为主，异极藻、鞘丝藻、脆杆藻、波缘藻及布纹藻为主要优势种。

（2）大河下游水生态系统

大河下游水生态系统位于晋宁县雷打坟村，在滇池流域东南部，其与柴河下游水生态系统相似性较高。河流蜿蜒度较高，平均值为 1.327，水体物质交换速度较快。其河道基本未受人类活动干扰，河底都为泥沙，其河岸带植被由草、灌木和乔木构成。河流两侧较多为林地和农田，因此，种植蔬菜、瓜果、粮食作物等施用的农药和化肥降低了水体中的溶解氧，同时增加了水体中的营养盐浓度。其水源补给主要来自地下水补给、大河水库补给及降水补给。

从水体理化特征来看，该水生态系统的水体偏弱碱性，pH 在 7.4 ~ 7.8。水体富营养程度为中营养，水中溶解氧平均含量较低，水质一般。其中，水体中 DO 为 1.22mg/L（属劣Ⅴ类水），TN 平均含量为 0.76mg/L（属Ⅲ类水），TP 平均含量为 0.10mg/L（属Ⅱ类水），NH_3-N 平均含量为 0.12mg/L（属Ⅰ类水）。

从生物群落特征来看，鱼类多样性较低，主要以鲫鱼和食蚊鱼为优势种。大型底栖动物 Shannon-Wiener 指数为 0.479，以红蛭、环棱螺、水丝蚓及尾鳃蚓为主。着生藻类 Shannon-Wiener 指数为 1.709，以硅藻为主，脆杆藻、颤藻、卵形藻、舟形藻、异极藻为优势种。

（3）宝象河下游水生态系统

宝象河下游水生态系统属于典型的平原–自然水源–天然河流流水生态系统，位于官渡区大板桥内。其河道类型以自然河道为主，少部分为二面光河道，区域河流蜿蜒度均值偏小，为 1.177。河道类型以自然河道为主，河底以泥沙和砾石为主；河岸带以农田为主，附近城镇化程度较高，受人类活动影响较大。该区主要分布有宝象河水库，故该水生态系统的水源补给以降水补给、地下水补给及水库补给为主。

从水体理化特征来看，该水生态系统的水体偏弱碱性，pH 在 7.9 ~ 8.0。水体富营养程度为中度富营养，水质整体状况良好，除了 TN 平均含量有些偏高。其中水体中 DO 为 6.09mg/L（属Ⅱ类水），TN 平均含量为 3.19mg/L（属劣Ⅴ类水），TP 平均含量为 0.06mg/L（属Ⅱ类水），NH_3-N 平均含量为 0.19mg/L（属Ⅱ类水）。

从生物群落特征来看，该水生态系统有鱼类分布，但以草鱼、鲤鱼、鲫鱼及餐条等经济鱼类为主。大型底栖动物 Shannon-Wiener 指数为 1，以舌蛭、红蛭、水丝蚓和尾鳃蚓为主。着生藻类 Shannon-Wiener 指数为 0.459，藻类丰富度较低，以脆杆藻、异极藻和舟形藻为优势种。

平原–自然水源–天然河流流水生态系统生境如图 5-4 所示。

图 5-4 平原–自然水源–天然河流流水生态系统生境

从水质理化特征来看，该类水生态系统的 DO 含量低，COD_{Mn} 高，反映出其有机污染严重且自净能力较低的特征。这主要是受河岸带两侧农业活动的影响，大量的农药和化肥进入水体，迅速消耗掉水体中的溶解氧。同时该类水生态系富营养情况较为严重，TN、TP 均严重超标，而 NH_3-N 含量基本达标，其平均含量为 1.4mg/L。其营养水平的增高与农业活动强度的增大有着密切的关系。该类型水生态系统的营养水平稍低于平原–自然水源–人工河流流水生态系统。

从水生生物特征来看，藻类多样性处于一般水平，底栖动物多样性较低，但稍高于平原–自然水源–人工河流流水生态系统底栖动物多样性。部分地区分布有一定数量的大型底栖清洁物种，如球形无齿蚌等。总体来看，该类型水生态系统的生物群落特征与平原–自然水源–人工河流流水生态系统较为相似。

5.6.4 平原–自然水源–人工河流流水生态系统

平原–自然水源–人工河流流水生态系统分布在入湖河流下游的环湖体平原区域，多流经昆明市。其河道受人为干扰较大，经过人工整治后，其河宽都明显地加宽，其河宽通常要大于平原–自然水源–自然河流流水生态系统的宽度。该类型水生态系统的河道已经明显地硬化，通常呈现出一面光、两面光或三面光的特征。该类河流的水源补给方式主要为上游河水补给、降水补给和地下水补给（三面光河道除外）。降水补给主要集中在 5～10 月雨季时期。

该类型水生态系统在平原地区属于典型的生态系统，数量较多。其多分布在环滇池湖体平原的北部，主要分布在盘龙江、金汁河、明通河、新运粮河、新宝象河、小清河、洛龙河、老运粮河、六甲宝象河、海河等，个别分布在流域南部的中河、东大河。本节以海河、东大河和新运粮河为例说明该水生态系统类型的特征。

（1）海河下游水生态系统

海河下游水生态系统，位于盘龙区南部。该水生态系统受人工整治程度较大，其河道呈现两面光的特征，河底以泥沙和瓷砖为主。河流蜿蜒度较高，平均为 1.488，区域水体物质交换速度较快。河岸带为人工绿化带，种植大量的草、灌木和乔木。其两侧土地利用方式多为城镇建设用地。其水源补给方式主要为降水补给、上游河水补给及地下水补给。城市发展导致大量污水进入该类生态系统，导致其溶解氧含量几乎为零，营养盐水平偏高。

从水体理化特征来看，水体偏碱性，pH 在 7.78～8.69。区域水体富营养程度为中度富营养，TN 平均含量偏高，主要与该区城镇化水平较高有关。水体中 DO 为 5.01mg/L（属Ⅲ类水），TN 平均含量为 1.97mg/L（属Ⅴ类水），TP 平均含量为 0.09mg/L（属Ⅱ类水），NH_3-N 平均含量为 0.44mg/L（属Ⅱ类水）。

从生物群落特征来看，土著鱼类以间下鱵鱼、太湖新银鱼及餐条为主。大型底栖动物 Shannon-Wiener 指数为 0.492，生态调查仅发现有尾鳃蚓和摇蚊分布。着生藻 Shannon-Wiener 指数 2.439，藻类种类较多，硅藻、蓝藻、绿藻、隐藻均有出现，主要以舟形藻和菱形藻为优势种。

（2）东大河下游水生态系统

东大河下游水生态系统位于晋宁县昆阳镇，邻近滇池湖体外海南部。其河道受人工干扰较大，以两面光人工河道为主，少部分为自然河道，人类活动程度较高；区域河流蜿蜒度较低，平均值为 0.995。其南侧为省级公路，北侧为桂花林。河岸带两侧土地利用类型以农田和城镇建设用地为主，植被类型以灌木种类为主。其水源补给方式主要为上游水库补给和降水补给。

从水体理化特征来看，水体偏弱酸性，pH 在 6.3～7.3。水体富营养程度为中度富营养，水质较差，表明该区陆域系统水质调节能力较弱。其中，水体中 DO 为 4.3mg/L（属Ⅳ类水），TN 平均含量为 3.78mg/L（属劣Ⅴ类水），TP 平均含量为 0.25mg/L（属Ⅳ类水），NH_3-N 平均含量为 1.12mg/L（属Ⅳ类水）。

从生物群落特征来看，大型底栖动物 Shannon-Wiener 指数为 0.606，主要以耐污种尾鳃蚓、摇蚊为优势种。着生藻 Shannon-Wiener 指数为 1.712，以硅藻为主，舟形藻、针杆藻、异极藻、卵形藻、脆杆藻及菱形藻为主要优势种。

（3）新运粮河下游水生态系统

新运粮河下游水生态系统位于盘龙区和五华区交界附近。其河道类型以人工河道为主，多为两面光和三面光，少部分为自然河道；区域河流蜿蜒度较小，平均值为 1.159。河岸带土地利用类型基本为城镇建设用地，城镇化水平较高，受各种生活污水的影响较大，导致水体质量较差。由于河道人工化情况较高，几乎没有地下水补给，其水源补给主要为西北沙河水库补给和降水补给。

从水体理化特征来看，水体偏弱碱性，pH 在 7.5 左右。水体富营养程度为轻度富营养，水体溶解氧量偏低，水质一般。其中，水体中 DO 为 2.23mg/L（属劣 V 类水），TN 平均含量为 1.30mg/L（属 IV 类水），TP 平均含量为 0.08mg/L（属 II 类水），NH_3-N 平均含量为 0.38mg/L（属 II 类水）。

从生物群落特征来看，大型底栖动物 Shannon-Wiener 指数为 0.381，群落主要由尾鳃蚓和水丝蚓构成。着生藻类 Shannon-Wiener 指数为 0.783，舟形藻、脆杆藻、针杆藻、异极藻、卵形藻等硅藻成为该类型水生态系统的优势种。

平原–自然水源–人工河流流水生态系统生境如图 5-5 所示。

图 5-5　平原–自然水源–人工河流流水生态系统生境

总体来看，该类水生态系统的水体 DO 含量低，90% 以上的采样点 DO 含量在 6mg/L 以下。而 COD_{Mn} 高，其含量在 1.6 ~ 67.9mg/L，反映出其有机污染严重且自净能力较低的特征。该类水生态系统富营养情况较为严重，其 TN（含量在 1.8 ~ 137mg/L）、TP（含量在 0.01 ~ 9.93mg/L）、NH_3-N（0.56 ~ 124.8mg/L）均严重超标，TN 含量情况更是不容乐观。

从水生生物特征来看，藻类多样性处于一般水平，底栖动物多样性非常低，种类结构不均衡，这与河道硬化有着密切关系。人工化的河道无法为部分水生生物提供合适的栖息地，因此，呈现出较低的生物多样性，底栖动物尤为明显。

5.6.5　平原–非自然水源–人工河流流水生态系统

平原–非自然水源–人工河流流水生态系统是由分布在昆明市区的 9 条非自然水源河流构成的特殊的水生态系统。9 条非自然水源河流分别是船房河、采莲河、大观河、古城河、金家河、王家堆渠、乌龙河、西坝河及虾坝河。该类水生态系统由季节性河流组成，主要功能为城市纳污、排污河流，该类水生态系统多位于城市附近。为提高其美观度，河道的人工整治程度较大，其河面往往都进行了加宽，导致其河宽通常要大于其他河流生态系统类型的宽度。其河道多经过人工整治，呈现出硬化现象，导致地下水补给无法进行，加之其河流没有源头，因此，其水源补给方式主要为人类活动导致的污水补给和降水补给。金家河与船房河最能体现断头河在近几十年的发展与变化。

（1）金家河下游水生态系统

金家河下游河段，其河道为三面光，其河岸带主要为人工绿化，东侧为林地，西侧为林地和草地。由于其河道硬化，其丰水期的水源补给方式主要为降水补给和污水补给，枯水期的水源补给方式只有污水补给。由于其功能定位是城市纳污、排污河流，其水体溶解氧含量几乎为零，营养盐水平极高。

从水体理化特征来看，水体偏弱碱性，pH 在 7.3 左右。区域水体富营养程度为富营养，水质整体状况良好，其中，水体中 DO 为 0.95mg/L（属劣 V 类水），TN 平均含量为 10.66mg/L（属劣 V 类水），TP 平均含量为 1.22mg/L（属劣 V 类水），NH_3-N 平均含量为 10.19mg/L（属劣 V 类水）。

从生物群落特征来看，由于水体质量极差，生态调查中并未发现有大型底栖动物出现。着生藻类 Shannon-Wiener 指数为 1.402，藻类组成以舟形藻、羽纹藻、异极藻、卵形藻、脆杆藻等硅藻为主，另外有栅藻、色球藻、裸藻等分布。

（2）船房河下游水生态系统

船房河下游河段，其河道为三面光，其河岸带主要为人工绿化带，植被主要为草地、灌木和乔木种类。目前，其水源补给方式主要为降水补给和污水处理厂尾水补给。20 世纪，船房河的功能定位与金家河相似，导致水质极其恶劣。后经过各种工程措施治理，以及功能定位的转变（景观类），其水质有了较大的好转，主要表现为溶解氧含量有了较大的提高，可以达到《地表水环境质量标准》（GB 3838—2002）V 类标准，营养盐含量也有所降低。

从水体理化特征来看，水体偏弱碱性，pH 在 7.69 左右。区域水体富营养程度为富营养，水质整体状况较差，其中，水体中 DO 为 3.93mg/L（属Ⅳ类水），TN 平均含量为 11.41mg/L（属劣 V 类水），TP 平均含量为 0.74mg/L（属劣 V 类水），NH_3-N 平均含量为 9.51mg/L（属劣 V 类水）。

从生物群落特征来看，由于水体质量极差，生态调查中并未发现有大型底栖动物出现。着生藻类 Shannon-Wiener 指数为 1.572，舟形藻、针杆藻、异极藻、羽纹藻等硅藻占优势，亦有微囊藻、栅藻等分布。

平原–非自然水源河流生态系统生境如图 5-6 所示。

图 5-6　平原–非自然水源–人工河流流水生态系统生境

从水质理化特征来看，其 DO 含量低，污染最严重的水域的溶解氧含量仅为 0.2mg/L。COD_{Mn} 则处于较高水平，含量在 4.6 ~ 61.7mg/L，这反映出其受到较为严重的有机污染，但其水体自净能力较差的特征。该类水生态系统富营养情况较为严重，其 TN（含量在 1.58 ~ 34.8mg/L）、TP（含量在 0.05 ~ 2.68mg/L）、NH_3-N（含量在 0.17 ~ 33.15mg/L）均严重超标，TN 含量情况更是不容乐观。因此，该类水生态系统以无机污染为主。

从水生生物特征来看，藻类和底栖动物多样性非常低，鱼类几乎无法生存。一方面是由于水质太差，无法为水生生物提供生存所必需的外部环境条件；另一方面，多条河流的河床硬化，无法为部分水生生物，尤其是底栖动物提供生存的栖息地。

5.6.6　山地–自然水源–天然河流流水生态系统

山地–自然水源–天然河流流水生态系统分布在入湖河流上游的山地区域，由于其多位于山区，不易受人为活动影响，该类水生态系统数量较多。该类水生态系统河道未受人为干扰，多由砾石、泥沙、砂构成。河岸带植被多为自然生长的草和灌木种类。其水源补给多为地下水补给和降水补给。降水补给主要集中在 5 ~ 10 月。

该类水生态系统多分布在盘龙江、捞鱼河、老宝象河、大河、东大河等上游河段。河流的上游河段，多位于海拔较高的山区，周围多为森林。其河岸土地利用方式多为草地或林地，间或有农田。本节以盘龙江上游、大河上游及东大河上游为例，说明该类水生态系统类型特征。

（1）盘龙江上游水生态系统

盘龙江上游水生态系统，即牧羊河水域，位于嵩明县阿子营地区，流域的最北部的高海拔山地，其河段河道均保持天然状态，即多为石质或泥质构成。河岸带植被多为草和灌木，少数为农田作物（如蔬菜），该类水生态系统的水源补给主要是降水补给和地下水补给。

从水体理化特征来看，水体偏弱碱性，pH 在 7.6 ~ 8.5。区域水体富营养程度为中度富营养，水质整体状况良好，反映出该区陆域对河流的水质调节能力较好。其中，水体中 DO 为 7.09mg/L（属 II 类水），TN 平均含量为 0.98mg/L（属 III 类水），TP 平均含量为 0.04mg/L（属 II 类水），NH_3-N 平均含量为 0.05mg/L（属 I 类水）。

从生物群落特征来看，该水生态系统有相对较多土著鱼类分布，主要包括红尾荷马条鳅、黑斑云南鳅、鲫鱼、大鳞副泥鳅、昆明高原鳅、高体鳑鲏及鲇鱼。大型底栖动物 Shannon-Wiener 指数为 0.772，分布着大量清洁种，如米虾、河蚬、萝卜螺、潜水椿和无齿蚌。着生藻类 Shannon-Wiener 指数为 1.488，以硅藻为主要优势种，主要有舟形藻、脆杆藻、羽纹藻、小环藻、异极藻和桥弯藻。

（2）大河上游水生态系统

大河上游水生态系统位于晋宁县雷打坟村，在滇池流域东南部，呈现出与牧羊河相似的特征。大河支流上游河段位于流域东南部的平原，周围多为草地或者农田，其河段河道均保持天然状态，即多为石质或泥质构成。河岸带植被多为草、灌木及农田作物（如蔬菜），该类水生态系统的水源补给主要是降水补给和地下水补给。

从水体理化特征来看，该水生态系统水体偏弱碱性，pH 在 7.4 ~ 7.8。区域水体富营养程度为中度富营养，水中溶解氧平均含量较低，水质一般。其中，水体中 DO 为 1.22mg/L（属劣 V 类水），TN 平均含量为 0.76mg/L（属 III 类水），TP 平均含量为 0.10mg/L（属 II 类水），NH_3-N 平均含量为 0.12mg/L（属 I 类水）。

从生物群落特征来看，大型底栖动物 Shannon-Wiener 指数为 0.479，群落以环棱螺、水丝蚓和尾鳃蚓为主要优势种。着生藻类 Shannon-Wiener 指数为 1.709，以舟形藻、卵形藻、异极藻、圆筛藻、栅藻及立方藻为主要优势种。

（3）东大河上游水生态系统

东大河上游水生态系统，位于晋宁县宝峰镇，在滇池流域西南部。其河道类型以自然河道为主，人工改造较少；河流蜿蜒度均值较高，为 1.337，水体物质交换速率较快。河岸带土地利用主要以农田为主，因此，受农业面源污染影响较大，但由于该水生态系统自身的水体自净能力较强，水体质量总体较好。

从水体理化特征来看，水体偏中性，pH 在 6.4 ~ 7.29。区域水体富营养程度为中度富营养，水质较差，尤其 TN 平均含量过高，已超过 V 类地表水质标准。其中，水体中 DO 为 5.73mg/L（属 III 类水），TN 平均含量为 7.48mg/L（属劣 V 类水），TP 平均含量为 0.09mg/L（属 II 类水），NH_3-N 平均含量为 0.37mg/L（属 II 类水）。

从生物群落特征来看，大型底栖动物 Shannon-Wiener 指数为 1.379，主要有红蛭、摇蚊、尾鳃蚓和环棱螺。着生藻 Shannon-Wiener 指数为 1.926，以舟形藻、脆杆藻、菱形藻、异极藻及针杆藻为主要优势种。较高的生物多样性表明该区具有较好的生物多样性维持功能。

山地-自然水源-天然河流流水生态系统生境如图 5-7 所示。

图 5-7　山地-自然水源-天然河流流水生态系统生境

从水质理化特征来看，其 DO 含量较高，其平均含量在 7.56mg/L 左右。COD_{Mn} 较低，在 $0.8 \sim 5.5$mg/L。这表明其水体较为清洁且具有较强的自净能力。该类水生态系统基本处于中度富营养水平，TN 因个别区域导致平均含量略偏高，而 TP、NH_3-N 含量均呈现较低的水平，其平均含量分别为 0.07mg/L 和 0.25mg/L。其营养水平稍低于山地-自然水源-人工河流流水生态系统。

从水生生物特征来看，藻类和鱼类多样性处于一般水平，底栖动物多样性非常低，与平原地区的水生态系统的水生生物特征相比，藻类生物多样性有一定的减少，底栖动物多样性有一定的增加。但由于该区水质较好，分布有一定数量的大型底栖清洁物种，如球形无齿蚌等。

5.6.7　山地-自然水源-人工河流流水生态系统

山地-自然水源-人工河流流水生态系统多分布在入湖河流上游的山地区域，通常附近伴有村庄、公路等建设用地或农业用地。经过人工整治的河道，其河宽往往大于天然的河流。由于河道受人为干扰较大，河道呈现不同程度的硬化特征，表现为一面光、两面光或三面光的特征。而河道硬化会导致地下水补给河流水体能力较差，因此，该类河流的水源补给多为降水补给。降水补给主要集中在 5～10 月。

该类水生态系统数量较少，只分布在大河、宝象河及盘龙江部分上游河段。

(1) 盘龙江上游水生态系统

属于该类型的盘龙江河段，分布在松华坝水库附近，位于嵩明县白邑乡境内。其河道为三面光或两面光，两面光的河道底质多为泥或碎石。由于河道受到人工整治，河流的蜿蜒度较低。该水生态系统河岸带附近多为村庄和公路等建设用地。由于河道硬化的影响，该类型水生态系统的水源补给方式主要为降水补给。

从水体理化特征来看，水体偏弱碱性，pH 在 7.3～8.7。区域水体富营养程度为中度富营养，水质整体状况良好，反映出该区陆域生态系统具有较强的水质调节能力。其中，水体中 DO 为 8.44mg/L（属Ⅰ类水），溶解氧量较高；TN 平均含量为 0.6mg/L（属Ⅲ类水），TP 平均含量为 0.04mg/L（属Ⅱ类水），NH_3-N 平均含量为 0.08mg/L（属Ⅰ类水）。

从生物群落特征来看，大型底栖动物 Shannon-Wiener 指数为 1.070，红蛭、环棱螺、摇蚊及无齿蚌为优势种。着生藻类 Shannon-Wiener 指数为 1.553，以舟形藻、脆杆藻、卵形藻、桥弯藻、异极藻颤藻和短缝藻为优势种。

(2) 宝象河上游水生态系统

宝象河上游水生态系统位于中营村附近，其河道为两面光，底质为泥质。其河岸带土地利用方式主要为草地。河岸带东侧为公路、农村居民地，西侧为农田大棚，北侧为农村居民地。由于河道硬化，该类型水生态系统的水源补给方式主要为降水补给。

从水体理化特征来看，水体偏碱性，pH 在 8.3 左右。区域水体富营养程度为富营养，水质整体状况一般，TN 含量较高。其中，水体中 DO 为 6.68mg/L（属Ⅱ类水），TN 平均含量为 2.76mg/L（属劣Ⅴ类水），TP 平均含量为 0.11mg/L（属Ⅲ类水），NH_3-N 平均含量为 0.23mg/L（属Ⅱ类水）。

从生物群落特征来看，大型底栖动物 Shannon-Wiener 指数为 1.357，大型底栖动物种类相对较多，红蛭、环棱螺、米虾、萝卜螺、舌蛭及无齿蚌等均分布于此。着生藻类 Shannon-Wiener 指数为 1.243，主要种类包括舟形藻、脆杆藻、针杆藻、卵形藻、羽纹藻及异极藻。

(3) 大河上游水生态系统

大河上游水生态系统位于晋宁县八家村附近，其河道类型以人工河道为主，多为三面光，少部分为自然河道；区域河流蜿蜒度较高，平均值为 1.331。河岸带土地利用类型以农田为主。该类型水生态系统的水源补给方式以降水补给为主。

从水体理化特征来看，水体偏中性，pH 在 7.3～7.6，波动范围不大。区域水体营养程度为轻度富营养，水质一般，水中溶解氧较低，且 TN 平均含量偏高，表明该区陆域水质调节能力较弱。其中，水体中 DO 为 1.32mg/L（属劣Ⅴ类水），TN 平均含量为 3.15mg/L（属劣Ⅴ类水），TP 平均含量为 0.18mg/L（属Ⅲ类水），NH_3-N 平均含量为 0.39mg/L（属Ⅱ类水）。

　　从生物群落特征来看，大型底栖动物 Shannon-Wiener 指数为 0.997，尾鳃蚓、摇蚊及红蛭为优势种。着生藻类 Shannon-Wiener 指数为 1.862，以舟形藻、针杆藻、小环藻为主要优势种。

　　山地–自然水源–人工河流流水生态系统生境如图 5-8 所示。

图 5-8　山地–自然水源–人工河流流水生态系统生境

　　从水质理化特征来看，其 DO 含量较高，平均含量为 6.5mg/L。COD_{Mn} 较低，平均含量为 2.84mg/L。这表明其水体基本未受污染且具有较强的自净能力。该类水生态系统基本处于中度富营养水平，其 TN（含量在 0.38～2.95mg/L）、TP（含量在 0.02～0.13mg/L）、NH_3-N（含量在 0～0.61mg/L）水平均呈现较低的水平。

　　从水生生物特征来看，藻类和鱼类多样性处于一般水平，底栖动物多样性较低，与山地–自然水源–天然河流流水生态系统的水生生物群落特征较为相似。

下　篇

滇池流域水生态系统健康评估

第6章 滇池流域水生态健康评估方法

6.1 水质综合污染指数

6.1.1 水质综合污染指数概念与内涵

水质综合污染指数是评价水环境质量的一种重要方法。水质综合污染指数法是以监测数据与评价标准之比作为分指数，然后通过数学综合运算得出一个综合指数，以此代表水体水质的污染程度的方法。对分指数的处理不同，决定了指数法的不同形式，如简单叠加型指数、算术平均型指数、加权平均型指数、罗斯水质指数、内梅罗指数、黄浦江污染指数、豪顿水质指数等。水质综合污染指数法由于其计算简便，而且评价结果便于比较，比较适合管理者对流域尺度的统一管理、规划和控制。一般情况下，在水质综合污染指数法中，假设各参与评价因子对水质的贡献基本相同，采用各评价因子标准指数加和的算术平均值进行计算。目前我国的环境质量报告书中仍采用这种方法。因此，本章节只介绍最常用到的算术平均型指数。

综合污染指数是用一种最简单的、可以进行统计的数值来评价水质污染状况的方法。它的优势在于在空间上可以对比不同河段水体的水质污染程度，便于分级分类；在时间上可以表示一个河段，一个地区水质污染的总的变化趋势，改善了用单项指标表征水质污染不够全面的欠缺，解决了用多项指标描述水质污染时不便于进行计算、对比和综合评价的困难，并且克服了用生物指标评价水污染时不易给出简明的定量数值的缺点。

水质综合污染指数的主要不足在于：只考虑到单纯水质情况，对生态系统总体健康状况评价有限；同时，简单的算术平均方法在简化计算方法的同时，也造成了当个别参数出现高浓度的情况，而其余偏低时，其综合结果可能偏低而掩盖了高浓度参数的影响，即掩盖了较大值或最大值的污染作用；此外，选用的水质标准不同，也造成评价结果不同。

通常情况下，水质较好的区域，水体中的有机元素和营养元素适量，为水生生物提供充分养料的同时，也能够将水生生物的种类和数量维持在一个相对稳定的水平。另外，水生生物产生的代谢产物及外界适量的干扰可以通过水体的自净调节能力减少不利的影响，恢复到一个相对平衡的状态。相反，水质较差的区域，一方面，水体中有机或者无机物质的超标，可能会导致水生生物数量和种类的急剧增加或减少，使水生态系统处于不稳定的状态；另一方面，水质较差的水体，其自净能力通常较差，抵抗外界和内部产生的代谢产物或有害物质能力较弱，会使水质进一步恶化，从而形成一个恶性循环。因此，从某种程度上说，水质综合污染指数法可以间接地体现水生态系统的健康水平。

6.1.2 计算方法

6.1.2.1 数据来源

水质综合污染指数评估的基础数据均是均匀覆盖全流域的 69 个样点上的数据。将样点分为参考点和受损点，认为参考点是水生态健康水平较高的样点，受损点是健康水平差于参考点的样点。因此，参考点的选择是影响评价结果的主要影响因素之一。参考点的选择标准参考马里兰州在全州范围内开展的研究（Roth，1997）中用以识别参照位点的标准（参照位点必须符合以下所有标准）：

1）pH≥6；

2）DO≥4×10⁻⁶；

3）硝酸盐≤300μmol/L；

4）城市土地利用≤流域面积的 20%；

5）森林土地利用≥流域面积的 25%；

6）偏远等级为最优或次优；

7）美学等级为最优或次优；

8）河内生境等级为最优或次优；

9）河岸缓冲带宽度≥15m；

10）无渠道化；

11）无点源排放。

根据以上原则，在所布设的 69 个样点中选取 7 个远离人类干扰、植被覆盖率高且环境受到人为保护、污染小的水源地样点为参考点，其余 62 个样点为受损点。各采样点编号与类型见表 6-1，其分布如图 6-1 所示。

表 6-1　69 个采样点编号与类型

类型	编号
参考点	BX10、CH06、DD3、DH01、DH03、PL09、PL29
受损点	BX02、BX05、BX07、BX08、BX09、BX11、BY1、CH02、CH04、CH05、CH10、CH12、CL2、DB2、DD1、DD4、DD5、DD6、DG1、DH04、DH07、DH13、DH19、DH23、DH24、DH26、DQ1、GC1、HH1、JJ1、JZ3、LBX1、LBX2、LL1、LL3、LW2、LW3、LY1、LY3、LY5、LY7、ML1、ML3、NC1、PL01、PL02、PL04、PL05、PL07、PL11、PL15、PL20、PL21、PL24、PL27、PL30、WJ1、WJBX1、XB1、XBX1、XYL2、XYL6

本部分各章节将根据以上各样点的数据，对滇池流域水生态系统的健康状况采用不同的方法进行评价，以期反映出滇池水生态系统的客观状态。

6.1.2.2 水质指标的筛选

水质综合污染指数评价项目的选取一般包括以下 9 项，即 pH、溶解氧、高锰酸钾指

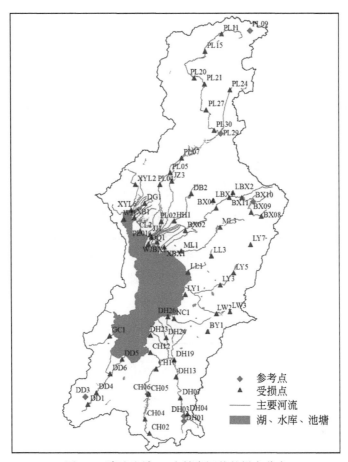

图 6-1　滇池流域 69 个健康评价的样点分布

数、生化需氧量、氨氮、挥发酚、汞、铅、石油类。实际工作中，指标的选择原则是根据《地表水环境质量评价标准》（GB 3838—2002）中的地表水环境质量标准基本项目和流域实际的水质特征，结合数据的可获得性来选取。

对滇池进行水质评价时，由于受数据获取的限制，考虑到滇池流域水质存在的主要问题是严重富营养化和有机污染并存，挥发酚、汞、铅和石油类的污染并不存在，故选取能表征富营养化程度的总氮（TN）、总磷（TP）、氨氮（NH_4^+-N）三个营养盐指标和能表征有机污染程度的高锰酸钾指数（COD_{Mn}）作为主要水质因子进行指数计算。

6.1.2.3　标准的确定

TN、TP、NH_4^+-N 和 COD_{Mn} 水体污染程度的污染物评价标准值采用《地表水环境质量评价标准》（GB 3838—2002）中的Ⅲ类标准。

6.1.2.4　综合指标值的计算

根据本节前面所介绍的计算原理，计算得到 TN、TP、NH_4^+-N 和 COD_{Mn} 每种污染物的

污染指数,本书选用在环境质量报告书中应用较广的算术平均型综合污染指数法,其数学表达式为

$$P = \frac{1}{n} \sum_{i=1}^{n} P_i$$

$$P_i = C_i / S_i$$

式中,P——综合污染指数;P_i——i 污染物的污染指数;n——污染物种类;C_i——i 污染物实测浓度平均值(mg/L 或个/L);S_i——i 污染物评价标准值(mg/L 或个/L)。

6.1.2.5 健康等级的划分

根据 P 值的大小可以判断出水体的污染程度。根据水质与水生态系统健康水平的关系,可以将水质等级属于"好"和"较好"的样点的水生态系统健康水平评价为"较好";将水质等级属于"轻度污染"和"中度污染"的样点的水生态系统健康水平评价为"一般";将水质等级属于"重度污染"的样点的水生态系统健康水平评价为"较差";将水质等级属于"严重污染"的样点的水生态系统健康水平评价为"极差"。从而可以判断出每个样点的健康等级(表6-2)。

表 6-2   水质分级及健康程度分级

综合污染指数 P 值范围	水质状况	分级依据	健康等级
$P \leqslant 0.20$	好	多数项目未检出,个别项目检出但在标准内	较好
$0.20 < P \leqslant 0.40$	较好	检出值在标准内,个别项目接近或超标	
$0.40 < P \leqslant 0.70$	轻度污染	个别项目检出且超标	一般
$0.70 < P \leqslant 1.00$	中度污染	有两项检出值超标	
$1.00 < P \leqslant 2.00$	重度污染	相当部分检出值超标	较差
$P > 2.00$	严重污染	相当部分检出值超标数倍或几十倍	极差

6.1.3 评价结果

水质综合污染指数法最终得到的结果见表 6-3。可以看出,BX10、CH06、DD3、DH01、DH03、PL09、PL29 六个参考点中,DD3、PL09 和 DH03 样点的污染程度比较高,只有 DH01 和 PL29 的污染程度较低。各样点水质综合污染指数的空间分布如图 6-2 所示,可以看出,总体上河流上游样点的水质综合污染指数较低,下游样点的水质综合污染指数较高,尤其是滇池北部各河流的入湖口处,水质较差,水质综合污染指数极高。水质综合污染指数的空间分布格局和人类活动强度存在较大关系。在滇池北部的昆明市区、流域东部和南部的农业区及部分入湖口处,人类活动强度大,这些区域的营养盐和高锰酸盐指数含量超标严重。而在流域北部的山区,人类干扰相对较小,水质相对较好。

表 6-3   水质综合污染指数评价结果

类型	编号	综合污染指数	综合污染指数排序
参考点	BX10	0.424	12

续表

类型	编号	综合污染指数	综合污染指数排序
参考点	CH06	0.526	15
参考点	DD3	0.891	26
参考点	DH01	0.149	1
参考点	DH03	0.560	17
参考点	PL09	0.735	23
参考点	PL29	0.220	5
受损点	BX02	1.345	34
受损点	BX05	1.482	36
受损点	BX07	0.260	7
受损点	BX08	0.968	28
受损点	BX09	1.180	33
受损点	BX11	1.156	32
受损点	BY1	0.320	10
受损点	CH02	0.454	13
受损点	CH04	0.557	16
受损点	CH05	0.641	21
受损点	CH10	1.668	44
受损点	CH12	3.267	60
受损点	CL2	9.284	67
受损点	DB2	0.832	25
受损点	DD1	2.372	51
受损点	DD4	3.168	59
受损点	DD5	1.590	41
受损点	DD6	1.420	35
受损点	DG1	2.467	52
受损点	DH04	0.686	22
受损点	DH07	1.814	46
受损点	DH13	1.601	42
受损点	DH19	0.992	29
受损点	DH23	1.526	39
受损点	DH24	1.520	38
受损点	DH26	1.943	48
受损点	DQ1	2.891	56
受损点	GC1	0.626	19
受损点	HH1	7.450	65

类型	编号	综合污染指数	综合污染指数排序
受损点	JJ1	11.301	68
受损点	JZ3	1.922	47
受损点	LBX1	1.532	40
受损点	LBX2	1.765	45
受损点	LL1	0.789	24
受损点	LL3	1.128	30
受损点	LW2	5.810	63
受损点	LW3	3.071	57
受损点	LY1	3.089	58
受损点	LY3	0.574	18
受损点	LY5	1.645	43
受损点	LY7	0.959	27
受损点	ML1	2.290	50
受损点	ML3	1.503	37
受损点	NC1	3.317	61
受损点	PL01	2.595	53
受损点	PL02	2.061	49
受损点	PL04	2.797	55
受损点	PL05	0.507	14
受损点	PL07	0.260	6
受损点	PL11	0.367	11
受损点	PL15	0.288	8
受损点	PL20	0.628	20
受损点	PL21	0.208	4
受损点	PL24	0.190	3
受损点	PL27	0.189	2
受损点	PL30	0.299	9
受损点	WJ1	11.890	69
受损点	WJBX1	5.953	64
受损点	XB1	5.106	62
受损点	XBX1	2.760	54
受损点	XYL2	1.151	31
受损点	XYL6	7.883	66

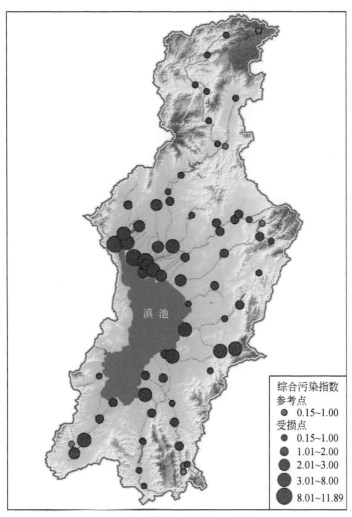

图 6-2　水质综合污染指数评价结果

　　属于水质好的样点为 DH01、PL24 和 PL27，共计 3 个；属于水质较好的样点为 PL21、PL29、BX07、BY1、PL07、PL11、PL15、PL30，共计 8 个；属于轻度污染的样点为 BX10、CH06、DH03、CH02、CH04、CH05、GC1、LY3、PL05、PL20、DH04，共计 11 个；属于中度污染的样点为 DD3、PL09、BX08、DB2、DH19、LL1、LY7，共计 7 个；属于重度污染的样点为 BX02、BX05、BX09、BX11、CH10、DD5、DD6、DH07、DH13、DH23、DH24、DH26、JZ3、LBX1、LBX2、LL3、LY5、ML3、XYL2，共计 19 个；属于严重污染的样点为 CH12、CL2、DD1、DD4、DG1、DQ1、HH1、JJ1、LW2、LW3、LY1、ML1、NC1、PL01、PL02、PL04、WJ1、WJBX1、XB1、XBX1、XYL6，共计 21 个。

　　根据水生态系统健康评价结果，可以得出，滇池流域 15.9% 的水生态系统健康水平为"较好"，26.1% 的水生态系统健康水平为"一般"，27.5% 的水生态系统健康水平为"较差"，30.5% 的水生态系统健康水平为"极差"。

　　选取 3 条比较大的入湖河流盘龙江、大河和柴河进行分析。盘龙江的各采样点水质清洁程度排序为 PL24、PL27> PL21、PL29、PL07、PL11、PL15、PL30> PL05、PL20> PL09> PL01、PL02、PL04；大河的各采样点水质清洁程度排序为 DH01 > DH03、DH04> DH19> DH07、DH13、DH23、DH24、DH26；柴河的各采样点水质清洁程度排序为 CH06、CH02、CH04、CH05>CH10> CH12。从整体上来看，河流上游水质的清洁度高于下游。但个别采样点虽然位于河流上游，水质却较差。例如，PL09 样点位于盘龙江上游地区，选择该样点作为参考点的条件之一是远离人类干扰，理论上水质应该较好，但实际却是盘龙江水质较差的地方。经过研究发现，PL09 样点水体中的总氮含量相对较高，达到 2.68mg/L，超过了Ⅲ类水标准的 2 倍以上，总氮含量超标的原因可能和附近的农业活动有关。

6.2　生物完整性指数法

在基于指示物种进行生态系统健康评价的方法中，生物完整性指数（IBI）是目前应用最广泛的评价方法之一。生物完整性指数是由 Karr 于 1981 年提出，它由多个生物参数组成，通过评价点与参考点参数值的比较，划分出生态系统中不同样点的健康程度。生物完整性指数中每个生物状况参数都对一类或几类干扰反应敏感，因此，IBI 可定量描述人类干扰与生物特性之间的关系，间接反映水生态系统健康受到的影响程度。用 IBI 评价水生态系统健康的优势在于综合各个生物状况参数构建 IBI 可以更加准确和完全地反映系统健康状况和受干扰的强度。最初 IBI 是以鱼类为研究对象建立的，随后扩展到底栖无脊椎动物、周丛生物、着生藻类、浮游生物、高等维管束植物及浮游细菌。

本节首先对生物完整性指数法进行介绍，然后将会基于上节采用的 69 个采样点的浮游细菌和着生藻类的数据对滇池流域水生态系统进行健康评价。

6.2.1　生物完整性指数法概念与内涵

6.2.1.1　指示物种的选择

指示物种的选择会对水生态系统的健康评价结果产生一定的影响。在对流域水生态系统进行健康评价时，要结合流域的具体情况进行选择。

在评价水生态系统健康状况时，根据水生态系统生物群落结构特征和数据可获得情况，选择某类生物群落作为指示物种构建指标体系。目前，生物完整性指数方法以鱼类完整性指数和底栖无脊椎动物完整指数的构建最为成熟，已被广泛应用于水生态与环境基础科学研究、流域管理中；关于着生藻类完整性指数和浮游细菌完整性的研究起步较晚，但目前也已逐渐展开。学者多选用这 4 种生物作为指示物种的原因如下：

1）鱼类作为指示物种的优点在于，首先，其分布广，能在绝大多数水生态系统中生存，可以反映流域尺度较为全面和详细的水生态系统信息，且其形态特征明显，易于鉴定；其次，大多数鱼类生活史较长，对各方面的压力敏感，当水体特征发生改变时，鱼类个体在形态、生理和行为上会产生相应的反应；再次，鱼类群聚中食性种类较多，彼此之间构成食物网，可反映出系统中消费等级的状况；最后，鱼类群聚中含有众多的功能共位群，可以综合反映水生态系统中各成分之间的相互作用。鱼类作为指示物种的不足在于，其具有很强的移动能力，对胁迫的耐受程度比较低，与生态系统变化的相关性比较弱。

2) 底栖无脊椎动物作为指示物种的优点在于，首先，其在水生态系统中属于消费者亚系统，以摄食碎屑物为主，包括其中的植物凋落物、藻类和微生物，对物质分解起着重要作用；其次，底栖无脊椎动物一般都有很高的物种多样性，其多样性程度可以间接反映水生态系统功能的完整性；再次，底栖无脊椎动物在水生态系统中的摄食、掘穴和建管等扰动活动会影响系统的物质循环、能量流动过程；最后，底栖无脊椎动物自身作为大多数鸟类饵料的重要组成部分，也可反映系统中消费等级的状况。底栖无脊椎动物作为指示物种的不足在于，其通常分类等级较高，难以测定每个物种的作用，同时这些物种中有些可能不必要甚至不合适。

3) 着生藻类作为生物指示物种的优点在于，首先，其为水生态系统的初级生产者，位于食物链的底端，通过光合作用将无机营养元素转化成有机物，并被更高级的有机生命体利用，可以反映系统中消费等级的状况；其次，着生藻类能稳固水底的基质，并为鱼类和底栖动物提供隐蔽所和产卵场；最后，着生藻类分布范围广，并且能够敏感响应水环境状况的变化，尤其是在 N、P 等无机营养盐浓度方面。着生藻类作为生物指示物种的不足在于，该类群的物种数量巨大，且对分类的专业技能要求较高，应用不够广泛。

4) 浮游细菌作为指示物种的优点在于，首先，对许多待评价的生态系统而言，其环境可能不适应鱼类、底栖无脊椎动物、藻类、大型维管束植物等高等生物生存，其生物多样性极低，甚至为零，不能为生态评价提供足够的信息，而污染水域中，作为降解者的微生物群落，却非常发达；其次，随水生态环境的变化，浮游细菌群落结构具有不同的结构特征，浮游细菌群落结构与水生态系统的状况具有高度相关性，可能成为表征水生态系统健康状态的有效指标。

6.2.1.2　生物完整性指数的构建

随着研究的深入，生物完整性指数的构建方法越来越严谨复杂，现阶段的指数构建方法基本一致，其主要步骤包括：①根据研究区种群特征，在指标库中确定候选生物状况参数指标；②选择参考点（未受损样点或受损极小样点）和干扰点（已受各种干扰如点源和非点源污染、森林覆盖率的降低、城镇化、大坝建设等的样点），并采集参数指标数据，通过对参数指标值的分布范围分析、判别能力分析（敏感性分析）和相关关系分析，建立评价指标体系；③确定每种参数指标值及 IBI 的计算方法，分别计算参考点和干扰点的 IBI值；④建立 IBI 的评分标准，根据评分标准划分健康等级。

6.2.1.3　候选生物状况参数指标

候选生物状况参数指标对 IBI 的构建至关重要。目前主要是采用多指标筛选方法，针对不同研究区的特点选择不同的候选生物状况参数指标，通过监测目标生物的群落结构特征、生长量、对环境胁迫（变化）的响应等，评价水生态系统的整体状况。选择候选生物状况参数指标时满足以下条件：种类数指标的结果在 5 以上，百分比指标各采样点之间差异大于 10%，90% 的采样点该指标不为 0，指标尽量涵盖所有指标类型。到目前为止，关于候选生物状况参数的研究相对较少，故在对滇池流域进行健康评价时，主要采用美国国家环境保护局（US Environmental Protection Agency，USEPA）建立的快速生物评价应用手册（RBPs，Rapid Bioassessment Protocols）的生物参数。

USEPA 建立的快速生物评价应用手册中分别介绍了基于着生藻类、底栖动物和鱼类建立生物完整性指数所用到的生物参数，主要可分为 4 类：①与丰富度相关的参数；②与群落组成相关的参数；③与对干扰耐受能力有关的参数；④与食性、习性相关的参数（表6-4）。

表 6-4　RBP 中用于构建着生藻类、底栖动物和鱼类 IBI 的候选生物状况参数

	丰富度参数	群落组成参数	耐受性参数	食性/习性参数
底栖	总分类单元数	% EPT	敏感种数量	% 滤食者
	EPT（蜉蝣+石蝇+石蛾）数量	% 蜉蝣目	耐受种数量	% 刮食者
	蜉蝣目数量		Hilsenhoff 生物指数（HBI）	% 吞食者
	襀翅目数量	% 摇蚊科	% 优势种	固着种数量
	毛翅目数量			% 固着种
着生藻类	物种丰富度	硅藻群落相似性百分比（PSc）指数	% 耐污型硅藻	% 运动种
	属丰度	% 敏感型硅藻	% 敏感种	叶绿素 A
	分类单元数	% 极小曲壳藻	% 畸形硅藻	% 外消化型
	香农多样性指数（硅藻）	% 存活硅藻	% acidobiontic	% 富营养型
		% 群落相似性	% alkalibiontic	
鱼类	土著鱼类种数	% 先锋种	敏感种数量	% 杂食者
	darter 种数		% 耐受个体	% 食虫者
	sunfish 种数	单次采样鱼类数量		
	sucker 种数		病残异常个体数量	% 食肉者

资料来源：Barbour et al.，1999

6.2.1.4　生物参数的筛选

为了确保构建 IBI 的生物参数对环境因子的变化敏感，可以对参数进行分析，进一步对候选生物参数进行筛选。本节主要介绍常用的分布范围分析、判别能力分析及相关分析。

（1）生物参数对干扰的分布范围分析

计算各个生物参数值，分析所建立的生物参数对人类干扰的反应，保留随人类干扰的增强而单向递增或递减的参数。

此外，进一步分析参考点参数值的分布范围：①若参数随干扰增强递减，参数值过小，说明受干扰后参数值可变范围窄，不宜作为构建 IBI 的参数，筛除；②对随干扰增强而递增的参数，参数值过大也不适宜考虑，筛除；③参数值分布散、标准差大，说明该参数不稳定，也应筛除。

（2）判别能力分析

采用箱线图法，分析参考点和受损点的参数的分布情况。如图 6-3 所示，依据 Barbour 等（1996）的评价法，比较参考点和受损点的 25%～75% 分位数范围，即箱体的重叠情况，分别对其进行赋值（IQ 值），会有以下 5 种不同情况（图 6-3，大长方形表示 25%～75% 分位数，小长方形表示中位数）：（a）无重叠，IQ=3；（b）部分重叠，且各自中位数都在对方箱体之外，IQ=2；（c）、（d）只有一个中位数在对方箱体之内，IQ=1；（e）各自中位数均在对方箱体之内，IQ=0。选择 IQ≥2 的参数进一步分析。

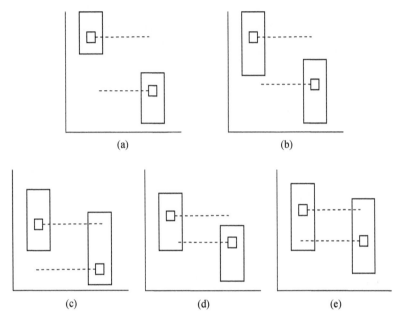

(a)　　　　　　　　　　　　　　(b)

(c)　　　　　　　(d)　　　　　　　(e)

图 6-3　箱线图法分析的 IQ 值（Barbour et al.，1996）

（3）相关分析

将余下的生物参数进行相关分析，其相关系数的大小反映了生物参数的重叠程度，如果两个指数间的相关系数 $|r|$ >0.75，表明两个参数间反映信息大部分是重叠的，则去掉包含信息量较少的参数（Maxted et al.，2000），以保证构成浮游细菌 IBI 生物参数的独立性。

通过以上三个生物参数的筛选步骤，即可以确定构成 IBI 生物参数组。

6.2.1.5　健康等级的划分

生物完整性指数研究中应用较多的指数计算方法有 1、3、5 赋值法，连续赋值法和比值法。有研究根据对河流健康状况的期望不同，选择不同的计算方法。但总体上比值法的使用最多，具有较高的准确度。

因此，本节采用比值法计算生物参数的分值。其计算公式见表 6-5。

表6-5　比值法计算生物参数分值公式

参数类型	最佳期望值	计算公式
随着干扰增大而数值越低的生物参数	95%分位数	$\dfrac{生物参数值}{95\%分位数}$
随着干扰增大而数值越高的生物参数	5%分位数	$\dfrac{最大参数值 - 该生物参数值}{最大参数值 - 5\%分位数}$

根据上述的比值法得到各样点各个生物参数分值，将各样点的生物参数分值进行累加，得到各样点浮游细菌 IBI 值。以参考点 IBI 值分布的 25% 分位数作为健康评价的阈值，若干扰点的 IBI 值大于 25% 分位数值，则认为该样点是健康的。将小于 25% 分位数值的分布范围 3 等分，划分不同的健康等级，因此，得到健康、一般、较差和极差 4 个等级的划分标准。

6.2.2　浮游细菌生物完整性指数法

浮游细菌是水生生态系统中悬浮于水体中的各种细菌的总称。浮游细菌数量巨大，种类丰富，具有种类和群落结构、代谢类型、适应机制的多样性，在整个水域的物质循环中起着相当大的作用，它们是物质的分解者，也是生产者。浮游细菌在生态系统 C、N、P 等营养物的循环过程中发挥了重要的催化作用，这些水体微生物的数量和种类标志着水体的生态环境、营养水平及水体污染状况。

浮游细菌群落结构与水生态系统各环境因子间存在显著的响应关系。不同水环境中，营养盐浓度、水温、pH、河岸带土地利用方式等各类环境因子的变化都可能对浮游细菌群落结构产生影响。浮游细菌结构与水生态系统的状况的高度相关性，可能使得浮游细菌生物完整性指标成为表征水生态系统健康状态的更有效指标。

6.2.2.1　候选生物参数的确定

参考表6-4中着生藻类、底栖动物、鱼类的生物参数选择，由于浮游细菌群落信息由 T-RFLP 图谱提供，丰富度参数与群落组成参数都较为容易获得，而干扰耐受参数与栖境参数不能从片段长度结果中直接获得；同时由于浮游细菌的种类繁多，对其研究尚未形成较权威的数据库。因此，对浮游细菌的干扰耐受参数与栖境参数主要通过以下步骤对其进行相关的模型拟合。

（1）关键环境因子的筛选

为了更好地表征环境因子对浮游细菌群落结构的影响，首先需要筛选出对浮游细菌群落分布具有显著影响的关键环境因子。一般情况下，选用典范对应分析（CCA）进行关键环境因子的筛选。在进行 CCA 分析之前首先通过降维对应分析计算属种数据的梯度长度结果，当梯度长度大于 2.4 个标准离差单元时，表明属种数据具备单峰响应特点，可以进行 CCA 分析和基于加权回归的指示函数模型研究。DCA 结果显示，第一轴 AX1 梯度长度（3.532）与第二轴 AX2 梯度长度（2.496）均大于 2.4（标准离差单元），说明浮游细菌的属种分布满足单峰响应特点，可以进行 CCA 分析和基于加权回归的指示函数模型研究。

应用 CCA 对滇池流域 69 个采样点的浮游细菌 T-RFLP 群落信息与相应样点的 11 个环境因子，即水温（T）、pH、溶解氧（DO）、氨氮（NH_4^+-N）、硝氮（NO_3^--N）、总氮（TN）、总磷（TP）、高锰酸盐指数（COD_{Mn}）、总有机碳（TOC）、总悬浮物（TSS）、叶绿素 a（Chl-a）进行分析，首先运行每次只限定一个环境变量的受限的典型对应分析，得出各环境变量单独解释浮游细菌群落数据的蒙特卡罗（999 次排列，$p \leq 0.05$）检验结果，得到各环境因子单独解释浮游细菌群落数据的蒙特卡罗测试结果（表6-6）。

表 6-6　受限的典型对应分析（cCCA）的蒙特卡罗测试结果

项目	T	pH	DO	NH_4^+-N	NO_3^--N	TN	TP	COD_{Mn}	TOC	TSS	Chl-a
p	0.344	0.012	0.004	0.002	0.248	0.002	0.002	0.012	0.020	0.224	0.4880

运用 CCA 方法分析浮游细菌群落组成与这 7 个环境因子间关系，结果表明，筛选获得的环境因子与第一排序轴（AX1）（$p = 0.0020$）及全部排序轴（$p = 0.0020$）均显著相关；CCA 的前四轴解释了 79.7% 的物种–环境方差，表明 CCA 的分析结果能够较好地反映 7 个环境因子与浮游细菌群落之间的组成关系。4 个特征轴中，AX1 的特征值最大（0.242），远高于其他 3 个排序轴，因此，环境因子沿 AX1 轴的变化对浮游细菌的分布影响最大。同时，AX1 轴反映的物种与环境因子的相关系数最高（0.893），物种与环境因子的累计方差百分数为 36.4%，也高于其他 3 个排序轴，这显示了参与 CCA 的 7 个环境因子和参与 CCA 的 163 个分类单元间的显著相关性。

本研究中的 7 个环境因子中，TN、TP、NH_4^+-N、COD_{Mn} 与 AX1 正相关，相关系数分别为 0.565、0.969、0.942、0.317，说明沿着第一轴的正方向，营养水平逐渐升高；DO 与 AX1 轴负相关，相关系数为 -0.416。pH、TOC 与 AX2 轴更为相关，相关系数分别为 -0.6422、0.4025。因此，可以看出 AX1 与水体富营养化情况相关。由样点分布及片段分布（图6-4）可知，多数样点与片段集中于富营养化程度较低的区域，即图的中间偏左侧。

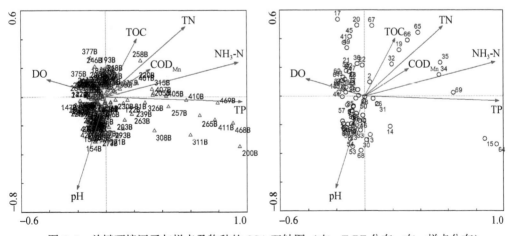

图 6-4　关键环境因子与样点及物种的 CCA 双轴图（左：T-RF 分布；右：样点分布）

此外，由于 TOC 与 COD$_{Mn}$ 都可以作为水体有机污染的表征，为了保证环境因子间的独立性，选择 COD$_{Mn}$ 作为水体有机污染的表征。

由此，最终确定 pH、DO、NH$_4^+$-N、TN、TP、COD$_{Mn}$ 这六个水质指标作为构建浮游细菌 IBI 候选生物参数的关键环境因子。

（2）敏感种与耐受种的确定

通过加权平均回归方法得到各分类单元对应的关键环境因子最适值（附表1）。根据所求得的各分类单元对各环境因子的最适值，基于 Barbour（1999）及 Maxted 等（2000）等的研究，按照 25% 与 75% 的划分原则，确定六个关键环境因子的划分节点，见表 6-7，其中 pH 的划分借鉴 USEPA 快速生物评价手册（RBPs）中藻类的划分原则，以 7 与 8.5 为界。

表 6-7　关键环境因子 25% 与 75% 分位数

分位数	pH	DO	NH$_4^+$-N	TN	TP	COD$_{Mn}$
25%	7.29	1.50	0.08	0.78	0.06	2.70
75%	8.08	7.40	0.65	6.03	0.25	6.10

根据表 6-7 的划分标准，获得各关键环境因子敏感与耐受的分类单元（表 6-8）。

表 6-8　各关键环境因子敏感与耐受的分类单元

敏感/耐受	分类单元名称
耐酸	无
耐碱	154B，420B
好氧	147B，409B，420B
耐低氧	200B，224B，257B，265B，272B，302B，307B，311B，326B，333B，371B，386B，410B，411B，468B，469B
氨氮耐受	66B，73B，121B，122B，188B，193B，195B，197B，198B，200B，203B，204B，205B，215B，216B，218B，220B，224B，225B，227B，230B，239B，257B，258B，260B，263B，265B，271B，281B，293B，297B，308B，311B，315B，326B，376B，388B，396B，397B，398B，399B，401B，404B，405B，407B，410B，411B，468B，469B
氨氮敏感	283B
总氮耐受	200B，205B，220B，246B，257B，258B，265B，308B，311B，315B，377B，386B，405B，407B，410B，411B，468B，469B
总氮敏感	59B，272B
总磷耐受	73B，122B，177B，188B，195B，200B，203B，205B，220B，225B，227B，230B，239B，257B，258B，263B，265B，271B，281B，293B，308B，311B，315B，326B，401B，405B，407B，410B，411B，468B，469B
总磷敏感	147B，267B，283B，375B

敏感/耐受	分类单元名称
高 COD 耐受	73B，154B，181B，188B，205B，224B，240B，265B，289B，302B，307B，315B，326B，333B，340B，371B，385B，386B，388B，401B，405B，407B，469B
高 COD 敏感	267B，283B，290B，298B，310B，375B

（3）候选生物参数的获得

在获得各关键环境因子的敏感与耐受分类单元后，参照 USEPA 建立的快速生物评价应用手册（RBPs），确定浮游细菌 IBI 的候选生物参数（表6-9）。

表 6-9　浮游细菌 IBI 的候选生物参数

参数编号	参数类型	生物参数	参数说明	对干扰反应
M1	丰富度参数	物种丰富度 S	浮游细菌总分类单元数，即 T-RF 片段数	减小
M2		氨氮敏感种数目	对氨氮敏感的分类单元数	减小
M3		氨氮耐受种数目	对氨氮耐受的分类单元数	增大
M4		氮污染敏感种数目	对总氮敏感的分类单元数	减小
M5		氮污染耐受种数目	对总氮耐受的分类单元数	增大
M6		磷污染敏感种数目	对总磷敏感的分类单元数	减小
M7		磷污染耐受种数目	对总磷耐受的分类单元数	增大
M8		有机污染敏感种数目	高 COD 敏感的分类单元数	减小
M9		有机污染耐受种数目	高 COD 耐受的分类单元数	增大
M10		污染敏感物种数目	M4+M6+M8	减小
M11		污染耐受物种数目	M5+M7+M9	增大
M12		耐低氧种数目	适应低 DO 环境的分类单元数	增大
M13		好氧种数目	适应高 DO 环境的分类单元数	减小
M14		耐碱种数目	适应高 pH 的分类单元数	增大
M15	群落组成参数	Shannon-Wiener 指数 H'	$H' = -\sum P_i \times \lg P_i$，式中，$P_i$ 为群落中第 i 个物种的相对丰度	减小
M16		均匀度指数 E	$E = H'/H'_{\max}$，$H'_{\max} = \lg S$，式中，S 为总物种数	减小
M17		群落相似性指数	受损样点 i 与参考点 Bray-Curtis 相似系数平均值	减小
M18		最高优势分类单元丰度	峰面积最大物种的峰面积/总峰面积	增大
M19		前两位优势分类单元丰度总和	峰面积大小排前两位物种的峰面积/总峰面积	增大
M20		前三位优势分类单元丰度总和	峰面积大小排前三位物种的峰面积/总峰面积	增大

参数编号	参数类型	生物参数	参数说明	对干扰反应
M21	耐污能力参数	氨氮敏感物种总相对丰度	对氨氮敏感的分类单元相对丰度之和	减小
M22		氨氮耐受物种总相对丰度	对氨氮耐受的分类单元相对丰度之和	增大
M23		氮污染敏感种总相对丰度	对总氮敏感的分类单元相对丰度之和	减小
M24		氮污染耐受种总相对丰度	对总氮耐受的分类单元相对丰度之和	增大
M25		磷污染敏感物种总相对丰度	对总磷敏感的分类单元相对丰度之和	减小
M26		磷污染耐受物种总相对丰度	对总磷耐受的分类单元相对丰度之和	增大
M27		有机污染敏感种总相对丰度	高 COD 敏感的分类单元相对丰度之和	减小
M28		有机污染耐受种总相对丰度	高 COD 耐受的分类单元相对丰度之和	增大
M29		污染敏感物种总相对丰度	M23+M25+M27	减小
M30		污染耐受物种总相对丰度	M24+M26+M28	增大
M31	生境参数	耐低氧物种相对丰度	适应低 DO 环境的分类单元相对丰度之和	增大
M32		好氧物种相对丰度	适应高 DO 环境的分类单元相对丰度之和	减小
M33		耐碱物种相对丰度	适应高 pH 环境的分类单元相对丰度之和	增大

6.2.2.2　生物参数的筛选

（1）分布范围分析

表 6-10 是各候选生物参数对干扰的预期响应及其分布情况。由此可知，M2（氨氮敏感种数目）、M4（氮污染敏感种数目）、M6（磷污染敏感种数目）、M8（有机污染敏感种数目）、M10（污染敏感物种数目）、M12（耐低氧种数目）、M13（好氧种数目）、M14（耐碱种数目）、M21（氨氮敏感物种总相对丰度）、M23（氮污染敏感种总相对丰度）、M25（磷污染敏感物种总相对丰度）、M31（耐低氧物种相对丰度）、M32（好氧物种相对丰度）、M33（耐碱物种相对丰度）这 14 个生物参数可变范围窄，不宜作为构建 IBI 的参数，予以筛除。

表 6-10　各候选生物参数对干扰的预期响应及其分布情况

参数编号	对干扰反应	标准差	极小值	极大值	25%	50%	75%
M1	减小	18.65	6	86	22	30	43
M2	减小	0.37	0	1	0	0	0
M3	增大	5.70	1	24	6	11	16
M4	减小	0.26	0	1	0	0	0
M5	增大	2.60	0	13	0	1	3
M6	减小	0.63	0	3	0	0	0.5
M7	增大	4.29	0	21	2	4	8

续表

参数编号	对干扰反应	标准差	极小值	极大值	25%	50%	75%
M8	减小	0.97	0	3	0	0	1
M9	增大	2.94	0	14	1	2	5
M10	减小	1.11	0	4	0	0	1
M11	增大	5.32	0	22	3	5	11
M12	增大	1.84	0	7	0	0	2
M13	减小	0.44	0	2	0	0	0
M14	增大	0.39	0	2	0	0	0
M15	减小	0.20	0.71	1.58	1.08	1.25	1.37
M16	减小	0.08	0.60	0.96	0.79	0.85	0.90
M17	减小	5.88	11.42	39.12	23.49	26.83	31.04
M18	增大	9.92	6.69	50.86	14.99	21.64	28.85
M19	增大	12.05	12.86	63.38	24.77	32.93	43.33
M20	增大	12.73	18.99	71.23	32.48	40.37	52.23
M21	减小	0.20	0	1.12	0	0	0
M22	增大	23.70	2.94	99.99	14.58	26.69	47.14
M23	减小	0.73	0	5.85	0	0	0
M24	增大	12.21	0	67.26	0	0.64	4.82
M25	减小	0.75	0	3.91	0	0	0.06
M26	增大	17.35	0	93.99	4.13	7.99	14
M27	减小	1.30	0	5.84	0	0	0.84
M28	增大	8.53	0	43.48	0.48	1.94	5.40
M29	减小	1.48	0	5.85	0	0	1.16
M30	增大	17.44	0	93.99	6.00	9.14	19.52
M31	增大	5.85	0	32.59	0	0	1.02
M32	减小	0.59	0	3.91	0	0	0
M33	增大	1.10	0	8.99	0	0	0

（2）判别能力分析

分别在 SPSS 中作箱线图分析筛选后的 19 个生物参数的箱体重叠情况，计算其 IQ 值，见表 6-11。结果表明，有 8 个 IQ 值 ≥2 的生物参数（图 6-5），分别为 M3（氨氮耐受种数目）、M7（磷污染耐受种数目）、M9（有机污染耐受种数目）、M11（污染耐受物种数目）、M15（Shannon-Wiener 指数 H'）、M27（有机污染敏感种总相对丰度）、M28（有机污染耐受种总相对丰度）、M29（污染敏感物种总相对丰度）。

表 6-11 生物参数判别能力分析 IQ 值结果

IQ	M1	M3	M5	M7	M9	M11	M15
参数	0	2	0	2	3	2	2
IQ	M16	M17	M18	M19	M20	M22	M24
参数	0	0	1	1	1	1	0
IQ	M26	M27	M28	M29	M30		
参数	1	2	3	3	1		

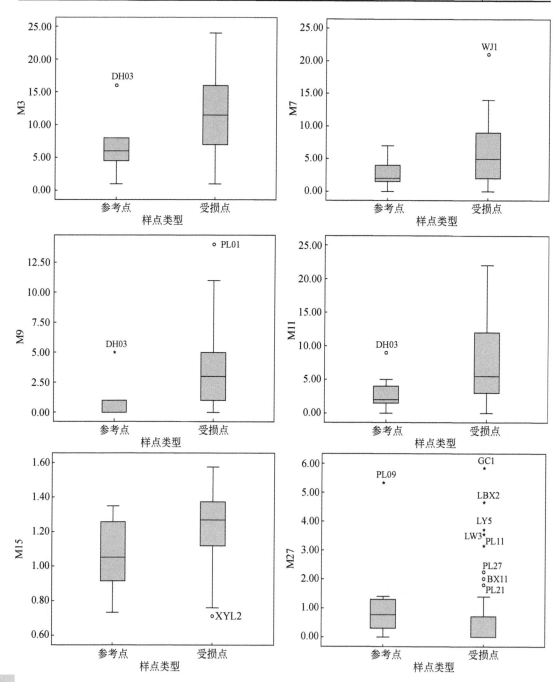

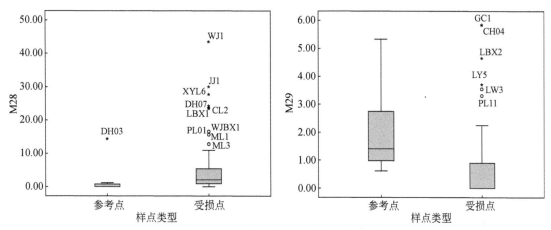

图 6-5　IQ≥2 的 8 个候选参数的箱线图

（3）相关分析

对筛选得到的 8 个候选生物参数进行 Pearson 相关性分析（表 6-12），结果表明，M3、M7、M9、M11 之间，两两相关系数 $|r|>0.75$；M27 与 M29 的相关系数 $|r|>0.75$。为了保证构成浮游细菌 IBI 生物参数的独立性，去掉包含信息量较少的参数（Maxted et al.，2000）。由于 M11（污染耐受物种数目）所包含的信息量较大，将其保留，舍去 M3（氨氮耐受种数目）、M7（磷污染耐受种数目）、M9（有机污染耐受种数目）；由于 M29（污染敏感物种总相对丰度）包含信息量大于 M27（有机污染敏感种总相对丰度），舍去 M27；其余参数予以保留。

表 6-12　8 个候选生物参数间的 Pearson 相关性分析结果

项目	M3	M7	M9	M11	M15	M27	M28	M29
M3	1.000	0.908 **	0.759 **	0.890 **	0.695 **	-0.024	0.536 **	-0.167
M7		1.000	0.718 **	0.925 **	0.518 **	-0.088	0.607 **	-0.180
M9			1.000	0.890 **	0.575 **	-0.168	0.541 **	-0.248 *
M11				1.000	0.608 **	-0.098	0.526 **	-0.194
M15					1.000	0.079	0.213	-0.103
M27						1.000	-0.235	0.817 **
M28							1.000	-0.280 *
M29								1.000

注：** 表示在 $p≤0.01$ 水平（双侧）上显著相关；* 表示在 $p≤0.05$ 水平（双侧）上显著相关。

（4）分值计算

通过对参数的筛选，获得了最终参与计算的 4 个生物参数，即 M11（污染耐受物种数目）、M15（Shannon-Wiener 指数 H'）、M28（有机污染耐受种总相对丰度）、M29（污染敏感物种总相对丰度）。根据所有样点值的分布，确定各参数的比值法计算公式（表 6-13），以此计算各样点的浮游细菌 IBI 值。为确保所有生物参数分值范围在 0~1，如果参数值>1，都记作 1。

表6-13 比值法计算 4 个生物参数值公式

序号	指标	对干扰增加的预期响应	最佳期望值	计算公式
M11	污染耐受物种数目	增大	1	$\frac{22-M11}{22-1}$
M15	Shannon-Wiener 指数 H'	减小	1.510	$\frac{M15}{1.510}$
M28	有机污染耐受种总相对丰度	增大	0	$\frac{43.480-M28}{43.480}$
M29	污染敏感物种总相对丰度	减小	4.995	$\frac{M29}{4.995}$

6.2.2.3 健康等级的划分

根据上述的比值法得到各样点各个生物参数分值，将各样点的生物参数分值进行累加，得到各样点浮游细菌 IBI 值。以参考点 IBI 值分布的 25% 分位数作为健康评价的阈值，若干扰点的 B-IBI 值大于 25% 分位数值，则认为该样点是健康的。将小于 25% 分位数值的分布范围 3 等分，划分不同的健康等级，因此，得到健康、一般、较差和极差 4 个等级的划分标准，结果见表6-14。

表6-14 基于浮游细菌生物完整性指数的流域水生态系统健康评价标准

IBI 值	健康等级	健康状况
>2.621	Ⅰ	健康
1.747 ~ 2.621	Ⅱ	一般
0.874 ~ 1.747	Ⅲ	较差
<0.874	Ⅳ	极差

6.2.2.4 评价结果

表6-15 表明，滇池流域 69 个样点的健康状况覆盖了从健康到极差的四个等级。其中，7 个参考点中，有 5 个样点为Ⅰ级健康，2 个样点为Ⅱ级一般；在 62 个受损点中，有 25 个样点为Ⅰ级健康，32 个样点为Ⅱ级一般，4 个样点为Ⅲ级较差，1 个样点为Ⅳ级极差。

表6-15 滇池流域 69 个样点浮游细菌生物完整性指数评价结果

项目	参数编号	IBI 值	等级	健康程度
参考点	BX10	2.523	Ⅱ	一般
	CH06	3.155	Ⅰ	健康
	DD3	3.268	Ⅰ	健康
	DH01	2.719	Ⅰ	健康
	DH03	2.420	Ⅱ	一般
	PL09	3.601	Ⅰ	健康
	PL29	3.032	Ⅰ	健康

项目	参数编号	IBI 值	等级	健康程度
受损点	BX02	2.385	Ⅱ	一般
	BX05	2.670	Ⅰ	健康
	BX07	2.486	Ⅱ	一般
	BX08	2.727	Ⅰ	健康
	BX09	2.819	Ⅰ	健康
	BX11	3.075	Ⅰ	健康
	BY1	2.503	Ⅱ	一般
	CH02	2.772	Ⅰ	健康
	CH04	3.575	Ⅰ	健康
	CH05	2.486	Ⅱ	一般
	CH10	2.651	Ⅰ	健康
	CH12	2.420	Ⅱ	一般
	CL2	1.647	Ⅲ	较差
	DB2	2.502	Ⅱ	一般
	DD1	2.695	Ⅰ	健康
	DD4	2.535	Ⅱ	一般
	DD5	2.531	Ⅱ	一般
	DD6	2.696	Ⅰ	健康
	DG1	2.816	Ⅰ	健康
	DH04	2.506	Ⅱ	一般
	DH07	1.955	Ⅱ	一般
	DH13	2.341	Ⅱ	一般
	DH19	2.866	Ⅰ	健康
	DH23	2.513	Ⅱ	一般
	DH24	2.205	Ⅱ	一般
	DH26	2.644	Ⅰ	健康
	DQ1	2.510	Ⅱ	一般
	GC1	3.587	Ⅰ	健康
	HH1	2.353	Ⅱ	一般
	JJ1	1.571	Ⅲ	较差
	JZ3	2.478	Ⅱ	一般
	LBX1	2.061	Ⅱ	一般
	LBX2	3.545	Ⅰ	健康
	LL1	2.712	Ⅰ	健康
	LL3	2.602	Ⅱ	一般

续表

项目	参数编号	IBI 值	等级	健康程度
	LW2	3.094	Ⅰ	健康
	LW3	3.360	Ⅰ	健康
	LY1	2.536	Ⅱ	一般
	LY3	2.759	Ⅰ	健康
	LY5	3.430	Ⅰ	健康
	LY7	2.646	Ⅰ	健康
	ML1	2.344	Ⅱ	一般
	ML3	2.034	Ⅱ	一般
	NC1	2.566	Ⅱ	一般
	PL01	1.640	Ⅲ	较差
	PL02	2.217	Ⅱ	一般
	PL04	2.698	Ⅰ	健康
	PL05	2.275	Ⅱ	一般
受损点	PL07	2.175	Ⅱ	一般
	PL11	2.821	Ⅰ	健康
	PL15	2.275	Ⅱ	一般
	PL20	2.503	Ⅱ	一般
	PL21	3.031	Ⅰ	健康
	PL24	2.903	Ⅰ	健康
	PL27	3.079	Ⅰ	健康
	PL30	2.586	Ⅱ	一般
	WJ1	0.868	Ⅳ	极差
	WJBX1	2.142	Ⅱ	一般
	XB1	2.046	Ⅱ	一般
	XBX1	2.340	Ⅱ	一般
	XYL2	2.265	Ⅱ	一般
	XYL6	1.646	Ⅲ	较差

由此可获得基于浮游细菌生物完整性指数的滇池流域健康评价分布图,如图 6-6 所示。从图 6-6 中可以看出,整个流域中,河流上游地区的健康等级较高,越到下游地区水生态系统健康等级越低。评价结果中为"健康"的样点均位于滇池流域河流上游的山地地区。而河流的下游,尤其是滇池周围的湖滨平原,样点的评价结果相对上游来说偏低,大多健康等级为"一般"。评价结果为"较差"和"极差"的样点,主要集中在滇池北部河流的入湖口处。

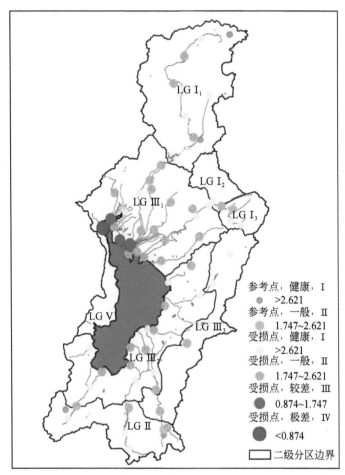

图 6-6　基于浮游细菌生物完整性指数的滇池流域健康评价分布

6.2.3　着生藻类生物完整性指数

　　着生藻类作为流域水生态系统中的重要生物类群，其在流域生物监测与评价中的应用由来已久，主要是由于：首先，着生藻类作为水生态系统中的初级生产者，位于食物链的底端，通过光合作用将无机营养元素转化成有机物，并被更高级的有机生命体利用，可以反映系统中消费等级的状况，在物质循环与能量转化过程中发挥着重要的作用；其次，着生藻类能稳固水底的基质，并为鱼类和底栖动物提供隐蔽所和产卵场；再次，着生藻类分布范围广，对水生态系统的生境及理化性质的变化反应迅速，尤其是在 N、P 等无机营养盐浓度方面能较好地指示环境变化；最后，着生藻类样品的采集较为方便。当前，着生藻类健康评价方法已被广泛运用于世界各地的流域水生态系统评价中，而国内也在长江流域的香溪河和冈曲河，辽河流域的浑河、太子河，以及黄河流域的渭河等进行过相关研究。

　　着生藻类 IBI 的主要限制因素在于：与大型底栖动物和鱼类相比，着生藻类的分类与鉴定对专业背景要求较高；同时对进行过河道硬化处理的城市河流而言，着生藻类的数据可得性较差。

着生藻类 IBI 的建立与浮游细菌 IBI 的建立相似，主要通过：①样点的确定与着生藻群落信息的获得；②候选生物参数的筛选与确定；③最终分值的计算及健康等级的划分等步骤实现。由于浮游细菌 IBI 与着生藻类构建的很多步骤都一样，这里就不加赘述。

6.2.3.1 确定样点

在本章开始，已经为三种健康评价方法选择了相同的数据，并且选择了相同的样点（表 6-1），选择样点的原则是：选择未受损样点或受损极小样点作为参考点，选择已受各种干扰（如点源和非点源污染、森林覆盖率的降低、城镇化、大坝建设等）的样点作为干扰点。

6.2.3.2 候选参数的确定

在确定的 69 个样点中，存在 9 个样点着生藻类数值为 0。在其余的 60 个样点中，确定着生藻类共计 5 门 7 纲 19 目 30 科 53 属。根据 USEPA 推荐的藻类评价方法，结合流域自身特点，选取表 6-16 中 23 个候选生物参数进行筛选计算。

表 6-16　着生藻 IBI 候选生物参数

参数类型	编号	生物参数	描述	对干扰的反应
丰富度参数	M1	藻类总分类单元数	着生藻属的总数	下降
	M2	硅藻分类单元数	硅藻包含的属总数	下降
	M3	绿藻分类单元数	绿藻包含的属总数	下降
	M4	蓝藻分类单元数	蓝藻包含的属总数	下降
	M5	Margalef 丰富度指数	$M = (S-1)/\lg N$；式中，S 为分类单元数总数；N 为个体总数	下降
群落组成参数	M6	Shannon-Wiener 指数	$H' = -\sum P_i \times \lg P_i$；式中，$P_i$ 为群落中第 i 个物种个体数占总个体数的百分比	下降
	M7	辛普森多样性指数	$D = 1 - \sum P_i^2$；式中，P_i 为群落中第 i 个物种个体数占总个体数的百分比	下降
	M8	均匀度指数	$J = H'/H'_{max}$，$H'_{max} = \lg S$；式中，S 为总物种数	下降
	M9	曲壳藻百分比	曲壳藻属个体数占全部个体数的百分比	下降
	M10	桥弯藻百分比	桥弯藻属个体数占全部个体数的百分比	下降
	M11	菱形藻百分比	菱形藻属个体数占全部个体数的百分比	上升
	M12	舟形藻百分比	舟形藻属个体数占全部个体数的百分比	上升
	M13	丝状绿藻百分比	刚毛藻目、丝藻目、双星藻目个体数占全部个体数的百分比	下降
	M14	颤藻目百分比	颤藻目个体数占全部个体数的百分比	下降
	M15	硅藻相对多度	硅藻门个体数占全部个体数的百分比	上升

参数类型	编号	生物参数	描述	对干扰的反应
群落组成参数	M16	绿藻相对多度	绿藻门个体数占全部个体数的百分比	下降
	M17	蓝藻相对多度	蓝藻门个体数占全部个体数的百分比	下降
耐污能力参数	M18	耐酸性硅藻数百分比	短缝藻属、肋缝藻属、羽纹藻属、平板藻属个体数占全部个体数的百分比	上升
	M19	富营养型硅藻数百分比	双肋藻、卵形藻、等片藻属、布纹藻属、菱形藻属、针杆藻属、双眉藻属、扇形藻属、冠盘藻属、海链藻属个体数占全部个体数的百分比	上升
	M20	污染耐受型硅藻	菱形藻属个体数占全部个体数的百分比	上升
生境参数	M21	可运动硅藻百分比	舟形藻属、菱形藻属、双菱藻属个体数占全部个体数的百分比	上升
	M22	具柄硅藻百分比	异极藻属、楔形藻属、曲壳藻属个体数占全部个体数的百分比	下降
	M23	着生藻类密度	单位面积着生藻数量	下降

6.2.3.3　筛选候选生物参数

通过对参数的分析筛选（即分布范围分析、判别能力分析及相关分析），获得了最终参与评价的六个生物参数，即 M1（藻类总分类单元数）、M6（Shannon-Wiener 指数）、M8（均匀度指数）、M15（硅藻相对多度）、M21（可运动硅藻百分比）、M22（具柄硅藻百分比），以此计算各样点的 IBI 值。

6.2.3.4　计算最终分值及划分健康等级

方法与浮游细菌相同，略。

6.2.3.5　评价结果

评价结果表明，滇池流域 69 个样点的健康状况覆盖了从健康到极差的四个等级。其中，7 个参考点中，有 2 个样点为 I 级健康，2 个样点为 II 级一般；在 62 个受损点中，有 18 个样点为 I 级健康，27 个样点为 II 级一般，9 个样点为 III 级较差，1 个样点为 IV 级极差。由此可获得基于着生藻类生物完整性指数的滇池流域健康评价分布，如图 6-7 所示。从图 6-7 中可以看出，基于着生藻类生物完整性指数评价的流域健康状况与基于浮游细菌生物完整性指数评价的结果在空间分布上存在一定的差异性。基于着生藻类生物完整性指数评价的结果中，空间分布的规律性并不明显，不论是在河流的上游还是下游，都有各个健康等级的样点分布。7 个参考点中，评价结果为"健康"的样点分布在滇池流域南部的河流上游河段；结果为"一般"和"较差"的样点分布在流域东部和北部的河流上游段。而 62 个受损点中，评价结果为"健康"的样点分布较广，但主要集中在滇池东部和北部的湖滨平原上；结果为"一般"和"较差"的样点在流域中上、中、下游均有分布。

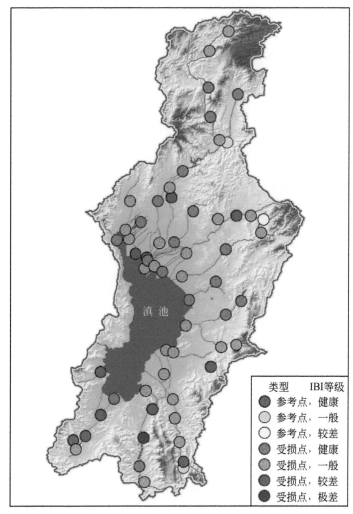

图 6-7　基于着生藻类生物完整性指数的滇池流域健康评价分布

　　表 6-17 中，着生藻类 IBI 评价结果为"健康"的 WJ1 样点为王家堆渠入湖口样点，王家堆渠为城市纳污河流，全年中常常显示水质混浊、有恶臭，水质检测结果也表明，此样点存在氮磷严重超标现象（TN 为国标 V 类水标准 10 倍，TP 为国标 V 类水标准 4 倍）；另一个着生藻类 IBI 评价结果为"健康"的样点 PL01 为盘龙江入湖口样点，实际结果显示此处河流水体呈绿色，有腥臭味，富营养化程度严重；与此相似的是着生藻类 IBI 评价结果为"一般"的 XYL6 样点，此样点为新运粮河入湖口样点，常常显示水体呈绿色，同样呈现严重富营养化情况。此三个样点着生藻类 IBI 值较高的原因可能是样点的富营养化在一定程度上导致了着生藻类生物多样性指数及均匀度指数的升高。由此说明，在辨识污染较为严重的河流时，着生藻类 IBI 值可靠性不是很高。

表 6-17　着生藻类生物完整性评价结果

类型	编号	着生藻类 IBI 值	着生藻类 IBI 等级
参考点	BX10	1.892	较差
参考点	CH06	Null	Null
参考点	DD3	3.866	健康
参考点	DH01	2.949	一般
参考点	DH03	3.558	健康
参考点	PL09	Null	Null
参考点	PL29	3.213	一般
受损点	BX02	3.370	一般
受损点	BX05	Null	Null
受损点	BX07	3.008	一般
受损点	BX08	Null	Null
受损点	BX09	3.069	一般
受损点	BX11	2.119	较差
受损点	BY1	2.006	较差
受损点	CH02	2.297	一般
受损点	CH04	3.408	健康
受损点	CH05	1.081	极差
受损点	CH10	2.147	较差
受损点	CH12	3.373	一般
受损点	CL2	1.556	较差
受损点	DB2	3.915	健康
受损点	DD1	3.274	一般
受损点	DD4	1.905	较差
受损点	DD5	3.487	健康
受损点	DD6	2.223	较差
受损点	DG1	3.675	健康
受损点	DH04	Null	Null
受损点	DH07	3.143	一般
受损点	DH13	2.478	一般
受损点	DH19	2.860	一般
受损点	DH23	Null	Null
受损点	DH24	3.370	一般
受损点	DH26	3.160	一般
受损点	DQ1	3.048	一般
受损点	GC1	1.632	较差

类型	编号	着生藻类 IBI 值	着生藻类 IBI 等级
受损点	HH1	3.995	健康
受损点	JJ1	1.503	较差
受损点	JZ3	1.745	较差
受损点	LBX1	2.458	一般
受损点	LBX2	Null	Null
受损点	LL1	3.569	健康
受损点	LL3	4.356	健康
受损点	LW2	2.972	一般
受损点	LW3	3.385	一般
受损点	LY1	2.807	一般
受损点	LY3	3.768	健康
受损点	LY5	4.030	健康
受损点	LY7	Null	Null
受损点	ML1	2.346	一般
受损点	ML3	3.476	健康
受损点	NC1	2.937	一般
受损点	PL01	3.473	健康
受损点	PL02	3.277	一般
受损点	PL04	3.969	健康
受损点	PL05	3.165	一般
受损点	PL07	3.530	健康
受损点	PL11	3.158	一般
受损点	PL15	2.890	一般
受损点	PL20	Null	Null
受损点	PL21	3.627	健康
受损点	PL24	3.733	健康
受损点	PL27	3.580	健康
受损点	PL30	3.370	一般
受损点	WJ1	3.744	健康
受损点	WJBX1	2.467	一般
受损点	XB1	2.515	一般
受损点	XBX1	3.901	健康
受损点	XYL2	2.428	一般
受损点	XYL6	2.870	一般

注：Null 代表无观测值。

6.3　多指标健康综合指数法

多指标健康综合指数法是目前河流生态系统健康评价中比较常用的方法,它综合了河流生态系统评价的多项指标,可以反映河流生态系统受到胁迫后的变化过程,反映河流生态系统的结构、功能和生态服务等方面的变化,重点反映外界胁迫与河流生态系统内部变化间的对应关系,同时也可以反映河流生态系统的承载力及恢复力。

6.3.1　多指标健康综合指数法概念与内涵

多指标健康综合指数法是在传统的水质污染综合指数法的基础上,同时考虑到生物指标能够反映多种生态胁迫对水环境造成的累积效应,综合采用生物指标和非生物指标两类因素,更为全面地评价生态系统健康水平的一种方法。多指标健康综合指数法,具有较好地体现生态系统健康评价的综合性、整体性和层次性,评价过程简单明了,评价结果明确,以及易于公众感知等优点。但同时指标体系的建立,受研究区域的限制,研究者的学科背景、研究方法、研究尺度的影响,存在不同学者所提出的指标体系并不相同、缺乏公认的指标体系等问题。

多指标健康综合指数法在资料收集和水生态调查的基础上,立足于流域水生态系统特性(结构、功能及过程)的理解,构建以物理完整性、化学完整性和生物完整性为标准的滇池流域水生态健康评估指标体系和标准,然后经过一系列计算,最后得到水生态健康评估指数,再按健康指数值大小评估健康等级。

6.3.2　指标体系的构建

6.3.2.1　备选指标

在以往的研究中,多指标健康综合指数法更多地被应用于河流生态系统的健康评价。例如,英国的河流保护评价系统通过调查评价由 35 个数据构成的六大恢复标准,即自然多样性、天然性、代表性、稀有性、物种丰富度及特殊特征,来对河流健康状况进行评价(Parsons et al.,2002;丰华丽等,2001)。澳大利亚开展的溪流状态指数研究,采用河流水文学、形态特征、河岸带状况、水质及水生生物五方面指标,评价河流健康状况,并评价长期河流管理和恢复中管理干预的有效性,其结果有助于确定河流恢复的目标,评估河流恢复的有效性,从而引导可持续发展的河流管理(White and Ladson,1999;Ladson et al.,1999;Parsons et al.,2002)。南非则是采用河流无脊椎动物、鱼类、河岸指标、生境完整性、水质、水文、形态等河流生境状况作为河流健康的评价指标(Brizga et al,2000)。该方法又逐渐被应用于我国的河流生态系统健康评价,随后我国学者提出将该方法应用于流域生态系统的健康评估。

为了更加客观、全面地反映流域水生态系统健康的状况,国内外学者都在尝试建立一个综合流域水体理化环境、水文条件、生物学条件及栖息地环境等各个要素的多指标评价系统。根据以往的研究成果，本节提出针对流域，结合其自身特征及数据的可得性，可以从形态特征（包括河道特征、湖底特征）、水文条件、水体理化性质特征（包括营养盐指标、有机污染指标等）、河岸带特征（植被类型、土壤类型、土地利用方式）、水生生物特征（着生藻类、浮游细菌、鱼类、底栖动物等）5 类指标来选择指标体系的备选指标。

结合滇池流域的特征，根据数据的可得性，针对滇池流域建立一个包含 4 个方面的河流健康评价指数，即基本水质指标、营养盐指标、着生藻类指标、大型底栖动物指标，共计 6 项水生生物参数和 5 项水体理化参数，这些参数共同构成了多指标评价体系备选参数（表 6-18）。

表6-18　多指标评价体系备选参数

指标类型	具体参数	参数描述	标准化公式
氧平衡指标	DO		$\dfrac{实测值-最小值}{最大值-最小值}$
	COD_{Mn}		$\dfrac{最大值-实测值}{最大值-最小值}$
营养盐指标	TN		$\dfrac{最大值-实测值}{最大值-最小值}$
	TP		$\dfrac{最大值-实测值}{最大值-最小值}$
	NH_3-N		$\dfrac{最大值-实测值}{最大值-最小值}$
着生藻类指标	着生藻类分类单元数（S）	着生藻类属的总数	$\dfrac{实测值-5\%\ 分位数}{95\%\ 分位数-5\%\ 分位数}$
	着生藻类 Berger-Parker 优势度指数（D）	$D=N_{max}/N$；N_{max} 为优势种的个体数；N 为全部物种的个体数	$\dfrac{实测值-5\%\ 分位数}{95\%\ 分位数-5\%\ 分位数}$
	着生藻类生物多样性指数 H'	$H'=-\sum P_i\times\lg P_i$；式中，$P_i$ 为群落中第 i 个物种个体数占总个体数的百分比	$\dfrac{实测值-0}{3-0}$
大型底栖动物指标	底栖分类单元数（S）	大型底栖动物种数目	$\dfrac{实测值-5\%\ 分位数}{95\%\ 分位数-5\%\ 分位数}$
	底栖 Berger-Parker 优势度指数（D）	$D=N_{max}/N$；式中，N_{max} 为优势种的个体数；N 为全部物种的个体数	$\dfrac{实测值-5\%\ 分位数}{95\%\ 分位数-5\%\ 分位数}$
	底栖 BMWP 指数	$BMWP=\sum t_i$；式中 t_i 为各物种耐污值（tolerance value，TV），具体 t_i 值参考王备新（2004）、王建国（2003）等的研究	$\dfrac{实测值-最小值}{最大值-最小值}$

6.3.2.2　指标的筛选

针对滇池流域现有的数据，以及水生态健康评估概念模型要求，暂不考虑物理完整性指标，先从化学完整性和生物完整性两方面建立了滇池流域水生态健康评估指标体系，见表 6-19。

表 6-19　滇池流域水生态健康评估指标体系

类型	指标
营养盐	TP
	TN
	$NH_3\text{-}N$
氧平衡	COD_{Mn}
	DO
着生藻类	分类单元数
	生物多样性指数
	Berger-Parker 优势度指数
大型底栖动物	分类单元数
	BMWP
	Berger-Parker 优势度指数

6.3.2.3　确定临界值和参照值

参与水生态健康评估的水质数据按照《地表水环境质量标准》（GB 3838—2002）确定临界值（地表水Ⅳ类）和参照值（地表水Ⅰ类），生物数据均按照各指标计算方法要求分别确定相应的临界值和参照值。

所有数据整理以后，根据确定的临界值和参照值，计算各指标数据值，然后按照相应的标准化方法进行标准化，最后计算得到各指标得分，综合指标得分计算如下：

1）水质指标得分 =（营养盐指标得分+氧平衡指标得分）/2

营养盐指标得分 =（$NH_3\text{-}N$+TN+ TP，标准化值）/3

氧平衡指标得分 =（DO+ COD_{Mn}，标准化值）/2

2）生物指标得分 =（大型底栖动物指标得分+藻类指标得分）/2

大型底栖动物指标得分 =（S+BMWP+D）/4

藻类指标得分 =（S+H'+D）/3

6.3.2.4　健康等级的划分

各参数标准化后，对四项指标进行平均计算，即获得多指标健康综合指数评价结果。为了更好地与浮游细菌 IBI 结果进行比对，参考张远等（2007）在辽河流域进行河流健康综合指数评价研究时采用的等分法，将评价结果按照 0 ~ 1 均分为四个等级（表 6-20）。

表 6-20　多指标健康综合指数评价等级

健康等级	健康	一般	较差	极差
多指标健康综合指数得分	0.75 ~ 1.0	0.50 ~ 0.75	0.25 ~ 0.50	0 ~ 0.25

6.3.3　评价结果

滇池流域多指标健康综合指数评价结果见表 6-21，整个流域仅有 19 个样点的健康水平为一般，其余 50 个样点的健康水平都比较差。在参考点中，只有 2 个样点的健康水平为一般，其余均为较差或极差。可见，多指标健康综合指数评价结果都偏保守，全部河流的健康水平偏差。滇池流域各样点评价结果的空间分布如图 6-8 所示，总体上远离人类活动干扰的河流上游段健康水平比下游地区高。在所有河流中，位于流域北部的盘龙江上游地区健康水平又相对比其他河流高，而位于流域南部的大河和柴河，上下游水生态健康水平大多属于极差。整个流域不存在健康水平较好的样点；有少数健康等级为一般的样点，主要分布在植被覆盖度高、受人类活动影响小的河流上游地区；而有大约 70% 的样点属于较差或极差，结果为较差的样点主要集中在农业活动强度较高的滇池周围沿湖平原地区，结果为极差的样点主要分布在滇池北部河流入湖口处及滇池流域南部的大河和柴河流域一带。

表 6-21　滇池流域多指标健康综合指数评价结果

类型	编号	多指标健康综合指数	多指标健康综合指数等级
参考点	BX10	0.415	较差
参考点	CH06	0.212	极差
参考点	DD3	0.558	一般
参考点	DH01	0.131	极差
参考点	DH03	0.207	极差
参考点	PL09	0.359	较差
参考点	PL29	0.529	一般
受损点	BX02	0.390	较差
受损点	BX05	0.300	较差
受损点	BX07	0.452	较差
受损点	BX08	0.266	较差
受损点	BX09	0.504	一般
受损点	BX11	0.538	一般
受损点	BY1	0.436	较差
受损点	CH02	0.216	极差
受损点	CH04	0.175	极差
受损点	CH05	0.086	极差
受损点	CH10	0.086	极差
受损点	CH12	0.287	较差

类型	编号	多指标健康综合指数	多指标健康综合指数等级
受损点	CL2	0.193	极差
受损点	DB2	0.265	较差
受损点	DD1	0.504	一般
受损点	DD4	0.224	极差
受损点	DD5	0.351	较差
受损点	DD6	0.311	较差
受损点	DG1	0.572	一般
受损点	DH04	0.147	极差
受损点	DH07	0.200	极差
受损点	DH13	0.113	极差
受损点	DH19	0.213	极差
受损点	DH23	0.389	较差
受损点	DH24	0.086	极差
受损点	DH26	0.134	极差
受损点	DQ1	0.254	较差
受损点	GC1	0.338	较差
受损点	HH1	0.320	较差
受损点	JJ1	0.220	极差
受损点	JZ3	0.192	极差
受损点	LBX1	0.431	较差
受损点	LBX2	0.353	较差
受损点	LL1	0.505	一般
受损点	LL3	0.442	较差
受损点	LW2	0.539	一般
受损点	LW3	0.377	较差
受损点	LY1	0.460	较差
受损点	LY3	0.138	极差
受损点	LY5	0.439	较差
受损点	LY7	0.311	较差
受损点	ML1	0.252	较差
受损点	ML3	0.446	较差
受损点	NC1	0.524	一般
受损点	PL01	0.192	极差
受损点	PL02	0.177	极差
受损点	PL04	0.308	较差
受损点	PL05	0.274	较差
受损点	PL07	0.317	较差
受损点	PL11	0.550	一般
受损点	PL15	0.513	一般
受损点	PL20	0.451	较差

续表

类型	编号	多指标健康综合指数	多指标健康综合指数等级
受损点	PL21	0.707	一般
受损点	PL24	0.625	一般
受损点	PL27	0.714	一般
受损点	PL30	0.497	较差
受损点	WJ1	0.223	极差
受损点	WJBX1	0.153	极差
受损点	XB1	0.255	较差
受损点	XBX1	0.290	较差
受损点	XYL2	0.461	较差
受损点	XYL6	0.164	极差

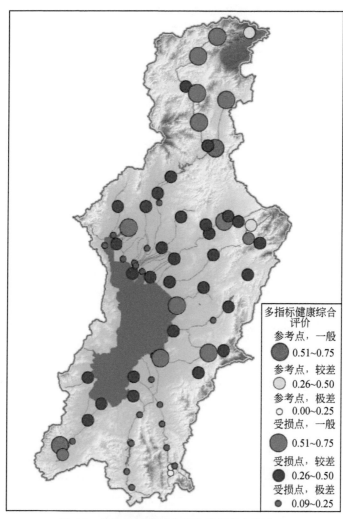

图 6-8　滇池流域各样点评价结果的空间分布

附表 1　各分类单元对应的关键环境因子最适值

分类单元	pH 最适值	DO 最适值	COD_{Mn} 最适值	TOC 最适值	NH_4^+-N 最适值	TN 最适值	TP 最适值
59B	7.84	2.16	3.90	15.85	0.15	0.57	0.09
61B	7.60	3.66	3.75	21.39	0.24	1.88	0.10
62B	8.20	2.89	3.58	21.45	0.16	1.65	0.08
66B	7.43	3.12	5.88	21.37	0.89	4.25	0.22
67B	7.74	4.13	3.75	19.54	0.42	2.14	0.15
69B	8.30	4.41	2.98	18.81	0.23	1.99	0.13
70B	7.67	4.34	2.87	25.28	0.42	2.19	0.13
73B	7.12	3.13	6.15	18.45	1.39	3.92	0.27
74B	7.58	3.03	5.12	17.97	0.64	2.72	0.15
77B	7.89	4.21	3.10	22.38	0.35	2.07	0.13
78B	7.71	4.51	3.66	19.95	0.54	2.74	0.17
79B	7.75	4.24	3.92	19.21	0.62	2.76	0.20
112B	7.91	3.24	3.62	17.72	0.23	1.48	0.12
120B	7.96	4.23	3.11	21.49	0.22	1.66	0.10
121B	7.68	3.82	3.18	18.84	0.74	2.97	0.21
122B	7.61	3.06	2.93	20.53	1.14	3.84	0.29
136B	8.01	4.02	4.09	15.02	0.22	1.74	0.15
147B	7.61	7.60	3.83	10.90	0.18	1.69	0.04
154B	8.65	7.14	6.34	18.93	0.20	0.99	0.17
172B	8.11	5.67	5.92	13.50	0.20	1.32	0.15
177B	7.91	3.20	4.41	14.77	0.45	3.31	0.26
181B	7.21	3.34	6.91	18.22	0.60	5.13	0.18
182B	8.12	6.65	5.05	20.54	0.50	2.87	0.15
187B	7.88	3.80	3.92	19.00	0.52	3.47	0.15
188B	7.35	2.84	6.22	21.60	1.01	3.88	0.25
189B	7.95	5.75	3.56	19.06	0.23	3.94	0.10
191B	7.52	1.86	5.40	22.22	0.32	2.67	0.12
192B	7.78	4.07	5.10	18.99	0.58	3.83	0.17
193B	7.25	4.81	4.65	21.80	1.04	5.25	0.20
194B	7.71	2.70	4.20	19.46	0.28	2.50	0.13
195B	7.50	3.12	5.46	20.39	1.09	4.20	0.26
196B	8.03	2.77	4.93	18.63	0.27	1.67	0.13
197B	7.76	4.09	5.95	20.28	0.76	3.78	0.14
198B	7.37	2.98	4.91	21.75	0.98	3.57	0.24
199B	7.87	3.93	3.38	22.83	0.27	2.05	0.11

续表

分类单元	pH 最适值	DO 最适值	COD_{Mn} 最适值	TOC 最适值	NH_4^+-N 最适值	TN 最适值	TP 最适值
200B	7.41	0.28	3.58	21.30	13.41	16.51	1.47
203B	7.75	2.77	4.27	17.30	1.06	3.78	0.34
204B	7.50	2.63	5.06	19.21	0.67	3.97	0.20
205B	7.36	1.93	7.80	23.07	3.45	6.59	0.54
206B	8.14	5.97	5.10	20.82	0.54	3.12	0.15
208B	7.51	3.92	4.64	15.28	0.42	2.33	0.14
209B	7.99	3.19	3.34	19.42	0.12	3.03	0.12
210B	7.59	4.21	4.28	18.24	0.49	3.38	0.14
211B	7.85	3.86	3.69	14.12	0.55	5.43	0.13
213B	7.86	4.53	5.06	16.39	0.35	2.47	0.14
214B	7.57	4.23	3.79	20.02	0.48	2.89	0.14
215B	7.83	3.89	5.45	22.11	0.65	2.79	0.20
216B	7.39	3.51	4.68	20.58	0.95	4.28	0.23
217B	7.61	4.86	3.92	20.55	0.50	3.25	0.15
218B	7.20	3.27	5.31	24.88	1.25	4.24	0.25
219B	7.40	4.07	3.99	22.05	0.45	2.80	0.14
220B	7.39	2.87	5.02	25.48	2.24	6.13	0.39
221B	7.60	3.08	3.45	22.78	0.24	3.25	0.12
222B	7.67	3.05	5.92	12.83	0.22	1.11	0.16
223B	7.57	3.30	4.21	20.63	0.53	2.83	0.17
224B	7.19	1.07	6.70	26.59	0.81	3.04	0.20
225B	7.65	3.07	4.22	19.35	1.52	3.54	0.32
226B	7.81	4.93	2.97	21.87	0.16	1.82	0.07
227B	7.48	3.22	5.66	20.64	1.48	3.97	0.28
228B	7.48	3.46	4.52	20.22	0.43	2.51	0.14
229B	7.68	4.80	3.12	19.73	0.30	2.31	0.13
230B	7.60	3.19	4.32	22.76	0.93	3.11	0.25
231B	7.57	2.76	4.04	16.60	0.17	2.04	0.13
232B	8.10	4.18	5.30	17.43	0.19	1.90	0.16
233B	8.12	3.33	4.37	19.05	0.18	2.16	0.12
234B	7.97	2.73	5.86	14.28	0.24	2.64	0.21
235B	8.01	4.98	3.91	16.44	0.30	2.58	0.10
236B	7.53	3.16	3.66	22.48	0.22	1.78	0.12
237B	7.92	4.49	3.88	14.97	0.25	1.69	0.10
238B	7.70	4.74	4.07	17.29	0.22	1.43	0.23

续表

分类单元	pH 最适值	DO 最适值	COD$_{Mn}$ 最适值	TOC 最适值	NH$_4^+$-N 最适值	TN 最适值	TP 最适值
239B	7.78	1.68	5.49	24.99	1.90	3.06	0.35
240B	8.26	4.41	6.84	19.12	0.33	2.07	0.09
242B	7.72	2.80	3.85	18.38	0.20	1.96	0.13
245B	8.32	5.41	3.28	14.10	0.17	1.93	0.09
246B	7.57	6.18	3.37	29.78	0.19	8.26	0.17
253B	7.77	5.65	5.10	18.36	0.42	3.98	0.14
254B	7.54	3.27	3.94	22.33	0.20	2.29	0.12
255B	7.87	3.30	4.88	21.00	0.48	2.15	0.17
256B	7.90	4.35	3.87	24.28	0.37	1.69	0.16
257B	7.34	0.84	6.04	21.72	4.39	7.38	0.65
258B	7.36	2.18	5.01	19.26	4.30	6.48	0.31
259B	8.33	4.14	3.90	16.60	0.17	1.61	0.13
260B	7.20	3.15	5.06	21.97	0.89	4.16	0.21
261B	7.88	2.54	4.00	19.66	0.52	2.46	0.16
262B	7.77	3.05	3.62	21.53	0.28	5.10	0.12
263B	7.77	1.63	5.33	20.85	1.46	4.49	0.38
264B	7.85	4.32	4.01	17.11	0.32	4.10	0.10
265B	7.50	1.19	7.54	25.96	8.44	10.69	0.99
266B	7.97	5.16	4.58	24.12	0.57	5.31	0.17
267B	8.33	5.21	2.32	20.30	0.12	3.92	0.05
268B	8.07	4.74	4.34	13.78	0.38	3.11	0.18
269B	8.10	3.52	4.62	12.02	0.41	4.14	0.22
270B	7.62	4.62	5.25	18.21	0.34	3.08	0.16
271B	8.43	4.94	3.83	14.07	0.94	2.58	0.27
272B	7.68	1.12	3.92	33.93	0.25	0.54	0.13
273B	8.10	2.24	3.45	14.15	0.42	2.86	0.24
275B	7.93	2.90	4.71	18.71	0.21	2.07	0.15
278B	7.85	3.98	2.93	12.44	0.33	2.10	0.19
279B	7.76	3.99	3.32	18.95	0.09	1.98	0.09
281B	7.54	3.88	5.19	25.66	1.46	3.33	0.35
282B	7.82	5.59	2.72	21.31	0.13	1.60	0.09
283B	7.94	5.75	2.27	24.28	0.07	1.01	0.04
289B	7.79	2.03	6.20	20.86	0.45	3.46	0.15
290B	8.13	5.09	2.67	13.01	0.31	2.12	0.19
291B	8.17	4.62	4.28	19.24	0.32	1.81	0.11

分类单元	pH 最适值	DO 最适值	COD$_{Mn}$最适值	TOC 最适值	NH$_4^+$-N 最适值	TN 最适值	TP 最适值
292B	7.50	3.35	4.46	20.04	0.56	3.16	0.16
293B	7.93	3.34	4.62	15.69	0.92	3.83	0.35
294B	7.30	3.02	5.27	20.92	0.49	3.57	0.15
295B	7.77	3.93	3.66	16.43	0.27	2.17	0.15
296B	8.14	4.38	3.56	17.96	0.28	1.24	0.11
297B	7.24	5.14	3.14	22.12	0.84	2.69	0.19
298B	7.65	5.05	2.59	20.18	0.17	1.25	0.10
299B	7.42	2.99	4.17	17.27	0.27	1.44	0.07
301B	8.00	4.56	3.80	13.14	0.24	1.69	0.13
302B	7.97	1.43	6.48	18.07	0.26	2.71	0.15
307B	7.63	1.43	9.68	22.36	0.55	2.01	0.23
308B	7.99	2.06	3.35	17.49	2.43	6.05	0.54
309B	7.49	2.05	4.81	25.42	0.25	3.71	0.16
310B	7.79	5.10	2.55	19.98	0.17	2.24	0.09
311B	7.58	0.71	3.91	24.00	5.24	6.91	0.87
312B	7.84	4.00	4.62	16.48	0.19	1.33	0.13
315B	7.26	1.96	7.34	22.80	3.55	6.84	0.52
317B	7.67	2.78	4.52	21.59	0.60	2.19	0.17
318B	7.58	3.50	4.53	22.13	0.53	2.80	0.18
319B	8.10	2.61	3.80	21.16	0.29	1.20	0.12
325B	7.97	3.66	4.57	17.63	0.24	1.43	0.13
326B	7.45	1.14	6.23	19.62	2.85	4.70	0.43
327B	7.54	3.61	3.89	21.15	0.44	3.24	0.14
328B	7.68	2.46	5.67	17.59	0.30	1.54	0.18
329B	7.92	4.22	4.80	18.65	0.54	4.24	0.12
333B	7.78	0.83	12.72	15.00	0.62	5.50	0.22
339B	8.26	4.04	4.40	21.40	0.16	1.92	0.13
340B	7.85	2.78	6.40	18.19	0.28	2.21	0.18
371B	7.81	1.29	7.10	24.07	0.46	2.55	0.17
374B	7.59	3.70	4.51	19.93	0.58	3.18	0.16
375B	7.74	5.35	2.21	27.33	0.16	2.50	0.05
376B	8.16	5.83	4.07	19.26	0.86	4.41	0.23
377B	7.40	4.12	5.80	20.03	0.47	8.06	0.11
378B	7.59	3.75	4.61	19.06	0.52	3.78	0.16
385B	8.26	3.86	7.32	15.43	0.50	3.31	0.18

分类单元	pH 最适值	DO 最适值	COD$_{Mn}$ 最适值	TOC 最适值	NH$_4^+$-N 最适值	TN 最适值	TP 最适值
386B	7.52	1.23	6.77	16.81	0.36	7.28	0.25
388B	7.17	3.99	6.30	19.15	1.04	4.10	0.21
392B	7.75	5.46	5.15	17.15	0.47	3.05	0.16
395B	7.51	4.78	4.14	18.47	0.60	4.28	0.16
396B	7.90	3.60	4.72	22.75	0.91	2.13	0.22
397B	7.88	4.99	5.23	24.40	0.96	3.92	0.21
398B	7.47	3.73	4.34	22.19	0.90	3.62	0.17
399B	7.23	3.53	4.99	23.23	0.89	3.56	0.22
400B	7.66	3.94	3.76	21.90	0.37	3.06	0.13
401B	7.26	1.50	10.08	25.50	2.73	4.69	0.40
402B	7.33	3.46	5.79	20.79	0.61	3.42	0.18
403B	8.23	5.58	5.09	12.64	0.21	2.07	0.11
404B	7.37	3.08	5.55	20.03	0.83	3.48	0.21
405B	7.44	1.95	6.84	23.29	4.95	7.28	0.62
407B	7.65	2.55	11.31	24.90	3.90	7.64	0.56
408B	7.58	2.72	5.47	12.68	0.21	0.99	0.15
409B	8.03	7.63	4.69	17.15	0.40	2.22	0.14
410B	7.54	1.22	3.46	40.26	5.02	12.09	0.81
411B	7.66	0.24	5.58	27.09	10.80	14.92	1.08
420B	8.86	8.10	3.49	11.78	0.16	3.00	0.09
434B	7.51	3.61	3.82	22.25	0.27	3.11	0.12
468B	7.64	0.15	5.55	29.55	15.32	16.57	1.28
469B	7.05	1.13	13.25	25.80	14.59	15.00	1.24

第7章 滇池流域水生态功能区健康评估

7.1 流域健康综合评估结果

根据第6章提到的指标计算的方法，把各个指标进行标准化处理，每个指标的得分在0~1。对不在0~1范围的指标，进行进一步修订，将小于0的指标值统一改为0，将大于1的指标值统一改为1。

7.1.1 水质理化评估

滇池流域整体水质理化各指标浓度及评估值占各水质等级百分比有以下结果（图7-1）：全流域DO浓度在0~15.01mg/L，平均浓度为4.28mg/L；DO分级评估结果显示，DO平均得分为0.52，其中，优秀和良好的比例分别为45.41%和4.32%，接近样点总数的50%。一般及差的比例均为4.32%和4.86%，值得注意的是，极差的比例为41.08%（数据经四舍五入，加和可能不为100%，下同）。COD_{Mn}浓度在0.7~67.9mg/L，平均浓度为7.14mg/L；COD_{Mn}分级评估结果显示，COD_{Mn}平均得分为0.68，其中，优秀和良好的比例分别为47.57%和23.24%，超过样点总数的70%，而一般、差和极差的比例分别占8.65%、5.41%和15.14%。流域理化指标分级评估的结果显示，理化指标平均得分为0.50，其中，优秀和良好的比例分别为34.59%和11.35%，超过样点总数的45%，一

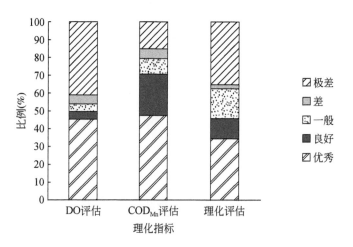

图7-1 滇池流域理化指标健康等级比例

般、差的比例分别为 16.76%、2.16%，极差的比例相对较高，达到 35.14%，通过水质理化分级评估可知，流域水生态健康呈一般状态。

7.1.2　营养盐评估

滇池流域整体水质营养盐各指标浓度及评估值占各水质等级百分比有以下结果（图 7-2）：全流域 TP 浓度在 0.01~9.93mg/L，平均浓度为 0.39mg/L；TP 分级评估结果显示，TP 平均得分为 0.54，其中，优秀和良好的比例分别为 34.59% 和 16.22%，超过样点总数的 50%。一般、差和极差的比例分别为 12.43%、10.81% 和 25.95%。TN 浓度在 0.18~137mg/L，平均浓度为 6.76mg/L；TN 分级评估结果显示，TN 的平均得分为 0.22，其中，优秀和良好的比例分别为 11.89% 和 8.10%，而一般、差的比例分别为 7.03%、5.95%，极差的比例为 67.03%，超过样点总数的三分之二。NH_4^+-N 浓度在 0.02~124.80mg/L，平均浓度为 3.54mg/L；NH_4^+-N 分级评估结果显示，NH_4^+-N 平均得分为 0.66，其中，优秀和良好的比例分别为 59.46% 和 6.49%，接近样点总数的三分之二，而一般、差和极差的比例分别为 4.86%、2.16% 和 27.03%。滇池流域营养盐指标分级评估的结果显示，营养盐指标平均得分为 0.47，其中，优秀和良好的比例分别为 20.54% 和 16.22%，接近样点总数的 40%，一般、差和极差的比例分别为 24.32%、14.05% 和 24.86%，说明水质营养盐性质在流域呈现一般状态。

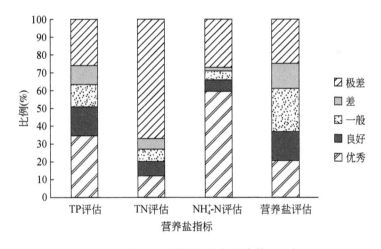

图 7-2　滇池流域营养盐指标健康等级比例

7.1.3　浮游藻类评估

滇池流域浮游藻类各指标及评估值占各藻类评估等级百分比有以下结果（图 7-3）：全流域浮游藻类分类单元数在 0~21，平均值为 7；分类单元数分级评估结果显示，分类单元数平均得分为0.44，其中，优秀和良好的比例分别为12.43%和17.30%，接近样点总数的30%，一般的比例为19.50%，而差和极差的比例分别为30.27%和20.54%，超过样点总数的50%。B-P优势度的范围在0~1，平均值为0.49；B-P优势度分级评估结果显示，B-P优势度平均得分为0.50，其中，优秀和良好的比例分别为7.57%和26.49%，超过样点总数的30%，而一般的比例较高，达到35.68%，差和极差的比例分别为16.76%和13.51%。Shannon-Wiener指数范围在0~3.37，平均值为1.76；Shannon-Wiener指数分级评估结果显示，Shannon-Wiener指数平均得分为0.58，其中，优秀和良好的比例分别为25.41%和25.95%，超过样点总数的50%，而一般、差和极差的比例分别为24.86%、11.89%和11.89%。滇池流域浮游藻类分级评估的结果显示，浮游藻类评估平均得分为0.51，其中，优秀和良好的比例分别为11.89%和24.32%，约占样点总数的35%，一般、差和极差的比例分别为32.97%、22.16%和8.66%。浮游藻类的分级评估说明，流域水生态健康呈一般状态。

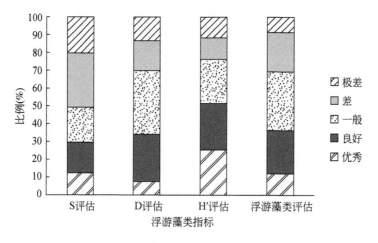

图7-3 滇池流域浮游藻类指标健康等级比例

7.1.4 底栖动物评估

全流域各样点分类单元数在0~6，平均值为2；分类单元数分级评估结果显示，分类单元数平均得分为0.39，如图7-4所示，优秀和良好的比例分别为10.27%和16.76%；一般和差的比例为21.08%和21.62%，值得注意的是，极差的比例达到了30.27%，接近三分之一的比例。全流域各样点B-P优势度在0~1范围，均值为0.56；其中，优秀和良好的比例30.27%和3.24%；一般和差的比例为10.81%和12.97%，极差的比例高达42.70%。全流域BMWP得分在0~25，样点间得分差异较大，平均值为4.49。优秀、良好、一般和差的比例均为0；极差的比例为100%。底栖动物评估整体情况是：优秀和良好的比例均为0，一般的比例为17.30%，差和极差的比例为58.92%和

23.78%，超过样点数的80%。综合来看，底栖动物评估平均得分为0.29，滇池流域底栖生物多样性低，清洁指示种少，评估结果整体较差，水生态健康整体状态不容乐观，亟待恢复和治理。

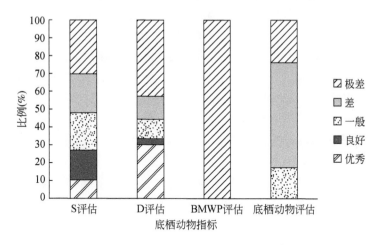

图7-4　滇池流域底栖动物指标健康等级比例

7.1.5　鱼类评估

滇池流域鱼类各指标及评估值占各鱼类评估等级百分比有以下结果（图7-5）：全流域鱼类分类单元数在1~14，平均值为6；分类单元数分级评估结果显示，分类单元数平均得分为0.57，其中，优秀和良好的比例分别为20%和33.33%，超过样点总数的50%，一般的比例为20%，而差和极差的比例均为13.33%。B-P优势度的范围在0.17~1，平

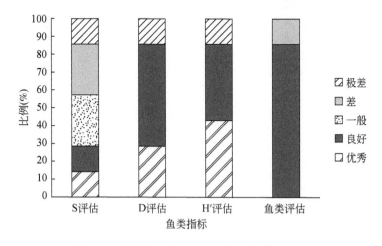

图7-5　滇池水生态区鱼类指标健康等级比例

均值为 0.45；B-P 优势度分级评估结果显示，B-P 优势度平均得分为 0.65，其中，优秀和良好的比例分别为 46.67% 和 20%，接近样点总数的 70%，而一般、差和极差的比例分别为 6.67%、13.33% 和 13.33%。Shannon-Wiener 指数范围在 0 ~ 3.55，平均值为 1.93；Shannon-Wiener 指数分级评估结果显示，Shannon-Wiener 指数平均得分为 0.64，其中，优秀和良好的比例分别为 26.67% 和 40%，为样点总数的三分之二，而一般、差和极差的比例分别占 6.67%、13.33% 和 13.33%。滇池流域鱼类分级评估的结果显示，鱼类评估平均得分为 0.62，其中，良好的比例为 66.67%，一般和差的比例分别为 20% 和 13.33%，优秀和极差的比例均为 0。鱼类的分级评估说明，流域水生态健康呈良好状态。

7.1.6　综合评估

通过对滇池流域水质理化指标、营养盐指标、浮游藻类、底栖动物和鱼类的综合评估得出，滇池全流域综合评估平均得分为 0.45，优秀的比例为 0，良好和一般的比例分别为 21.62% 和 37.84%，差和极差的比例分别为 32.97% 和 7.57%，如图 7-6 所示，说明滇池流域水生态系统健康整体呈一般状态。

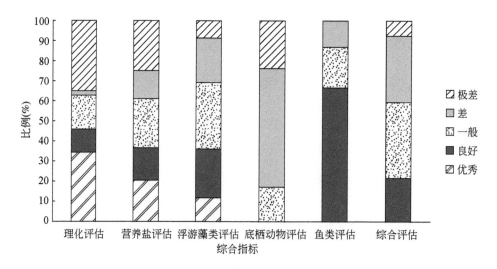

图 7-6　滇池流域水生态系统综合指标健康等级比例

从评估结果的空间分布特征来看，如图 7-7 所示，优秀和良好的样点主要分布于流域的北部的河流上游区，一般的样点主要分布于环滇池平原地区及滇池，差和极差的样点主要分布于流域南部的大河流域及昆明市区所在的滇池北部区域。

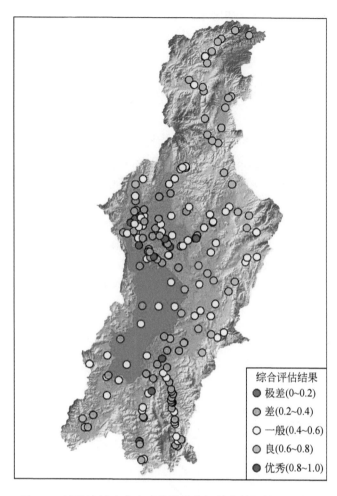

图7-7 滇池流域水生态系统综合指标健康等级的空间分布

综合评估结果
- 极差(0~0.2)
- 差(0.2~0.4)
- 一般(0.4~0.6)
- 良(0.6~0.8)
- 优秀(0.8~1.0)

7.2 流域水生态功能分区健康评估结果

7.2.1 LGⅠ水生态功能区

LGⅠ水生态功能区位于滇池流域北部,中心地理坐标为23°43′43.1″N,102°49′5.2″E,面积为794.41km²,与LGⅢ水生态功能区接壤。LGⅠ水生态功能区平均海拔为2210m,地势起伏大,地貌类型以中起伏山地为主,有利于降雨形成增加降水量。该区多年年均气温为14.7℃,多年平均降水量为992mm,多年平均蒸发量为1050mm,属于典型的亚热带湿润区。LGⅠ水生态功能区内下垫面植被覆盖好,森林覆盖率约为58%,有利于涵养水源和地下水的补给,LGⅠ水生态功能区的自然条件体现出很强的水资源支持和调节功能。该区的主要土地利用方式为林地,涵养水源能力较强,故溶解氧含量较高,含量在2.66~

15.01mg/L，水体自净能力较强。加之远离城市，受人类活动相对较少，故水体受到的有机污染较轻，营养盐含量较低。但该区的生物多样性较低，藻类和底栖动物的种类较少，物种结构较为单一，且不够稳定。

7.2.1.1 LGⅠ水生态区健康评估结果

（1）水质理化评估

滇池流域LGⅠ水生态区整体水质理化各指标浓度及评估值占各水质等级百分比有以下结果（图7-8）：LGⅠ水生态区DO浓度在2.66~15.01mg/L，平均浓度为7.64mg/L；通过DO分级评估结果显示，DO平均得分为0.93，其中，优秀的比例高达93.10%，表明LGⅠ水生态区大多数样点处溶解氧含量较高。良好和一般的比例均为0，差和极差的比例均为3.45%。COD_{Mn}浓度在0.80~4.10mg/L，平均浓度为2.19mg/L；COD_{Mn}分级评估结果显示，COD_{Mn}平均得分为0.94，其中，优秀的比例高达96.55%，不存在健康状态为良好、一般和差的样点，极差的比例仅占3.45%。LGⅠ水生态区理化指标分级评估的结果显示，理化指标平均得分为0.97，其中，优秀和良好的比例分别为96.55%和3.45%，LGⅠ水生态区所有样点的健康状态均处于良好以上。通过水质理化分级评估可知，流域LGⅠ水生态区健康呈优秀状态。

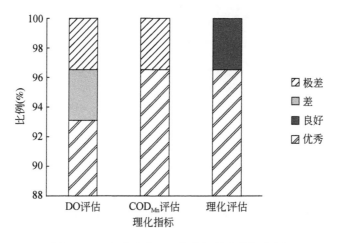

图7-8　LGⅠ水生态区理化指标健康等级比例

（2）营养盐评估

滇池流域LGⅠ水生态区整体水质营养盐各指标浓度及评估值占各水质等级百分比有以下结果（图7-9）：LGⅠ水生态区TP浓度在0.02~0.12mg/L，平均浓度为0.04mg/L；通过TP分级评估结果显示，TP平均得分为0.91，其中，优秀和良好的比例分别为86.21%和10.34%，超过样点总数的95%。不存在健康状态为一般或差的样点，极差的比例仅为3.45%。TN浓度在0.18~5.93mg/L，平均浓度为1.10mg/L；通过TN分级评估结果显示，TN的平均得分为0.64，其中，优秀和良好的比例分别为34.38%和31.03%，接近总样点数的三分之二，而一般、差和极差的比例分别为13.79%、3.45%和17.24%。NH_4^+-N浓度在0.02~0.38mg/L，平均浓度为0.09mg/L；通过NH_4^+-N分级评估结果显示，

NH_4^+-N 平均得分为 0.96，其中，优秀的比例高达 96.55%，而良好、一般及差的比例均为 0，极差的比例仅占 3.45%。LG I 水生态区营养盐指标分级评估的结果显示，营养盐指标平均得分为 0.86，其中，优秀的比例高达 75.86%，良好和一般的比例分别为 13.79% 和 10.35%，不存在健康状态为差或极差的样点，说明水质营养盐性质在 LG I 水生态区呈现优秀状态。

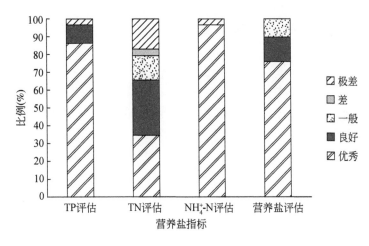

图 7-9 LG I 水生态区营养盐指标健康等级比例

（3）浮游藻类评估

滇池流域 LG I 水生态区浮游藻类各指标及评估值占各藻类评估等级百分比有以下结果（图 7-10）：LG I 水生态区浮游藻类分类单元数在 0~10，平均值为 4；分类单元数分级评估结果显示，分类单元数平均得分为 0.30，其中，不存在健康状态为优秀的样点，良好和一般的比例分别为 6.90% 和 20.69%，而差和极差的比例分别为 51.72% 和 20.69%，超过样点总数的 70%。B-P 优势度的范围在 0~1，平均值为 0.49；B-P 优势度分级评估结果显示，B-P 优势度平均得分为 0.52，其中，优秀的比例仅占 3.45%，良好和一般的比例

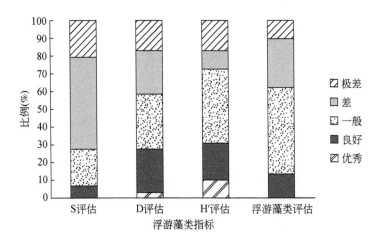

图 7-10 LG I 水生态区浮游藻类指标健康等级比例

分别为 24.14% 和 31.03%，超过样点总数的 50%，差和极差的比例分别为 24.14% 和 17.24%。Shannon-Wiener 指数范围在 0 ~ 2.63，平均值为 1.39；Shannon-Wiener 指数分级评估结果显示，Shannon-Wiener 指数平均得分为 0.46，其中，优秀和良好的比例分别为 10.34% 和 20.69%，而一般的比例为 41.38%，差和极差的比例分别为 10.34% 和 17.24%。LGⅠ水生态区浮游藻类分级评估的结果显示，浮游藻类评估平均得分为 0.41，其中，优秀的比例为 0，良好和一般的比例分别为 13.79% 和 48.28%，超过样点总数的 60%，差和极差的比例分别为 27.59% 和 10.34%。浮游藻类的分级评估说明，LGⅠ水生态区健康呈一般状态。

（4）底栖动物评估

滇池流域 LGⅠ水生态区各样点分类单元数在 0 ~ 6，平均值为 2；分级评估显示，平均得分为 0.57，如图 7-11 所示，优秀和良好的比例分别为 20.69% 和 27.59%；一般、差和极差的比例分别为 24.14%、13.79% 和 13.79%。LGⅠ水生态区各样点 B-P 优势度在 0 ~ 1，平均值为 0.36；其中，优秀和良好的比例为 10.34% 和 6.90%；一般的比例为 17.24%，差和极差的比例分别为 31.03% 和 34.48%，超过样点总数的 60%。LGⅠ水生态区 BMWP 得分在 0 ~ 18.9，平均值为 8.02，样点间得分差异较大，平均得分为 0.07。优秀、良好和一般的比例均为 0；差和极差的比例分别为 6.90% 和 93.10%。底栖动物评估整体情况是：底栖动物评估平均得分为 0.34，其中，优秀和良好的比例均为 0，一般、差和极差的比例分别为 31.03%、51.72% 和 17.24%。综合来看，LGⅠ水生态区底栖生物多样性低，清洁指示种少，评估结果整体为差，水生态健康整体状态不容乐观，亟待恢复和治理。

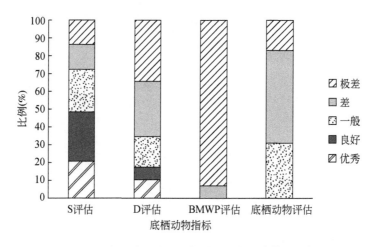

图 7-11　LGⅠ水生态区底栖动物指标健康等级比例

（5）鱼类评估

滇池流域 LGⅠ水生态区鱼各指标及评估值占各鱼类评估等级百分比有以下结果（图 7-12）：LGⅠ水生态区鱼类分类单元数在 1 ~ 14，平均值为 7；分类单元数分级评估结果显示，分类单元数平均得分为 0.48，其中，优秀、良好及极差的比例均为 14.29%，一般和差的比例均为 28.57%。B-P 优势度的范围在 0.17 ~ 1，平均值为 0.38；B-P 优势度分级评估结果显示，B-P 优势度平均得分为 0.64，其中，优秀和良好的比例分别为 28.57%

和 57.14%，超过样点总数的 85%，而一般和差的比例均为 0，极差的比例为 14.29%。Shannon-Wiener 指数范围在 0 ~ 3.44，平均值为 2.27；Shannon-Wiener 指数分级评估结果显示，Shannon-Wiener 指数平均得分为 0.76，其中，优秀和良好的比例均为 42.86%，不存在健康状态为一般和差的样点，极差的比例占 14.28%。LGⅠ水生态区鱼类分级评估的结果显示，鱼类评估平均得分为 0.67，其中，良好的比例为 85.71%，差的比例为 14.29%，不存在健康状态为优秀、一般和极差的样点。鱼类的分级评估说明，LGⅠ水生态区水生态健康呈良好状态。

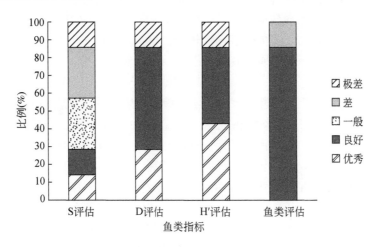

图 7-12　LGⅠ水生态区鱼类指标健康等级比例

（6）综合评估

通过对 LGⅠ水生态功能区水质理化指标、营养盐指标、浮游藻类和底栖动物、鱼类的综合评估得出，该功能区综合评估平均得分为 0.66，优秀、差和极差的比例均为 0，良好和一般的比例分别为 82.76% 和 17.24%，如图 7-13 所示。说明该功能区水生态系统健康呈良好状态。

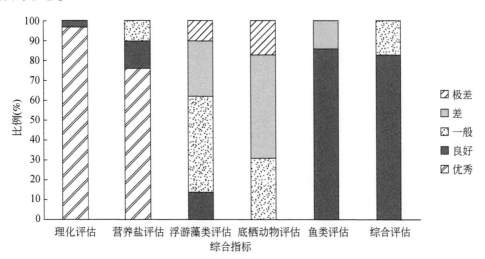

图 7-13　LGⅠ水生态区综合指标健康等级比例

7.2.1.2　水生态亚区健康评估结果

（1）LGⅠ₁水生态亚区

LGⅠ₁生态亚区主要位于流域北部山区，地势较高，起伏较大。该区地貌类型以中高海拔中低起伏山地为主，在中部地区有少部分中高海拔丘陵，平均海拔在2000m以上，全流域最高海拔出现在此生态亚区。植被类型多以森林覆盖为主，少量地区分布有农田。该区的水体溶解氧含量高，最高含量可达15.01mg/L，自净能力较强。营养盐含量（包括总氮、总磷和氨氮）较低，水质较好。LGⅠ₁水生态亚区的底栖动物多样性和生物量相对较低，但清洁种比例相对较高。藻类的多样性较低，仅为1.09，B-P优势度指数较高，约为0.52，以舟形藻和异极藻为优势属，其藻类群落结构相对不够稳定。

A.　水质理化评估

滇池流域LGⅠ₁水生态亚区整体水质理化各指标浓度及评估值占各水质等级百分比有以下结果（图7-14）：LGⅠ₁水生态亚区DO浓度在2.66～15.01mg/L，平均浓度为7.77mg/L；DO分级评估结果显示，DO平均得分为0.91，其中，优秀的比例为90.90%，表明LGⅠ₁水生态亚区大多数样点处溶解氧含量较高。良好和一般的比例均为0，差和极差的比例均为4.55%。COD_{Mn}浓度在0.80～3.80mg/L，平均浓度为2.15mg/L；COD_{Mn}分级评估结果显示，COD_{Mn}平均得分为0.93，其中，优秀的比例高达95.45%，不存在健康状态为良好、一般和差的样点。极差的比例仅占4.55%。LGⅠ₁水生态亚区理化指标分级评估的结果显示，理化指标平均得分为0.96，其中，优秀和良好的比例分别为95.45%和4.55%，LGⅠ₁水生态亚区所有样点的健康状态均处于良好以上。通过水质理化分级评估可知，流域LGⅠ₁水生态亚区健康呈优秀状态。

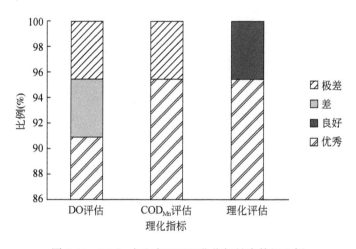

图7-14　LGⅠ₁水生态亚区理化指标健康等级比例

B.　营养盐评估

滇池流域LGⅠ₁水生态亚区整体水质营养盐各指标浓度及评估值占各水质等级百分比有以下结果（图7-15）：LGⅠ₁水生态亚区TP浓度在0.02～0.12mg/L，平均浓度为0.04mg/L；TP分级评估结果显示，TP平均得分为0.91，其中，优秀和良好的比例分别为

90.90% 和 4.55%。不存在健康状态为一般或差的样点，极差的比例仅为 4.55%。TN 浓度在 0.18 ~ 2.68mg/L，平均浓度为 0.75mg/L；TN 分级评估结果显示，TN 的平均得分为0.71，其中，优秀和良好的比例分别为 40.91% 和 31.82%，而一般、差和极差的比例分别为 18.18%、0 和 9.09%。NH_4^+-N 浓度在 0.02 ~ 0.32mg/L，平均浓度为 0.07mg/L；NH_4^+-N 分级评估结果显示，NH_4^+-N 平均得分为 0.95，其中，优秀的比例高达 95.45%，而良好、一般及差的比例均为 0，极差的比例仅占 4.55%。LG I_1 水生态亚区营养盐指标分级评估的结果显示，营养盐指标平均得分为 0.89，其中，优秀的比例高达 86.36%，良好的比例为 13.64%，不存在健康状态为一般、差或极差的样点，说明水质营养盐性质在 LG I_1 水生态亚区呈优秀状态。

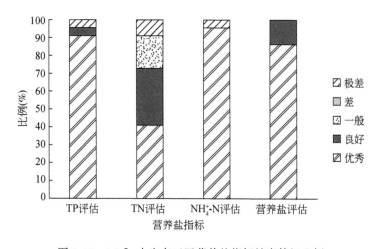

图 7-15　LG I_1 水生态亚区营养盐指标健康等级比例

C. 浮游藻类评估

滇池流域 LG I_1 水生态亚区浮游藻类各指标及评估值占各藻类评估等级百分比有以下结果（图 7-16）：LG I_1 水生态亚区浮游藻类分类单元数在 0 ~ 9，平均值为 4；分类单元数分级评估结果显示，分类单元数平均得分为 0.28，其中，不存在健康状态为优秀的样点，良好和一般的比例分别为 4.55% 和 18.18%，而差和极差的比例分别为 59.09% 和18.18%，超过样点总数的 75%。B-P 优势度的范围在 0 ~ 1，平均值为 0.52；B-P 优势度分级评估结果显示，B-P 优势度平均得分为 0.43，其中，优秀的比例为 0，良好和一般的比例分别为 22.73% 和 40.91%，超过样点总数的 60%，差和极差的比例均为 18.18%。Shannon-Wiener 指数范围在 0 ~ 2.52，平均值为 1.44；Shannon-Wiener 指数分级评估结果显示，Shannon-Wiener 指数平均得分为 0.48，其中，优秀和良好的比例分别为 9.09% 和22.72%，而一般的比例为 45.45%，差和极差的比例分别为 9.09% 和 13.64%。LG I_1 水生态亚区浮游藻类分级评估的结果显示，浮游藻类评估平均得分为 0.41，其中，优秀的比例为 0，良好和一般的比例分别为 9.09% 和 54.55%，超过样点总数的 60%，差和极差的比例分别为 27.27% 和 9.09%。浮游藻类的分级评估说明，LG I_1 水生态亚区健康呈一般状态。

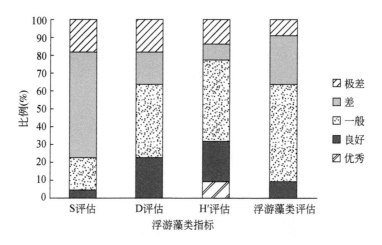

图 7-16　LG I_1 水生态亚区浮游藻类指标健康等级比例

D. 底栖动物评估

滇池流域 LG I_1 水生态亚区各样点分类单元数在 0~6，平均值为 3；分级评估显示，分类单元数平均得分为 0.60，如图 7-17 所示，其中，优秀和良好的比例分别为 27.27% 和 22.73%；一般、差和极差的比例分别为 27.27%、9.09% 和 13.64%。LG I_1 水生态亚区各样点 B-P 优势度在 0~1，均值为 0.63；其中，优秀和良好的比例均为 9.09%；一般的比例为 18.18%，差和极差的比例均为 31.82%。LG I_1 水生态亚区 BMWP 得分在 0~18.9，平均值为 8.07，样点间得分差异较大，平均得分为 0.07。优秀、良好和一般的比例均为 0；差和极差的比例分别为 4.55% 和 95.45%。底栖动物评估整体情况是：底栖动物评估平均得分为 0.35，其中，优秀和良好的比例均为 0，一般、差和极差的比例分别为 40.91%、45.45% 和 13.64%。综合来看，LG I_1 水生态亚区底栖生物多样性低，清洁指示种少，评估结果整体为差，水生态健康整体状态不容乐观，亟待恢复和治理。

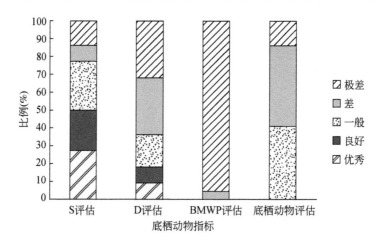

图 7-17　LG I_1 水生态亚区底栖动物指标健康等级比例

E. 鱼类评估

滇池流域 LG I$_1$ 水生态亚区鱼类各指标及评估值占各鱼类评估等级百分比有以下结果（图7-18）：LG I$_1$ 水生态亚区鱼类分类单元数在 1~14，平均值为 7；分类单元数分级评估结果显示，分类单元数平均得分为 0.49，其中，优秀、良好、一般、差及极差的比例均为 20%。B-P 优势度的范围在 0.17~1，平均值为 0.41；B-P 优势度分级评估结果显示，B-P 优势度平均得分为 0.61，其中，优秀和良好的比例均为 40%，而一般和差的比例均为 0，极差的比例为 20%。Shannon-Wiener 指数范围在 0~3.44，平均值为 2.18；Shannon-Wiener 指数分级评估结果显示，Shannon-Wiener 指数平均得分为 0.73，其中，优秀和良好的比例均为 40%，不存在健康状态为一般和差的样点，极差的比例占 20%。LG I$_1$ 水生态亚区鱼类分级评估的结果显示，鱼类评估平均得分为 0.65，其中，良好的比例为 80%，差的比例为 20%，不存在健康状态为优秀、一般和极差的样点。鱼类的分级评估说明，LG I$_1$ 水生态亚区水生态健康呈良好状态。

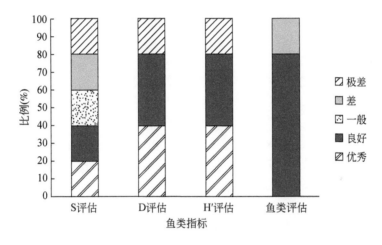

图 7-18　LG I$_1$ 水生态亚区鱼类指标健康等级比例

F. 综合评估

通过对 LG I$_1$ 亚区水质理化指标、营养盐指标、浮游藻类和底栖动物、鱼类的综合评估得出，该功能亚区综合评估值平均得分为 0.66，优秀、差和极差的比例均为 0，良好和一般的比例分别为 86.36% 和 13.64%，如图 7-19 所示，说明该功能亚区水生态系统健康呈良好状态。

LG I$_1$ 水生态亚区内主要为水质调节与水源涵养功能区。其水生态系统健康综合评估值较高，处于良好水平，理化评估和浮游藻类评估值较高，营养盐评估值一般，底栖动物评估值较低，一定程度上受农业面源污染影响。

（2）LG I$_2$ 水生态亚区

LG I$_2$ 水生态亚区为中高海拔丘陵地貌，河流分布较少，仅有老宝象河上游。植被类型以森林覆盖为主，兼有少量的灌木和荒草，还分布有部分农作物。该区分布有一定居住人口，河道多经过人工整治，河道类型为两面光，周边土地利用方式以乡镇建设用地为主，农田次之。LG I$_2$ 水生态亚区水体中营养盐含量稍高于 LG I$_1$ 区。该区溶解氧含量高，

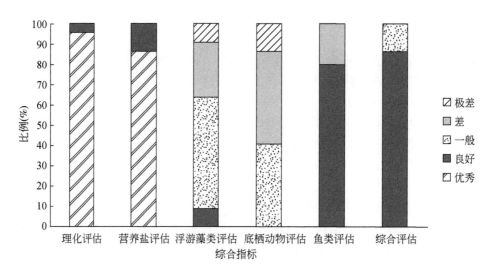

图 7-19　LG I₁ 水生态亚区综合指标健康等级比例

在 5 ~ 12.4mg/L，自净能力强。同时，有机污染较弱，COD_{Mn} 的含量为 1.6 ~ 2.7mg/L。与 LG I₁ 区相比，LG I₂ 水生态亚区的藻类生物多样性相对较低，物种丰富度相对较小。

A. 水质理化评估

滇池流域 LG I₂ 水生态亚区整体水质理化各指标浓度及评估值占各水质等级百分比有以下结果（图 7-20）：LG I₂ 水生态亚区 DO 浓度在 5.00 ~ 12.40mg/L，平均浓度为 7.40mg/L；DO 分级评估结果显示，DO 平均得分为 1，其中，优秀的比例为 100%，表明 LG I₂ 水生态亚区大多数样点处溶解氧含量较高。COD_{Mn} 浓度在 1.60 ~ 2.70mg/L，平均浓度为 2.03mg/L；COD_{Mn} 分级评估结果显示，COD_{Mn} 平均得分为 0.99，全部样点的健康状态均为优秀。LG I₂ 水生态亚区理化指标分级评估的结果显示，理化指标平均得分为 0.99，其中，优秀的比例为 100%。LG I₂ 水生态亚区所有样点的健康状态均为优秀。通过水质理化分级评估可知，流域 LG I₂ 水生态亚区健康呈优秀状态。

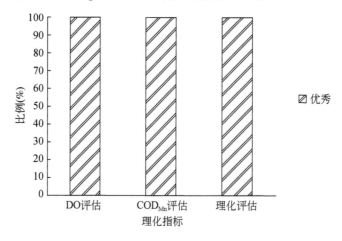

图 7-20　LG I₂ 水生态亚区理化指标健康等级比例

B. 营养盐评估

滇池流域 LG I₂水生态亚区整体水质营养盐各指标浓度及评估值占各水质等级百分比有以下结果（图 7-21）：LG I₂水生态亚区 TP 浓度在 0.03~0.08mg/L，平均浓度为 0.04mg/L；TP 分级评估结果显示，TP 平均得分为 0.94，优秀的比例为 100%。TN 浓度在 0.44~5.93mg/L，平均浓度 2.06mg/L；TN 分级评估结果显示，TN 的平均得分为 0.51，其中，优秀、良好、差和极差的比例均为 25%，不存在健康状态为一般的样点。NH_4^+-N 浓度在 0.03~0.38mg/L，平均浓度为 0.16mg/L；NH_4^+-N 分级评估结果显示，NH_4^+-N 平均得分为 0.97，其中，优秀的比例高达 100%。LG I₂水生态亚区营养盐指标分级评估的结果显示，营养盐指标平均得分为 0.81，其中，优秀的比例为 50%，良好和一般的比例均为 25%，说明水质营养盐性质在 LG I₂水生态亚区呈优秀状态。

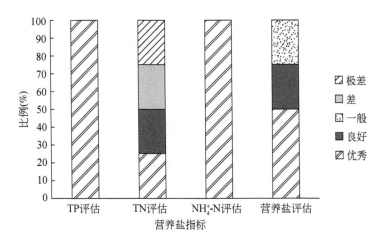

图 7-21　LG I₂水生态亚区营养盐指标健康等级比例

C. 浮游藻类评估

滇池流域 LG I₂水生态亚区浮游藻类各指标及评估值占各藻类评估等级百分比有以下结果（图 7-22）：LG I₂水生态亚区浮游藻类分类单元数在 1~10，平均值为 5；分类单元数分级评估结果显示，分类单元数平均得分为 0.38，其中不存在健康状态为优秀的样点，良好、一般、差和极差的比例均为 25%。B-P 优势度的范围在 0.28~1，平均值为 0.70；B-P 优势度分级评估结果显示，B-P 优势度平均得分为 0.32，其中，优秀及一般的比例均为 0，良好、差和极差的比例分别为 25%、50% 和 25%。Shannon-Wiener 指数范围在 0~2.63，平均值为 1.25；Shannon-Wiener 指数分级评估结果显示，Shannon-Wiener 指数平均得分为 0.42，其中，优秀、一般、差和极差的比例均为 25%，不存在健康状态为良的样点。LG I₂水生态亚区浮游藻类分级评估的结果显示，浮游藻类评估平均得分为 0.37，其中，优秀的比例为 0，良好、一般、差和极差的比例均为 25%。浮游藻类的分级评估说明，LG I₂水生态亚区呈现健康为差的状态。

D. 底栖动物评估

滇池流域 LG I₂水生态亚区各样点底栖动物分类单元数在 0~3，平均值为 2；分级评估显示，分类单元数平均得分为 0.50，如图 7-23 所示，其中，良好和一般的比例分别为

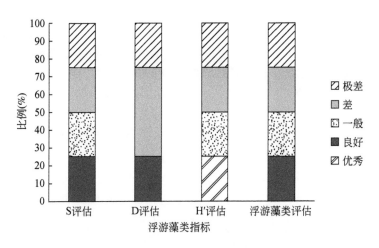

图 7-22　LG I₂水生态亚区浮游藻类指标健康等级比例

50% 和 25%，不存在健康状态为优秀或差的样点，极差的比例为 25%。LG I₂水生态亚区各样点 B-P 优势度在 0 ~ 0.8，均值为 0.52；其中，优秀、一般、差和极差的比例均为 25%，不存在健康状态为良好的样点。LG I₂水生态亚区 BMWP 得分在 0 ~ 13，平均值为 8，样点间得分差异较大，平均得分为 0.07。优秀、良好、一般和差的比例均为 0，极差的比例为 100%。底栖动物评估整体情况是：底栖动物评估平均得分为 0.35，其中，优秀、良好、一般和极差的比例均为 0，差的比例为 100%。综合来看，LG I₂水生态亚区底栖生物多样性低，清洁指示种少，评估结果整体为差，水生态健康整体状态不容乐观，亟待恢复和治理。

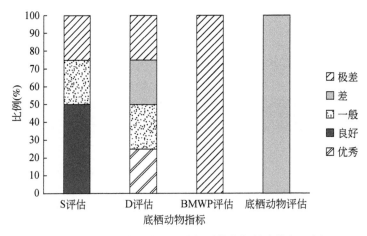

图 7-23　LG I₂水生态亚区底栖动物指标健康等级比例

E. 鱼类评估

滇池流域 LG I₂水生态亚区鱼类各指标及评估值占各鱼类评估等级百分比有以下结果（图 7-24）：LG I₂水生态亚区的鱼类采集样点只有一个，其鱼类分类单元数为 6，分类单元数平均得分为 0.38，健康状态为差。B-P 优势度为 0.32，B-P 优势度平均得分为 0.70，健康状态为良好。Shannon-Wiener 指数为 2.35，Shannon-Wiener 指数平均得分为 0.78，健康状态为良好。LG I$_2$水生态亚区鱼类分级评估的结果显示，鱼类评估平均得分为 0.74，健康状态为良好。鱼类的分级评估说明，LG I$_2$水生态亚区水生态健康呈良好状态。

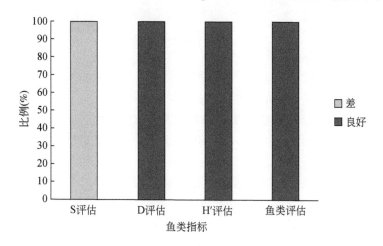

图 7-24　LG I$_2$水生态亚区鱼类指标健康等级比例

F. 综合评估

通过对 LG I$_2$亚区水质理化指标、营养盐指标、浮游藻类和底栖动物、鱼类的综合评估得出，该功能亚区综合评估评估值平均得分为 0.64，优秀、差和极差的比例均为 0，良好和一般的比例分别为 75% 和 25%，如图 7-25 所示，说明该功能亚区水生态系统健康呈良好状态。

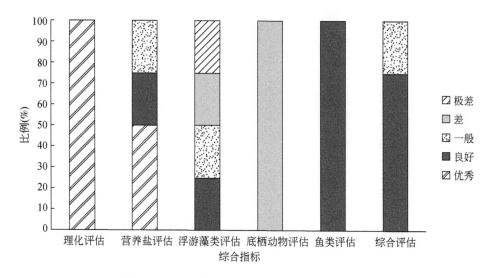

图 7-25　LG I$_2$水生态亚区综合指标健康等级比例

LG I$_2$水生态亚区内主要包括生境维持与水质调节功能区和水质调节与生物多样性维持功能区。

生境维持与水质调节功能区的水生态系统健康综合评估值较高,处于良好水平,理化评估值和营养盐评估值较高,浮游藻类评估值一般,底栖动物评估值较低,一定程度上受农业面源污染影响。

水质调节与生物多样性维持功能区的水生态系统健康综合评估值较高,处于良好水平,理化评估值较高,营养盐评估值一般,底栖动物评估值和浮游藻类评估值较低。

（3）LGI₃水生态亚区

LGⅠ₃水生态亚区亦属于高海拔、森林覆盖稠密、并有中型水库调节的水量丰富的区域。LGⅠ₃水生态亚区中河流分布较少,主要为老宝象河上游支流。该区城市化程度不高,但人口分布密集,河道经人工改造,类型为两面光。LGⅠ₃水生态亚区水体中营养盐含量相对较低,但COD_{Mn}的含量稍高于LGⅠ₁水生态亚区。水体溶解氧含量相对较高,水体的自净能力相对较强。LGⅠ₃水生态亚区的生物特征与LGⅠ₁水生态亚区较为相似,其底栖动物具有更低的单元物种数及B-P优势度,表明该区的底栖动物群落构成较为单一,优势物种较占优势。

A. 水质理化评估

滇池流域LGⅠ₃水生态亚区整体水质理化各指标浓度及评估值占各水质等级百分比有以下结果（图7-26）:LGⅠ₃水生态亚区 DO 浓度在 6.48~7.74mg/L,平均浓度为6.97mg/L;DO 分级评估结果显示,DO 平均得分为 1,其中,优秀的比例为 100%,表明LGⅠ₃水生态亚区大多数样点处溶解氧含量较高。COD_{Mn}浓度在 1.90~4.10mg/L,平均浓度为2.70mg/L;COD_{Mn}分级评估结果显示,COD_{Mn}平均得分为 0.94,全部样点的健康状态均为优秀。LGⅠ₃水生态亚区理化指标分级评估的结果显示,理化指标平均得分为 0.97,其中,优秀的比例为 100%。LGⅠ₃水生态亚区所有样点的健康状态均为优秀。通过水质理化分级评估可知,流域 LGⅠ₃水生态亚区健康呈优秀状态。

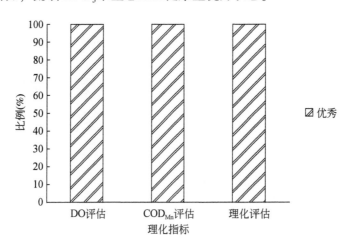

图 7-26 LGⅠ₃水生态亚区理化指标健康等级比例

B. 营养盐评估

滇池流域 LGⅠ₃水生态亚区整体水质营养盐各指标浓度及评估值占各水质等级百分比有以下结果（图7-27）:LGⅠ₃水生态亚区 TP 浓度在 0.06~0.11mg/L,平均浓度为

0.09mg/L；TP 分级评估结果显示，TP 平均得分为 0.82，优秀和良好的比例分别为 33.33% 和 66.67%。TN 浓度在 0.64～3.72mg/L，平均浓度为 2.37mg/L；TN 分级评估结果显示，TN 的平均得分为 0.25，其中，优秀、一般和差的比例均为 0，良好的比例为 33.33%，极差的比例为 66.67%。NH_4^+-N 浓度在 0.08～0.23mg/L，平均浓度为 0.17mg/L；NH_4^+-N 分级评估结果显示，NH_4^+-N 平均得分为 0.98，其中，优秀的比例高达 100%。LG I₃ 水生态亚区营养盐指标分级评估的结果显示，营养盐指标平均得分为 0.68，其中，优秀的比例为 33.33%，一般的比例为 66.67%，不存在健康状态为良好、差和极差的样点，说明水质营养盐性质在 LG I₃ 水生态亚区呈良好状态。

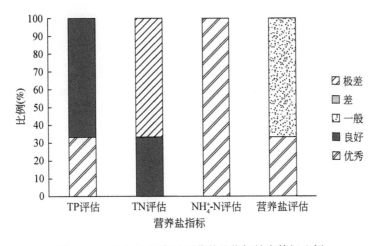

图 7-27　LG I₃ 水生态亚区营养盐指标健康等级比例

C. 浮游藻类评估

滇池流域 LG I₃ 水生态亚区浮游藻类各指标及评估值占各藻类评估等级百分比有以下结果（图 7-28）：LG I₃ 水生态亚区浮游藻类分类单元数在 0～7，平均值为 4；分类单元数分级评估结果显示，分类单元数平均得分为 0.29，其中不存在健康状态为优秀和良好的样

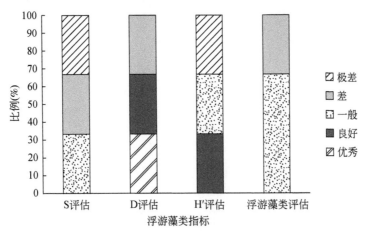

图 7-28　LG I₃ 水生态亚区浮游藻类指标健康等级比例

点，一般、差和极差的比例均为33.33%。B-P优势度的范围在0~0.61，平均值为0.32；B-P优势度分级评估结果显示，B-P优势度平均得分为0.68，其中，优秀、良好及差的比例均为33.33%，不存在健康状态为一般和极差的样点。Shannon-Wiener指数范围在0~2.13，平均值为1.21；Shannon-Wiener指数分级评估结果显示，Shannon-Wiener指数平均得分为0.40，其中，良好、一般和极差的比例均为33.33%，不存在健康状态为优秀和差的样点。LG I₃水生态亚区浮游藻类分级评估的结果显示，浮游藻类评估平均得分为0.46，其中，优秀、良好和极差的比例均为0，一般和差的比例分别为66.67%和33.33%。浮游藻类的分级评估说明，LG I₃水生态亚区健康处于一般的状态。

D. 底栖动物评估

滇池流域LG I₃水生态亚区各样点底栖动物分类单元数在1~3，平均值为2；分级评估显示，分类单元数平均得分为0.42，如图7-29所示，其中，良好和差的比例分别为33.33%和66.67%，不存在健康状态为优秀、一般和极差的样点。LG I₃水生态亚区各样点B-P优势度在0.71~1，均值为0.90；其中，优秀、良好和一般的比例均为0，差和极差的比例分别为33.33%和66.67%。LG I₃水生态亚区BMWP得分在4~15，平均值为7.67，样点间得分差异较大，平均得分为0.06。优秀、良好、一般和差的比例均为0，极差的比例为100%。底栖动物评估整体情况是：底栖动物评估平均得分为0.19，其中，优秀、良好和一般的比例均为0，差和极差的比例为33.33%和66.67%。综合来看，LG I₃水生态亚区底栖生物多样性低，清洁指示种少，评估结果整体为极差，水生态健康整体状态不容乐观，亟待恢复和治理。

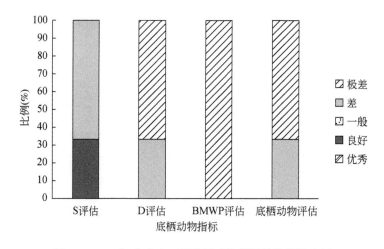

图7-29　LG I₃水生态亚区底栖动物指标健康等级比例

E. 鱼类评估

滇池流域LG I₃水生态亚区鱼类各指标及评估值占各鱼类评估等级百分比有以下结果（图7-30）：LG I₃水生态亚区的鱼类采集样点只有一个，其鱼类分类单元数为8，分类单元数平均得分为0.54，健康状态为一般。B-P优势度为0.27，B-P优势度平均得分为0.76，健康状态为良好。Shannon-Wiener指数为2.64，Shannon-Wiener指数平均得分为0.88，健康状态为优秀。LG I₃水生态亚区鱼类分级评估的结果显示，鱼类评估平均得分为0.74，健康状态为良好。鱼类的分级评估说明，LGⅠ₃水生态亚区水生态健康呈良好状态。

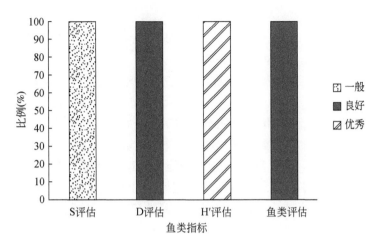

图 7-30　LGⅠ₃水生态亚区鱼类指标健康等级比例

F. 综合评估

通过对LGⅠ₃水生态亚区水质理化指标、营养盐指标、浮游藻类和底栖动物、鱼类的综合评估得出，该功能亚区综合评估评估值平均得分为0.60，优秀、差和极差的比例均为0，良好和一般的比例分别为66.67%和33.33%，如图7-31所示，说明该功能亚区水生态系统健康呈良好状态。

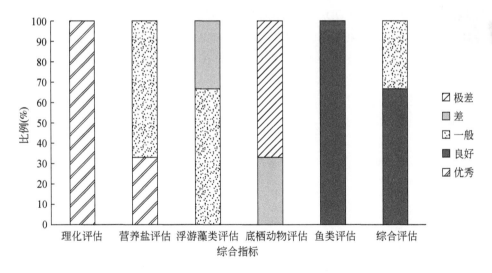

图 7-31　LGⅠ₃水生态亚区综合指标健康等级比例

LGⅠ₃水生态亚区内主要为生境维持与水源涵养功能区。其水生态系统健康综合评估值较高，处于良好水平，理化评估值较高，营养盐评估值和浮游藻类评估值一般，底栖动物评估值较低，一定程度上受农业面源污染影响。

7.2.2 LGⅡ水生态功能区

LGⅡ水生态功能区位于滇池流域南部，中心地理坐标为24°34′19.1″N，102°41′22.3″E，面积为324.04km²，与LGⅢ水生态功能区接壤。LGⅡ水生态功能区平均海拔为2090m，地势起伏较大，绝对高程为2112m，属于高原区，地貌类型以黄土梁峁为主。LGⅡ水生态功能区多年年均气温为15.1℃，多年平均降水量为965mm，多年平均蒸发量为813mm，属于典型的亚热带湿润区；区内湖库率为1.1%，区内三座中型水库能够蓄存丰水期降水量，体现出较强的水资源调节功能；下垫面植被覆盖好，其透水持水力强，有利于涵养水源和地下水的补给。与LGⅠ水生态功能区相比，该区的水质情况稍差，营养盐含量超标，主要表现为个别区域总氮含量严重超标。另外，溶解氧含量比LGⅠ水生态功能区的溶解氧含量低。LGⅡ水生态功能区的浮游藻类和底栖动物物种丰富度低，多样性指数低。其中，底栖动物以耐污种为主。

7.2.2.1 LGⅡ水生态区健康评估结果

（1）水质理化评估

滇池流域LGⅡ水生态区整体水质理化各指标浓度及评估值占各水质等级百分比有以下结果（图7-32）：LGⅡ水生态区DO浓度在0.30~7.70mg/L，平均浓度为2.25mg/L；DO分级评估结果显示，DO平均得分为0.18，其中，优秀的比例为14.29%，良好和一般的比例均为0，差和极差的比例分别为14.29%和71.42%。COD$_{Mn}$浓度在0.70~5.50mg/L，平均浓度为3.60mg/L；COD$_{Mn}$分级评估结果显示，COD$_{Mn}$平均得分为0.80，其中，优秀和良好的比例分别为71.43%和21.43%，不存在健康状态为一般和差的样点，极差的比例仅占7.14%。LGⅡ水生态区理化指标分级评估的结果显示，理化指标平均得分为0.27，其中，优秀和一般的比例分别为14.29%和28.57%，极差的比例为57.14%，LGⅡ水生态区不存在健康状态为良好和差的样点。通过水质理化分级评估可知，流域LGⅡ水生态区健康处于差的状态。

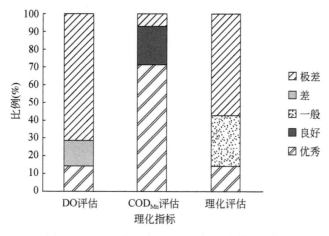

图7-32 LGⅡ水生态区理化指标健康等级比例

（2）营养盐评估

滇池流域 LG II 水生态区整体水质营养盐各指标浓度及评估值占各水质等级百分比有以下结果（图 7-33）：LG II 水生态区 TP 浓度在 0.02 ~ 0.25mg/L，平均浓度为 0.11mg/L；TP 分级评估结果显示，TP 平均得分为 0.73，其中，优秀和良好的比例均为 42.86%，超过样点总数的 85%。不存在健康状态为差的样点，一般和极差的比例均为 7.14%。TN 浓度在 0.29 ~ 12.00mg/L，平均浓度 2.23mg/L；TN 分级评估结果显示，TN 的平均得分为 0.46，其中，优秀、良好和一般的比例分别为 28.57%、14.29% 和 14.29%，而差和极差的比例分别为 7.14% 和 35.71%。NH_4^+-N 浓度在 0 ~ 1.17mg/L，平均浓度为 0.27mg/L；NH_4^+-N 分级评估结果显示，NH_4^+-N 平均得分为 0.85，其中，优秀的比例高达 78.57%，而良好、一般和极差的比例均为 7.14%，差的比例为 0。LG II 水生态区营养盐指标分级评估的结果显示，营养盐指标平均得分为 0.74，其中，优秀和良好的比例均为 42.86%，一般的比例为 14.28%，不存在健康状态为差或极差的样点，说明水质营养盐性质在 LG II 水生态区呈良好状态。

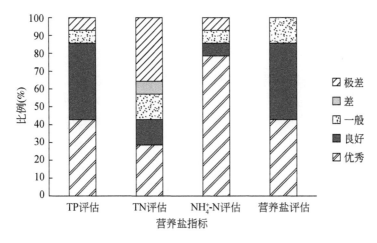

图 7-33　LG II 水生态区营养盐指标健康等级比例

（3）浮游藻类评估

滇池流域 LG II 水生态区浮游藻类各指标及评估值占各藻类评估等级百分比有以下结果（图 7-34）：LG II 水生态区浮游藻类分类单元数在 0 ~ 10，平均值为 4；分类单元数分级评估结果显示，分类单元数平均得分为 0.26，其中不存在健康状态为优秀的样点，良好和一般的比例分别为 7.14% 和 21.43%，而差和极差的比例分别为 21.43% 和 50%，超过样点总数的 70%。B-P 优势度的范围在 0 ~ 1，平均值为 0.46；B-P 优势度分级评估结果显示，B-P 优势度平均得分为 0.47，其中，优秀、良好和差的比例均占 21.43%，一般和极差的比例分别为 7.14% 和 28.57%。Shannon-Wiener 指数范围在 0 ~ 3.24，平均值为 1.18；Shannon-Wiener 指数分级评估结果显示，Shannon-Wiener 指数平均得分为 0.39，其中，优秀和良好的比例分别为 21.42% 和 14.29%，而一般、差和极差的比例分别为 7.14%、21.43% 和 35.71%。LG II 水生态区浮游藻类分级评估的结果显示，浮游藻类评估平均得分为 0.39，其中，优秀、良好和一般的比例分别为 7.14%、14.29% 和 14.29%，差和极差的比例分别为50%和14.28%。浮游藻类的分级评估说明,LGⅡ水生态区健康处于差的状态。

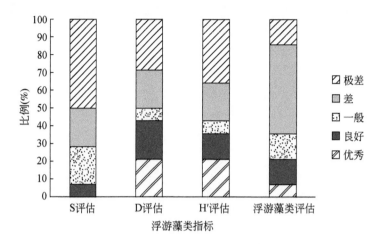

图7-34 LGⅡ水生态区浮游藻类指标健康等级比例

(4)底栖动物评估

滇池流域LGⅡ水生态区各样点底栖动物分类单元数在0~3,平均值为1;分级评估显示,平均得分为0.29,如图7-35所示,优秀和良好的比例分别为0和21.43%;一般、差和极差的比例分别为14.29%、21.43%和42.86%。LGⅡ水生态区各样点B-P优势度在0~1,均值为0.46;其中,优秀、一般和极差的比例分别为35.71%、21.43%和42.86%,不存在健康状态为良好和差的样点。LGⅡ水生态区BMWP得分在0~9.4,平均值为2.78,样点间得分差异较大,平均得分为0.02。优秀、良好、一般和差的比例均为0;极差的比例为100%。底栖动物评估整体情况是:底栖动物评估平均得分为0.28,其中,优秀和良好的比例均为0,一般、差和极差的比例分别为21.43%、50%和28.57%。综合来看,LGⅡ水生态区底栖生物多样性低,清洁指示种少,评估结果整体为差,水生态健康整体状态不容乐观,亟待恢复和治理。

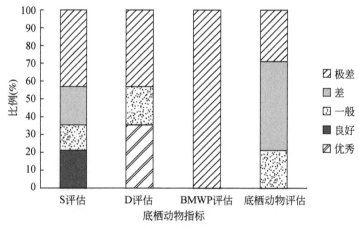

图7-35 LGⅡ水生态区底栖动物指标健康等级比例

（5）鱼类评估

滇池流域 LGⅡ水生态区鱼类各指标及评估值占各鱼类评估等级百分比有以下结果（图 7-36）：LGⅡ水生态区鱼类分类单元数在 1～2，平均值为 2；分类单元数分级评估结果显示，分类单元数平均得分为 0.96，其中，优秀为 100%。B-P 优势度的范围在 0.71～1，平均值为 0.86；B-P 优势度分级评估结果显示，B-P 优势度平均得分为 0.17，其中，优秀、良好和一般的比例均为 0，而差和极差的比例均为 50%。Shannon-Wiener 指数范围在 0～0.86，平均值为 0.43；Shannon-Wiener 指数分级评估结果显示，Shannon-Wiener 指数平均得分为 0.14，其中，优秀、良好和一般的比例均为 0，差和极差的比例均为 50%。LGⅡ水生态区鱼类分级评估的结果显示，鱼类评估平均得分为 0.43，其中，一般和差的比例均为 50%，不存在健康状态为优秀、良好和极差的样点。鱼类的分级评估说明，LGⅡ水生态区水生态健康呈一般状态。

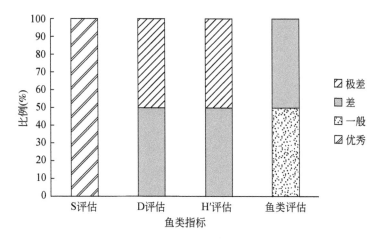

图 7-36　LGⅡ水生态区鱼类指标健康等级比例

（6）综合评估

通过对 LGⅡ水生态功能区水质理化指标、营养盐指标、浮游藻类和底栖动物、鱼类的综合评估得出，该功能区综合评估平均得分为 0.42，优秀的比例为 0，良好和一般的比例分别为 14.29% 和 28.57%，差和极差的比例分别为 50% 和 7.14%，如图 7-37 所示。说明该功能区水生态系统健康呈一般状态。

LGⅡ水生态亚区内主要包括生境维持与生物多样性维持功能区和生境维持与水源涵养功能区。

生境维持与生物多样性维持功能区的水生态系统健康综合评估值不高，处于一般水平，营养盐评估值较高，浮游藻类评估值一般，理化评估值和底栖动物评估值较低，受农业面源污染影响较大。

生境维持与水源涵养功能区的水生态系统健康综合评估值不高，处于一般水平，营养盐评估值较高，理化评估值、浮游藻类评估值一般，底栖动物评估值较低，受农业面源污染影响较大。

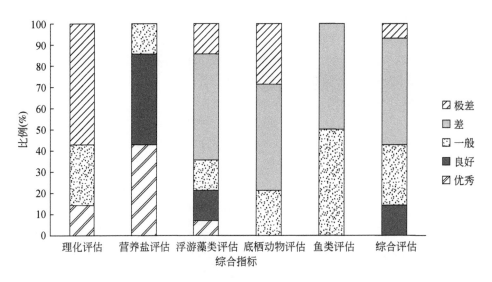

图 7-37　LG II 水生态区综合指标健康等级比例

7.2.3　LG III 水生态功能区

LG III 水生态功能区环滇池分布，中心位置地理坐标为 25°5′3.6″N，102°43′22.8″E，面积为 1385.33km²。LG III 水生态功能区平均海拔为 1990m，地势较为平坦。LG III 水生态功能区多年年均气温、降水量、蒸发量和干燥度分别为 14.4℃、983mm、992mm 和 1.01，属于亚热带湿润区。LG III 水生态功能区河网分布稠密，水系主要是入湖河道。同时，该区属于森林覆盖稀疏区，下垫面植被覆盖率不高，其透水持水力不强，不利于涵养水源和地下水的补给。LG III 水生态功能区水质情况较差，营养盐含量偏高，且空间分布不均。总氮污染最严重的区域，其含量可高达 137mg/L。水体的高锰酸盐含量严重超标。同时，溶解氧含量较低，多个区域的水体自净能力较弱。LG III 水生态功能区的藻类单元物种数在 0 ~ 21，物种丰富度高于 LG I 水生态功能区。底栖动物物种丰富度较低，而且其中大部分为耐污物种。

7.2.3.1　LG III 水生态区健康评估结果

（1）水质理化评估

滇池流域 LG III 水生态区整体水质理化各指标浓度及评估值占各水质等级百分比有以下结果（图 7-38）：LG III 水生态区 DO 浓度在 0 ~ 13.60mg/L，平均浓度为 3.54mg/L；DO 分级评估结果显示，DO 平均得分为 0.42，其中，优秀和良好的比例分别为 33.08% 和 6.15%，一般、差和极差的比例均为 6.15%、4.62% 和 50%。COD_{Mn} 浓度在 1.60 ~ 67.90mg/L，平均浓度为 8.29mg/L；COD_{Mn} 分级评估结果显示，COD_{Mn} 平均得分为 0.62，其中，优秀和良好的比例分别为 36.92% 和 28.46%，一般、差和极差的比例分别为 12.31%、3.85% 和 18.46%。LG III 水生态区理化指标分级评估的结果显示，理化指标平均得分为 0.41，其中，优秀和良好的比例分别为 24.61% 和 12.31%，一般、良好和极差的比例分别为 16.92%、3.08% 和 43.08%。通过水质理化分级评估可知，流域 LGⅢ 水生态区健康处于一般状态。

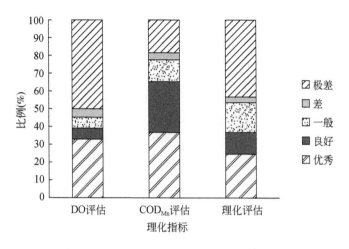

图 7-38　LGⅢ 水生态区理化指标健康等级比例

（2）营养盐评估

滇池流域 LGⅢ 水生态区整体水质营养盐各指标浓度及评估值占各水质等级百分比有以下结果（图 7-39）：LGⅢ 水生态区 TP 浓度在 0.01~9.93mg/L，平均浓度为 0.50mg/L；TP 分级评估结果显示，TP 平均得分为 0.44，其中，优秀和良好的比例分别为 24.62% 和 15.38%，一般、差和极差的比例分别为 16.15%、9.23% 和 34.62%。TN 浓度在 0.18~137.00mg/L，平均浓度 8.73mg/L；TN 分级评估结果显示，TN 的平均得分为 0.10，其中，优秀、良好、一般和差的比例分别为 5.38%、3.08%、5.38% 和 1.54%，值得注意的是，极差的比例高达 84.62%。NH_4^+-N 浓度在 0~124.80mg/L，平均浓度为 4.75mg/L；NH_4^+-N 分级评估结果显示，NH_4^+-N 平均得分为 0.55，其中，优秀和良好的比例分别为 46.15% 和

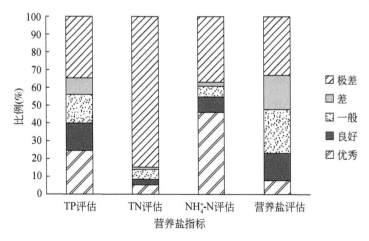

图 7-39　LGⅢ 水生态区营养盐指标健康等级比例

8.46%，而一般、差和极差的比例分别为 6.15%、2.31% 和 36.93%。LGⅢ水生态区营养盐指标分级评估的结果显示，营养盐指标平均得分为 0.37，其中，优秀和良好的比例分别为 7.69% 和 15.38%，一般、差和极差的比例分别为 24.62%、19.23% 和 33.08%，说明水质营养盐性质在 LGⅢ水生态区处于差的健康状态。

（3）浮游藻类评估

滇池流域 LGⅢ水生态区浮游藻类各指标及评估值占各藻类评估等级百分比有以下结果（图 7-40）：LGⅢ水生态区浮游藻类分类单元数在 0~21，平均值为 7；分类单元数分级评估结果显示，分类单元数平均得分为 0.50，其中，优秀和良好的比例分别为 17.69% 和 21.54%，而一般、差和极差的比例分别为 20.77%、26.92% 和 13.08%。B-P 优势度的范围在 0~1，平均值为 0.48；B-P 优势度分级评估结果显示，B-P 优势度平均得分为 0.51，其中，优秀、良好和一般的比例分别为 5.38%、27.69% 和 40.77%，差和极差的比例分别为 14.62% 和 11.54%。Shannon-Wiener 指数范围在 0~3.37，平均值为 1.89；Shannon-Wiener 指数分级评估结果显示，Shannon-Wiener 指数平均得分为 0.62，其中，优秀和良好的比例均为 29.23%，而一般、差和极差的比例分别为 20.77%、11.54% 和 9.23%。LGⅢ水生态区浮游藻类分级评估的结果显示，浮游藻类评估平均得分为 0.55，其中，优秀、良好和一般的比例分别为 14.62%、27.69% 和 33.85%，差和极差的比例分别为 18.46% 和 5.38%。浮游藻类的分级评估说明，LGⅢ水生态区健康呈现一般状态。

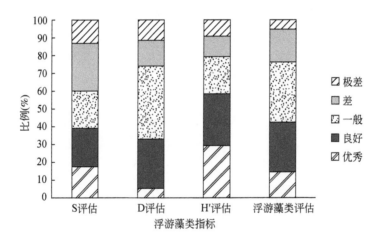

图 7-40　LGⅢ水生态区浮游藻类指标健康等级比例

（4）底栖动物评估

滇池流域 LGⅢ水生态区各样点底栖动物分类单元数在 0~6，平均值为 2；分级评估显示，平均得分为 0.38，如图 7-41 所示，优秀和良好的比例分别为 10% 和 15.38%，一般、差和极差的比例分别为 22.31%、19.23% 和 33.08%。LGⅢ水生态区各样点 B-P 优势度在 0~1，均值为 0.54；其中，优秀、良好和一般的比例分别为 32.31%、3.08% 和 9.23%，差和极差的比例分别为 11.54% 和 43.85%。LGⅢ水生态区 BMWP 得分在 0~25，平均值为 3.94，样点间得分差异较大，平均得分为 0.05。优秀、良好和一般的比例均为 0；差和极差的比例分别为 1.54% 和 98.46%。底栖动物评估整体情况是：底栖动物评估平均得分为 0.29，其中，优秀和良好的比例均为 0，一般、差和极差的比例分别为 15.38%、63.85% 和 20.77%。综合来看，LGⅢ水生态区底栖生物多样性低，清洁指示种少，评估结果整体为差，水生态健康整体状态不容乐观，亟待恢复和治理。

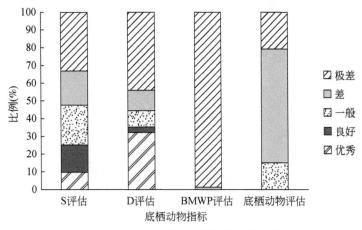

图 7-41　LGⅢ水生态区底栖动物指标健康等级比例

（5）鱼类评估

滇池流域 LGⅢ水生态区鱼类各指标及评估值占各鱼类评估等级百分比有以下结果（图 7-42）：LGⅢ水生态区鱼类分类单元数在 4~14，平均值为 7；分类单元数分级评估结果显示，分类单元数平均得分为 0.54，其中，良好和极差的比例分别为 75% 和 25%，优秀、一般和差的比例均为 0。B-P 优势度的范围在 0.17~0.64，平均值为 0.45；B-P 优势度分级评估结果显示，B-P 优势度平均得分为 0.66，其中，优秀、良好、一般和差的比例均为 25%，极差的比例为 0。Shannon-Wiener 指数范围在 0.60~3.55，平均值为 1.92；Shannon-Wiener 指数分级评估结果显示，Shannon-Wiener 指数平均得分为 0.59，其中，优秀的比例为 50%，良好和一般的比例均为 25%。LGⅢ水生态区鱼类分级评估的结果显示，鱼类评估平均得分为 0.61，其中，良好和一般的比例均为 50%。鱼类的分级评估说明，LGⅢ水生态区水生态健康呈良好状态。

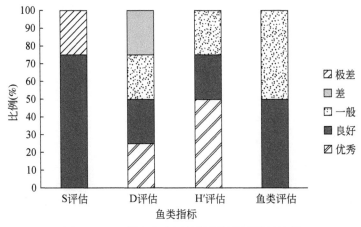

图 7-42　LGⅢ水生态区鱼类指标健康等级比例

（6）综合评估

通过对 LGⅢ水生态功能区水质理化指标、营养盐指标、浮游藻类和底栖动物、鱼类的综合评估得出，该功能区综合评估平均得分为 0.42，其中，优秀的比例为 0，良好和一般的比例分别为 10.77% 和 40.77%，差和极差的比例分别为 38.46% 和 10%，如图 7-43 所示。说明该功能区水生态系统健康呈一般状态。

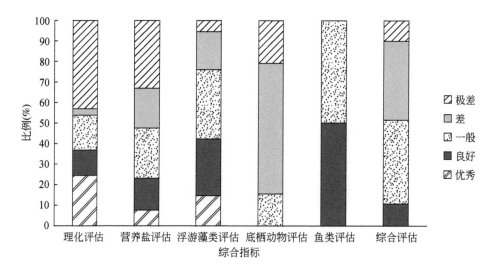

图 7-43　LGⅢ水生态区综合指标健康等级比例

7.2.3.2　水生态亚区健康评估结果

（1）LGⅢ₁水生态亚区

LGⅢ₁水生态亚区地貌类型是以中高海拔洪积湖积平原为主要组成部分。该区为城市所在地，大面积为城市建设用地，植被类型只分布有少量林地、草地及部分农作物。LGⅢ₁水生态亚区河流分布密集，水库较多。由于该区位于昆明市城区，大多河道都进行人工整治，人工化程度较高。LGⅢ₁水生态亚区包含了发源于城市下水道的城市纳污河流，故其水质整体较差。该区水质较差，其水体需氧量高，但实际溶解氧含量极低。同时，该区是所有水生态亚区中营养盐含量超标最严重的亚区。从水生生物特征来看，藻类和底栖动物的物种丰富度高于 LGⅠ和 LGⅡ水生态亚区，但是 B-P 优势度相对较低。

A. 水质理化评估

滇池流域 LGⅢ₁水生态亚区整体水质理化各指标浓度及评估值占各水质等级百分比有以下结果（图 7-44）：LGⅢ₁水生态亚区 DO 浓度在 0～13.60mg/L，平均浓度为 3.61mg/L；DO 分级评估结果显示，DO 平均得分为 0.42，其中，优秀和良好的比例分别为 31.94% 和 5.56%，一般、差和极差的比例分别为 8.33%、4.17% 和 50%。COD_{Mn} 浓度在 1.60～67.90mg/L，平均浓度为 10.56mg/L；COD_{Mn} 分级评估结果显示，COD_{Mn} 平均得分为 0.53，其中，优秀和良好的比例分别为 22.22% 和 30.56%，一般、差和极差的比例分别为 15.28%、5.56% 和 26.39%。LGⅢ₁水生态亚区理化指标分级评估的结果显示，理化指标平均得分为 0.39，其中，优秀和良好的比例分别为 19.44% 和 13.89%，一般、差和极差的比例分别为 19.44%、4.17% 和 43.06%。通过水质理化分级评估可知，流域 LGⅢ₁ 水生态亚区健康处于差的状态。

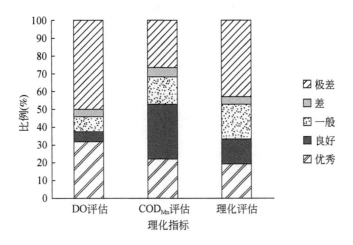

图 7-44　LGⅢ₁ 水生态亚区理化指标健康等级比例

B. 营养盐评估

滇池流域 LGⅢ₁ 水生态亚区整体水质营养盐各指标浓度及评估值占各水质等级百分比有以下结果（图 7-45）：LGⅢ₁ 水生态亚区 TP 浓度在 0.01～9.93mg/L，平均浓度为 0.74mg/L；TP 分级评估结果显示，TP 平均得分为 0.35，其中，优秀和良好的比例分别为 16.67% 和 13.89%，一般、差和极差的比例分别为 15.28%、9.72% 和 44.44%。TN 浓度在 0.27～137mg/L，平均浓度为 11.12mg/L；TN 分级评估结果显示，TN 的平均得分为 0.09，其中，优秀、良好、一般和差的比例分别为 5.56%、2.78%、4.17% 和 1.39%，值得注意的是，极差的比例高达 86.11%。NH_4^+-N 浓度在 0～124.80mg/L，平均浓度为 8.14mg/L；NH_4^+-N 分级评估结果显示，NH_4^+-N 平均得分为 0.33，其中，优秀和良好的比

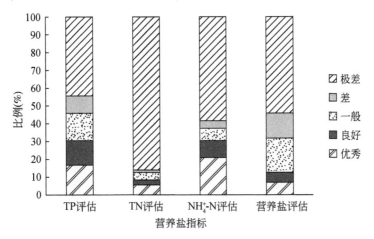

图 7-45　LGⅢ₁ 水生态亚区营养盐指标健康等级比例

例分别为 20.83% 和 9.72%，而一般、差和极差的比例分别为 6.94%、4.17% 和 58.33%。LGⅢ₁水生态亚区营养盐指标分级评估的结果显示，营养盐指标平均得分为 0.26，其中，优秀和良好的比例分别为 6.94% 和 5.56%，一般、差和极差的比例分别为 19.44%、13.89% 和 54.17%，说明水质营养盐性质在 LGⅢ₁水生态亚区处于较差状态。

C. 浮游藻类评估

滇池流域 LGⅢ₁水生态亚区浮游藻类各指标及评估值占各藻类评估等级百分比有以下结果（图 7-46）：LGⅢ₁水生态亚区浮游藻类分类单元数在 0~19，平均值为 8；分类单元数分级评估结果显示，分类单元数平均得分为 0.54，其中，优秀和良好的比例分别为 18.06% 和 29.17%，而一般、差和极差的比例分别为 22.22%、16.67% 和 13.89%。B-P 优势度的范围在 0~1，平均值为 0.49；B-P 优势度分级评估结果显示，B-P 优势度平均得分为 0.51，其中，优秀、良好和一般的比例分别为 6.94%、30.56% 和 34.72%，差和极差的比例分别为 15.28% 和 12.50%。Shannon-Wiener 指数范围在 0~3.31，平均值为 1.93；Shannon-Wiener 指数分级评估结果显示，Shannon-Wiener 指数平均得分为 0.64，其中，优秀和良好的比例分别为 38.89% 和 25%，一般、差和极差的比例分别为 12.50%、12.50% 和 11.11%。LGⅢ₁水生态亚区浮游藻类分级评估的结果显示，浮游藻类评估平均得分为 0.56，其中，优秀、良好和一般的比例分别为 18.06%、31.94% 和 26.39%，差和极差的比例分别为 15.28% 和 8.33%。浮游藻类的分级评估说明，LGⅢ₁水生态亚区健康呈一般状态。

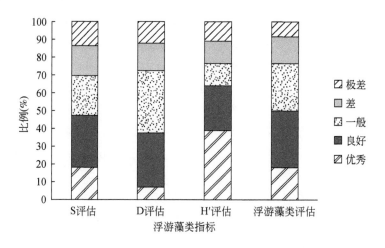

图 7-46　LGⅢ₁水生态亚区浮游藻类指标健康等级比例

D. 底栖动物评估

滇池流域 LGⅢ₁水生态亚区各样点底栖动物分类单元数在 0~6，平均值为 2；分级评估显示，分类单元数平均得分为 0.38，如图 7-47 所示，其中，优秀和良好的比例分别为 12.50% 和 13.89%；一般、差和极差的比例分别为 23.61%、12.50% 和 37.50%。LGⅢ₁水生态亚区各样点 B-P 优势度在 0~1，均值为 0.51；其中，优秀和良好的比例分别为 37.50% 和 0；一般的比例为 8.33%，差和极差的比例分别为 15.27% 和 38.89%。LGⅢ₁水生态亚区 BMWP 得分在 0~25，平均值为 3.78，样点间得分差异较大，平均得分为 0.05。

优秀、良好和一般的比例均为 0；差和极差的比例分别为 2.78% 和 97.22%。底栖动物评估整体情况是：底栖动物评估平均得为分为 0.30，其中，优秀和良好的比例均为 0，一般、差和极差的比例分别为 13.89%、73.61% 和 12.50%。综合来看，LGⅢ₁水生态亚区底栖生物多样性低，清洁指示种少，评估结果整体为差，水生态健康整体状态不容乐观，亟待恢复和治理。

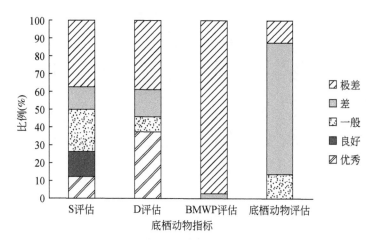

图 7-47　LGⅢ₁水生态亚区底栖动物指标健康等级比例

E. 鱼类评估

滇池流域 LGⅢ₁水生态亚区鱼类各指标及评估值占各鱼类评估等级百分比有以下结果（图 7-48）：LGⅢ₁水生态亚区的鱼类采集样点只有一个，其鱼类分类单元数为 4，分类单元数平均得分为 0.77，健康状态为良好。B-P 优势度为 0.47，B-P 优势度平均得分为 0.64，健康状态为良好。Shannon-Wiener 指数为 0.60，Shannon-Wiener 指数平均得分为 0.20，健康状态为差。LGⅢ₁水生态亚区鱼类分级评估的结果显示，鱼类评估平均得分为 0.54，健康状态为一般。鱼类的分级评估说明，LGⅢ₁水生态亚区水生态健康呈一般状态。

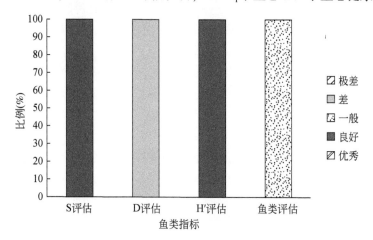

图 7-48　LGⅢ₁水生态亚区鱼类指标健康等级比例

F. 综合评估

通过对 LGⅢ₁ 水生态亚区水质理化指标、营养盐指标、浮游藻类和底栖动物、鱼类的综合评估得出，该功能亚区综合评估评估值平均得分为 0.38，其中，优秀的比例为 0，良好和一般的比例分别为 4.17% 和 41.67%，差和极差的比例分别为 38.89% 和 15.28%，如图 7-49 所示，说明该功能亚区水生态系统健康呈较差的状态。

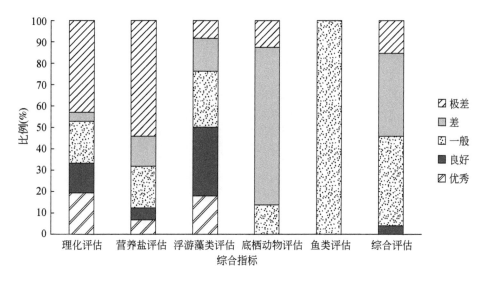

图 7-49　LGⅢ₁ 水生态亚区综合指标健康等级比例

LGⅢ₁ 水生态亚区内主要包括生物多样性维持功能区、生境维持与水质调节功能区和生境维持与生物多样性维持功能区。

生物多样性维持功能区的水生态系统健康综合评估值较低，处于较差水平，浮游藻类评估值一般，理化评估值、营养盐评估值和底栖动物评估值均较低，受城市点源和面源污染影响较大。

生境维持与水质调节功能区的水生态系统健康综合评估值较低，处于较差水平，理化评估值和浮游藻类评估值一般，营养盐评估值和底栖动物评估值均较低，受城市点源和面源污染影响较大。

生境维持与生物多样性维持功能区的水生态系统健康综合评估值较低，处于较差水平，理化评估值一般，营养盐评估值、浮游藻类评估值和底栖动物评估值均较低，同时受城市污染和农业面源污染影响。

（2）LGⅢ₂ 水生态亚区

LGⅢ₂ 水生态亚区地貌类型比较复杂，南部为中高海拔黄土梁峁、北部为中高海拔洪积湖积平原，东南部和西北部有少量中高海拔中起伏山地。该区为环湖农业区，植被类型多为农作物覆盖，有少量疏林、灌木丛和荒草分布。LGⅢ₂ 水生态亚区中河流、水库较多，由于该区主要为农业区，河道多经人工改造。LGⅢ₂ 水生态亚区水体中营养盐含量相对较高，但整体情况优于 LGⅢ₁ 水生态亚区。多数水域的溶解氧含量在 2mg/L 以下，自净能力较差。LGⅢ₂ 水生态亚区的底栖动物和浮游藻类 B-P 优势度、多样性特征与 LGⅢ₁ 水生态亚区相似。

A. 水质理化评估

滇池流域 LGⅢ$_2$ 水生态亚区整体水质理化各指标浓度及评估值占各水质等级百分比有以下结果（图 7-50）：LGⅠ$_2$ 水生态亚区 DO 浓度在 0.31~12.80mg/L，平均浓度为 3.22mg/L；DO 分级评估结果显示，DO 平均得分为 0.36，其中，优秀和良好的比例分别为 27.27% 和 6.82%，一般、差和极差的比例分别为 4.55%、4.55% 和 56.82%。COD$_{Mn}$浓度在 1.90~17.70mg/L，平均浓度为 5.84mg/L；COD$_{Mn}$ 分级评估结果显示，COD$_{Mn}$平均得分为 0.71，其中，优秀和良好的比例分别为 50% 和 27.27%，一般、差和极差的比例分别为 11.36%、2.27% 和 9.09%。LGⅢ$_2$ 水生态亚区理化指标分级评估的结果显示，理化指标平均得分为 0.37，其中，优秀和良好的比例分别为 22.73%、11.36%，一般、差和极差的比例分别为 15.91%、2.27% 和 47.73%。通过水质理化分级评估可知，流域 LGⅢ$_2$水生态亚区健康呈较差的状态。

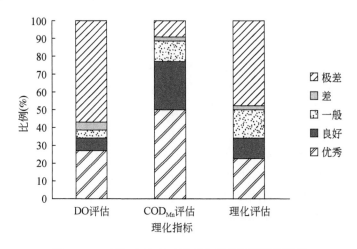

图 7-50　LGⅢ$_2$ 水生态亚区理化指标健康等级比例

B. 营养盐评估

滇池流域 LGⅢ$_2$ 水生态亚区整体水质营养盐各指标浓度及评估值占各水质等级百分比有以下结果（图 7-51）：LGⅢ$_2$ 水生态亚区 TP 浓度在 0.03~0.87mg/L，平均浓度为 0.24mg/L；TP 分级评估结果显示，TP 平均得分为 0.49，优秀、良好和一般的比例分别为 25%、18.18% 和 20.45%。TN 浓度在 0.18~29.90mg/L，平均浓度 5.45mg/L；TN 分级评估结果显示，TN 的平均得分为 0.10，其中，优秀、良好、一般和差的比例分别为 4.55%、2.27%、6.82% 和 2.27%，值得注意的是，极差的比例高达 84.09%。NH$_4^+$-N 浓度在 0~6.73mg/L，平均浓度为 0.60mg/L；NH$_4^+$-N 分级评估结果显示，NH$_4^+$-N 平均得分为 0.81，其中，优秀的比例高达 79.55%，良好、一般和极差的比例分别为 4.55%、4.55% 和 11.36%。LGⅢ$_2$ 水生态亚区营养盐指标分级评估的结果显示，营养盐指标平均得分为 0.48，其中，优秀、良好和一般的比例分别为 6.82%、22.73% 和 34.09%，差和极差的比例分别为 27.27% 和 9.09%，说明水质营养盐性质在 LGⅢ$_2$ 水生态亚区呈现一般状态。

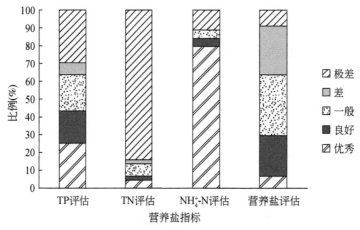

图 7-51　LGⅢ₂水生态亚区营养盐指标健康等级比例

C. 浮游藻类评估

　　滇池流域 LGⅢ₂水生态亚区浮游藻类各指标及评估值占各藻类评估等级百分比有以下结果（图 7-52）：LGⅢ₂水生态亚区浮游藻类分类单元数在 0～21，平均值为 7；分类单元数分级评估结果显示，分类单元数平均得分为 0.47，其中，优秀、良好、一般的比例分别为 18.18%、11.36% 和 22.73%，差和极差的比例分别为 34.09% 和 13.64%。B-P 优势度的范围在 0～0.86，平均值为 0.50；B-P 优势度分级评估结果显示，B-P 优势度平均得分为 0.48，其中，优秀、良好及一般的比例分别为 2.27%、15.91% 和 50%，差和极差的比例分别为 18.18% 和 13.64%。Shannon-Wiener 指数范围在 0～3.37，平均值为 1.79；Shannon-Wiener 指数分级评估结果显示，Shannon-Wiener 指数平均得分为 0.59，其中，优秀、良好和一般的比例分别为 13.64%、34.09% 和 31.82%，差和极差的比例分别为 13.64% 和 6.82%。LGⅢ₂水生态亚区浮游藻类分级评估的结果显示，浮游藻类评估平均得分为 0.52，其中，优秀、良好和一般的比例分别为 9.09%、25% 和 36.36%，差和极差的比例分别为 27.27% 和 2.27%。浮游藻类的分级评估说明，LGⅢ₂水生态亚区健康呈一般状态。

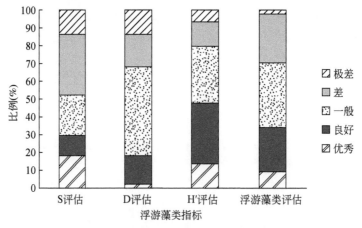

图 7-52　LGⅢ₂水生态亚区浮游藻类指标健康等级比例

D. 底栖动物评估

滇池流域 LGⅢ₂ 水生态亚区各样点分类单元数在 0 ~ 4，平均值为 2；分级评估显示，分类单元数平均得分为 0.39，如图 7-53 所示，其中，优秀、良好和一般的比例分别为 6.82%、18.18% 和 25%，差和极差的比例分别为 22.73% 和 27.27%。LGⅢ₂ 水生态亚区各样点 B-P 优势度在 0 ~ 1，均值为 0.57；其中，优秀、良好和一般的比例分别为 25%、6.82% 和 11.36%，差和极差的比例分别为 9.09% 和 47.73%。LGⅢ₂ 水生态亚区 BMWP 得分在 0 ~ 13，平均值为 4.16，样点间得分差异较大，平均得分为 0.05。优秀、良好、一般和差的比例均为 0，极差的比例为 100%。底栖动物评估整体情况是：底栖动物评估平均得分为 0.29，其中，优秀和良好的比例均为 0，一般、差和极差的比例分别为 18.18%、54.55% 和 27.27%。综合来看，LGⅢ₂ 水生态亚区底栖生物多样性低，清洁指示种少，评估结果整体为差，水生态健康整体状态不容乐观，亟待恢复和治理。

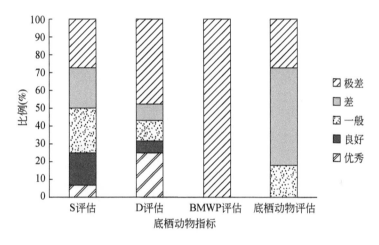

图 7-53　LGⅢ₂ 水生态亚区底栖动物指标健康等级比例

E. 鱼类评估

滇池流域 LGⅢ₂ 水生态亚区鱼类各指标及评估值占各鱼类评估等级百分比有以下结果（图 7-54）：LGⅢ₂ 水生态亚区鱼类分类单元数在 4 ~ 6，平均值为 5；分类单元数分级评估结果显示，分类单元数平均得分为 0.69，其中，良好的比例为 100%。B-P 优势度的范围在 0.52 ~ 0.64，平均值为 0.58；B-P 优势度分级评估结果显示，B-P 优势度平均得分为 0.51，其中，一般的比例为 100%。Shannon-Wiener 指数范围在 1.42 ~ 2.10，平均值为 1.76；Shannon-Wiener 指数分级评估结果显示，Shannon-Wiener 指数平均得分为 0.59，其中，良好和一般的比例均为 50%，不存在健康状态为优秀、差和极差的样点。LGⅢ₂ 水生态亚区鱼类分级评估的结果显示，鱼类评估平均得分为 0.59，其中，良好和一般的比例各占 50%。鱼类的分级评估说明，LGⅢ₂ 水生态亚区水生态健康呈一般状态。

F. 综合评估

通过对 LGⅢ₂ 水生态亚区水质理化指标、营养盐指标、浮游藻类和底栖动物、鱼类的综合评估得出，该功能亚区综合评估评估值平均得分为 0.42，其中，优秀的比例为 0，良

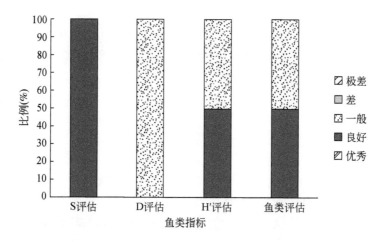

图 7-54　LGⅢ$_2$水生态亚区鱼类指标健康等级比例

好和一般的比例分别为 15.91% 和 36.36% ，差和极差的比例分别为 43.18% 和 4.55% ，如图 7-55 所示，说明该功能亚区水生态系统健康呈一般状态。

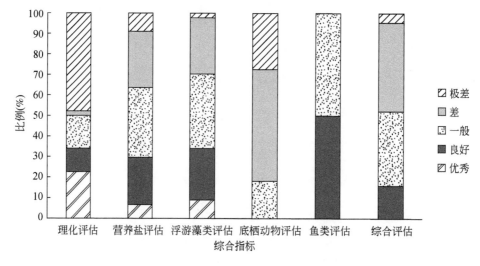

图 7-55　LGⅢ$_2$水生态亚区综合指标健康等级比例

LGⅢ$_2$水生态亚区内主要包括生境维持与水质调节功能区、水质调节与生物多样性维持功能区和生境维持与水源涵养功能区。

生境维持与水质调节功能区的水生态系统健康综合评估值较低，处于较差水平，理化评估值和浮游藻类评估值一般，营养盐评估值和底栖动物评估值较低，受农业面源污染影响严重。

水质调节与生物多样性维持功能区的水生态系统健康综合评估值较低，处于较差水平，浮游藻类评估值一般，理化评估值、营养盐评估值和底栖动物评估值均较低，受农业面源污染影响十分严重。

生境维持与水源涵养功能区的水生态系统健康综合评估值较低，处于较差水平，理化评估值和浮游藻类评估值一般，营养盐评估值和底栖动物评估值较低，受农业面源污染影响较大。

（3）LGⅢ₃水生态亚区

LGⅢ₃水生态亚区地貌类型以中高海拔中起伏山地为主，有少量中高海拔洪积湖积平原和中高海拔黄土梁峁分布。LGⅢ₃水生态亚区中东部地势较高，多为山地，仅在西部分布少量河流的上游河段，有一定的人工化程度，河道类型都为两面光。该区林地为主要植被类型，少数地区分布疏林、荒草和灌木。该亚区的水质情况稍好于LGⅢ₁水生态亚区和LGⅢ₂水生态亚区。营养盐含量仍然偏高，主要问题为总氮含量超标，其含量稍高于LGⅢ₂水生态亚区，低于LGⅢ₁水生态亚区。另外，水体中的溶解氧含量均高于LGⅢ₁水生态亚区和LGⅢ₂水生态亚区。另外，底栖动物和浮游藻类的物种丰富度和多样性与LGⅢ₂水生态亚区相似。

A. 水质理化评估

滇池流域LGⅢ₃水生态亚区整体水质理化各指标浓度及评估值占各水质等级百分比有以下结果（图 7-56）：LGⅢ₃水生态亚区 DO 浓度在 0.31~9.60mg/L，平均浓度为4.16mg/L；DO 分级评估结果显示，DO 平均得分为 0.62，其中，优秀和良好的比例分别为 57.14% 和 7.15%，差和极差的比例分别为 7.14% 和 28.57%。COD_{Mn}浓度在 1.80~16.00mg/L，平均浓度为 4.31mg/L；COD_{Mn}分级评估结果显示，COD_{Mn}平均得分为 0.83，其中，优秀和良好的比例分别为 71.43% 和 21.43%，极差的比例为 7.14%，不存在健康状态为一般和差的样点。LGⅢ₃水生态亚区理化指标分级评估的结果显示，理化指标平均得分为 0.63，其中，优秀和良好的比例分别为 57.14% 和 7.14%，一般和极差的比例分别为 7.14% 和 28.57%，不存在健康状态为差的样点。通过水质理化分级评估可知，流域LGⅢ₃水生态亚区健康呈良好状态。

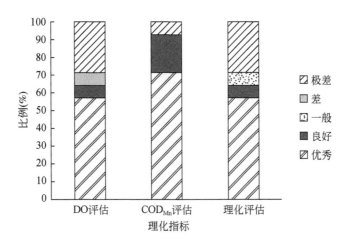

图 7-56　LGⅢ₃水生态亚区理化指标健康等级比例

B. 营养盐评估

滇池流域LGⅢ₃水生态亚区整体水质营养盐各指标浓度及评估值占各水质等级百分比

有以下结果（图7-57）：LGⅢ₃水生态亚区 TP 浓度在 0.03 ~ 0.31mg/L，平均浓度为 0.11mg/L；TP 分级评估结果显示，TP 平均得分为 0.76，优秀和良好的比例分别为 64.29% 和 14.29%，一般和差的比例分别为 7.14% 和 14.29%。TN 浓度在 0.47 ~ 22.30mg/L，平均浓度 6.71mg/L；TN 分级评估结果显示，TN 的平均得分为 0.14，其中，优秀、良好和一般的比例均为 7.14%，极差的比例高达 78.58%。NH_4^+-N 浓度在 0 ~ 1.69mg/L，平均浓度为 0.40mg/L；NH_4^+-N 分级评估结果显示，NH_4^+-N 平均得分为 0.85，其中，优秀的比例高达 71.43%，良好、一般和极差的比例分别为 14.29%、7.14% 和 7.14%。LGⅢ₃水生态亚区营养盐指标分级评估的结果显示，营养盐指标平均得分为 0.59，其中，优秀和良好的比例分别为 14.28% 和 42.86%，一般和差的比例均为 21.43%，不存在健康状态为极差的样点，说明水质营养盐性质在 LGⅢ₃水生态亚区呈一般状态。

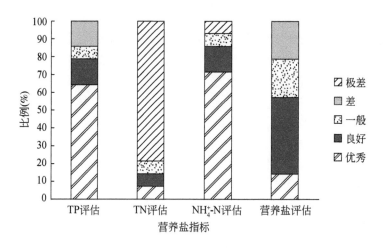

图 7-57 LGⅢ₃水生态亚区营养盐指标健康等级比例

C. 藻类评估

滇池流域 LGⅢ₃水生态亚区浮游藻类各指标及评估值占各藻类评估等级百分比有以下结果（图7-58）：LGⅢ₃水生态亚区浮游藻类分类单元数在 0 ~ 12，平均值为 6；分类单元数分级评估结果显示，分类单元数平均得分为 0.42，其中，优秀和良好的比例均为 14.29%，一般、差和极差的比例分别为 7.14%、57.14% 和 7.14%。B-P 优势度的范围在 0 ~ 0.58，平均值为 0.38；B-P 优势度分级评估结果显示，B-P 优势度平均得分为 0.62，其中，优秀、良好及一般的比例分别为 7.14%、50% 和 42.86%，不存在健康状态为差和极差的样点。Shannon-Wiener 指数范围在 0 ~ 3.20，平均值为 1.98；Shannon-Wiener 指数分级评估结果显示，Shannon-Wiener 指数平均得分为 0.65，其中，优秀、良好和一般的比例分别为 28.57%、35.71% 和 28.57%，极差的比例仅占 7.14%。LGⅢ₃水生态亚区浮游藻类分级评估的结果显示，浮游藻类评估平均得分为 0.57，其中，优秀、良好的比例均为 14.29%，一般和极差的比例分别为 64.28% 和 7.14%。浮游藻类的分级评估说明，LGⅢ₃水生态亚区健康处于一般的状态。

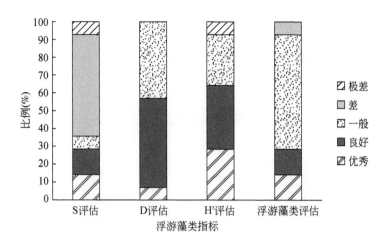

图 7-58　LGⅢ₃水生态亚区浮游藻类指标健康等级比例

D. 底栖动物评估

滇池流域 LGⅢ₃水生态亚区各样点底栖动物分类单元数在 0~4，平均值为 1；分级评估显示，如图 7-59 所示，分类单元数平均得分为 0.32，其中，优秀、良好和一般的比例分别为 7.14%、14.29% 和 7.14%，差和极差的比例分别为 42.86% 和 28.57%，超过样点总数的 70%。LGⅢ₃水生态亚区各样点 B-P 优势度在 0~1，均值为 0.62；其中，优秀、良好和一般的比例分别为 28.57%、7.14% 和 7.14%，极差的比例为 57.14%，不存在健康状态为差的样点。LGⅢ₃水生态亚区 BMWP 得分在 0~10，平均值为 4.09，样点间得分差异较大，平均得分为 0.05。优秀、良好、一般和差的比例均为 0，极差的比例为 100%。底栖动物评估整体情况是：底栖动物评估平均得分为 0.25，其中，优秀、良好的比例均为 0，一般、差和极差的比例为 14.28%、42.86% 和 42.86%。综合来看，LGⅢ₃水生态亚区底栖生物多样性低，清洁指示种少，评估结果整体为差，水生态健康整体状态不容乐观，亟待恢复和治理。

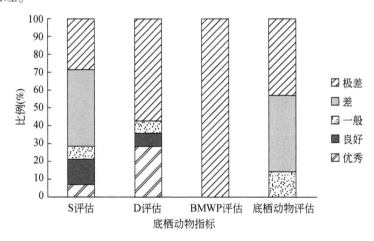

图 7-59　LGⅢ₃水生态亚区底栖动物指标健康等级比例

E. 鱼类评估

滇池流域 LGⅢ₃水生态亚区鱼类各指标及评估值占各鱼类评估等级百分比有以下结果（图 7-60）：LGⅢ₃水生态亚区的鱼类采集样点只有一个，其鱼类分类单元数为 14，分类单元数平均得分为 0，健康状态为极差。B-P 优势度为 0.17，B-P 优势度平均得分为 1，健康状态为优秀。Shannon-Wiener 指数为 3.55，Shannon-Wiener 指数平均得分为 1，健康状态为优秀。LGⅢ₃水生态亚区鱼类分级评估的结果显示，鱼类评估平均得分为 0.73，健康状态为良好。鱼类的分级评估说明，LGⅢ₃水生态亚区水生态健康呈良好状态。

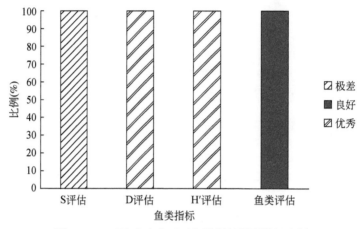

图 7-60　LGⅢ₃水生态亚区鱼类指标健康等级比例

F. 综合评估

通过对 LGⅢ₃水生态亚区水质理化指标、营养盐指标、浮游藻类和底栖动物、鱼类的综合评估得出，该功能亚区综合评估评估值平均得分为 0.51，优秀、极差的比例均为 0，良好、一般和差的比例分别为 28.57%、50% 和 21.43%，如图 7-61 所示，说明该功能亚区水生态系统健康呈一般状态。

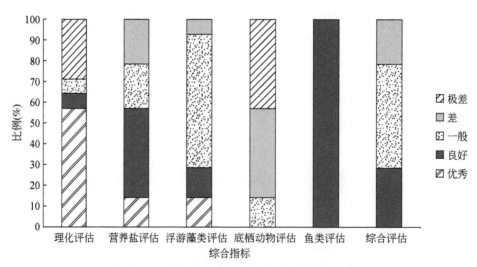

图 7-61　LGⅢ₃水生态亚区综合指标健康等级比例

LGⅢ₃水生态亚区内主要包括生境维持与水源涵养功能区和生境维持与水质调节功能区。

生境维持与水源涵养功能区的水生态系统健康综合评估值较高，处于一般水平，理化评估值和浮游藻类评估值一般，营养盐评估值和底栖动物评估值较低，受农业面源污染影响严重。

生境维持与水质调节功能区的水生态系统健康综合评估值较高，处于一般水平，理化评估值较高，浮游藻类评估值一般，营养盐评估值和底栖动物评估值较低，受农业面源污染影响较大。

7.2.4 LGⅣ水生态功能区

LGⅣ水生态功能区位于滇池流域中部，中心位置地理坐标为 24°51′57″N，102°42′9.0″E，为滇池湖体所在区域，被 LGⅢ水生态功能区、LGV 水生态功能区包围。滇池属长江流域金沙江水系，位于昆明市西南，属于断陷构造湖泊，是云贵高原湖面积最大的淡水湖泊。滇池南北长约为 40.4km，东西平均宽约为 7km，湖岸线长为 163.2km，在 1887.4m 高水位运行下，平均水深为 5.3m，总蓄水量为 15.6m³。滇池入湖河流共 29 条。汇入草海的入湖河流有 7 条，汇入外海的入湖河流有 22 条。滇池的营养盐含量相对较高，主要是总氮含量超标。另外，湖体中 COD_{Mn} 浓度为所有生态亚区中最高。水体的溶解氧含量相对较高，自净能力较强。浮游藻类和底栖动物的多样性较低。

7.2.4.1 LGⅣ水生态区健康评估结果

（1）水质理化评估

滇池流域 LGⅣ水生态区整体水质理化各指标浓度及评估值占各水质等级百分比有以下结果（图 7-62）：LGⅣ水生态区 DO 浓度在 5.56 ~ 8.65mg/L，平均浓度为 7.21mg/L；DO 分级评估结果显示，DO 平均得分为 1，其中，优秀的比例为 100%，不存在健康状态

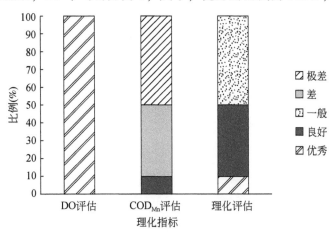

图 7-62 LGⅣ水生态区理化指标健康等级比例

为良、一般、差和极差的样点。COD$_{Mn}$浓度在 6.20 ~ 14.40mg/L，平均浓度为 11.94mg/L；COD$_{Mn}$分级评估结果显示，COD$_{Mn}$平均得分为 0.24，其中，优秀和一般的比例均为 0，良好、差和极差的比例分别占 10%、40% 和 50%。LGⅣ水生态区理化指标分级评估的结果显示，理化指标平均得分为 0.62，其中，优秀、良好和一般的比例分别为 10%、40% 和 50%，不存在健康状态为差或极差的样点。通过水质理化分级评估可知，流域 LGⅣ水生态区健康处于良好状态。

（2）营养盐评估

滇池流域 LGⅣ水生态区整体水质营养盐各指标浓度及评估值占各水质等级百分比有以下结果（图 7-63）：LGⅣ水生态区 TP 浓度在 0.13 ~ 0.43mg/L，平均浓度为 0.18mg/L；TP 分级评估结果显示，TP 平均得分为 0.25，其中，不存在健康状态为优秀、良好和一般的样点，差和极差的比例分别为 80% 和 20%。TN 浓度在 1.47 ~ 9.52mg/L，平均浓度 2.74mg/L；TN 分级评估结果显示，TN 的平均得分为 0.17，其中，不存在健康状态为优秀、良好和一般的样点，差和极差的比例分别为 70% 和 30%。NH$_4^+$-N 浓度在 0.20 ~ 6.76mg/L，平均浓度为 1.05mg/L；NH$_4^+$-N 分级评估结果显示，NH$_4^+$-N 平均得分为 0.77，其中，优秀的比例高达 80%，而极差的比例为 20%，不存在健康状态为良好、一般和差的样点。LGⅣ水生态区营养盐指标分级评估的结果显示，营养盐指标平均得分为 0.40，其中，优秀、良好和差的比例均为 0，一般和极差的比例分别为 80% 和 20%，说明水质营养盐性质在 LGⅣ水生态区处于一般的健康状态。

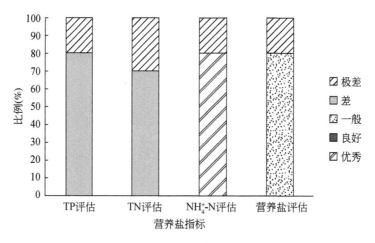

图 7-63　LGⅣ水生态区营养盐指标健康等级比例

（3）浮游藻类评估

滇池流域 LGⅣ水生态区浮游藻类各指标及评估值占各藻类评估等级百分比有以下结果（图 7-64）：LGⅣ水生态区浮游藻类分类单元数在 5 ~ 11，平均值为 8；分类单元数分级评估结果显示，分类单元数平均得分为 0.14，其中，优秀、良好和一般的比例均为 0，而差和极差的比例分别为 20% 和 80%。B-P 优势度的范围在 0.43 ~ 0.87，平均值为 0.64；B-P 优势度分级评估结果显示，B-P 优势度平均得分为 0.30，其中，良好和一般的比例分别为 10% 和 30%，差和极差的比例分别为 20% 和 40%，不存在健康状态为优秀的样点。

Shannon-Wiener 指数范围在 0.84~3.01, 平均值为 1.79; Shannon-Wiener 指数分级评估结果显示, Shannon-Wiener 指数平均得分为 0.60, 其中, 优秀和良好的比例均为 20%, 而一般、差和极差的比例分别为 50%、10% 和 0。LG Ⅳ 水生态区浮游藻类分级评估的结果显示, 浮游藻类评估平均得分为 0.40, 其中, 优秀、良好的比例分别为 10%、30%, 差和极差的比例分别为 20% 和 40%。浮游藻类的分级评估说明, LG Ⅳ 水生态区健康呈一般状态。

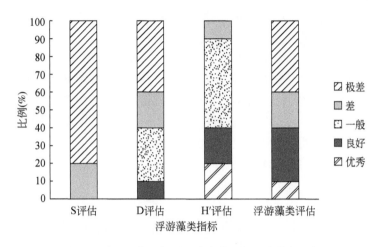

图 7-64　LG Ⅳ 水生态区浮游藻类指标健康等级比例

（4）底栖动物评估

滇池流域 LG Ⅳ 水生态区各样点底栖动物分类单元数在 0~1, 平均值为 0.8; 通过分级评估显示, 平均得分为 0.20, 如图 7-65 所示, 优秀、良好和一般的比例均为 0, 差和极差的比例分别为 80% 和 20%。LG Ⅳ 水生态区各样点 B-P 优势度在 0~1 范围内, 均值为 0.8; 其中, 优秀的比例为 20%, 不存在健康状态为良好、一般和差的样点, 极差的比例为 80%。LG Ⅳ 水生态区 BMWP 得分在 0~4.1, 平均值为 3.28, 样点间得分差异较大, 平

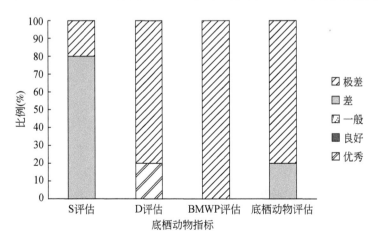

图 7-65　LG Ⅳ 水生态区底栖动物指标健康等级比例

均得分为 0.04。优秀、良好、一般和差的比例均为 0；极差的比例为 100%。底栖动物评估整体情况是：底栖动物评估平均得分为 0.15，其中，优秀、良好和一般的比例均为 0，差和极差的比例分别为 20% 和 80%。综合来看，LGⅣ水生态区底栖生物多样性低，清洁指示种少，评估结果整体为极差，水生态健康整体状态不容乐观，亟待恢复和治理。

（5）鱼类评估

滇池流域 LGⅣ水生态区鱼类各指标及评估值占各鱼类评估等级百分比有以下结果（图 7-66）：LGⅣ水生态区鱼类分类单元数在 6 ~ 8，平均值为 7；分类单元数分级评估结果显示，分类单元数平均得分为 0.46，其中，一般和差的比例均为 50%，优秀、一般和差的比例均为 0。B-P 优势度的范围在 0.31 ~ 0.36，平均值为 0.34；B-P 优势度分级评估结果显示，B-P 优势度平均得分为 0.80，其中，优秀和良好均为 50%。Shannon-Wiener 指数范围在 2.19 ~ 2.28，平均值为 2.23；Shannon-Wiener 指数分级评估结果显示，Shannon-Wiener 指数平均得分为 0.74，其中，良好的比例为 100%。LGⅣ水生态区鱼类分级评估的结果显示，鱼类评估平均得分为 0.69，其中，良好和一般的比例均为 50%，不存在健康状态为优秀、差和极差的样点。鱼类的分级评估说明，LGⅣ水生态区水生态健康呈良好状态。

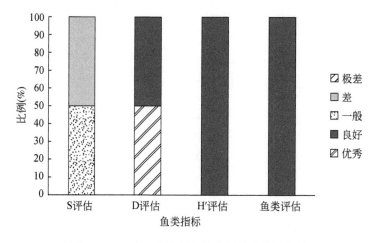

图 7-66　LGⅣ水生态区鱼类指标健康等级比例

（6）综合评估

通过对 LGⅣ水生态功能区水质理化指标、营养盐指标、浮游藻类和底栖动物、鱼类的综合评估得出，该功能区综合评估平均得分为 0.41，优秀、良好和极差的比例均为 0，一般和差的比例分别为 70% 和 30%，如图 7-67 所示。说明该功能区水生态系统健康呈一般状态。

7.2.4.2　水生态亚区健康评估结果

（1）LGⅣ₁水生态亚区

LGⅣ₁水生态亚区位于滇池人工闸的北部，面积为 10.8km²，约占全湖面积的 3.6%。其区域范围恰好是滇池草海。草海毗邻昆明市区南部，城市化水平较高，人为改造程度较

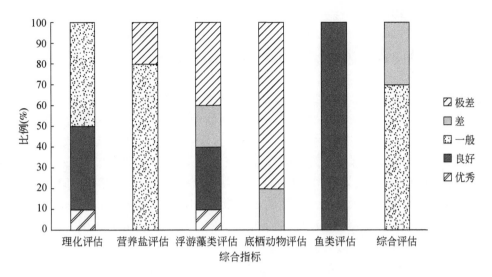

图 7-67　LGⅣ水生态区综合指标健康等级比例

大，草海湖滨带多以城市建设用地为主，只分布少量农地和疏林地。草海水生态亚区接纳了昆明城区的生活生产的回归水和地表径流水的断头河流，因此，其水质污染类型主要是生活面源污染。营养盐含量极高，总磷、总氮和氨氮严重超标。另外，溶解氧含量相对较高，自净能力有所提高。草海水生态亚区浮游藻类和底栖动物的单元物种数极低，多样性低，整个水生生物群落受到了很大的破坏。

A. 水质理化评估

滇池流域 LGⅣ$_1$水生态亚区整体水质理化各指标浓度及评估值占各水质等级百分比有以下结果（图 7-68）：LGⅣ$_1$水生态亚区 DO 浓度在 5.56～7.45mg/L，平均浓度为 6.51mg/L；DO 分级评估结果显示，DO 平均得分为 1，其中，优秀的比例为 100%，全部样点的健康状态为优秀。COD$_{Mn}$浓度在 6.20～14.40mg/L，平均浓度为 10.30mg/L；COD$_{Mn}$分级评估结果显示，COD$_{Mn}$平均得分为 0.36，其中，良好和极差的比例分别为 50%

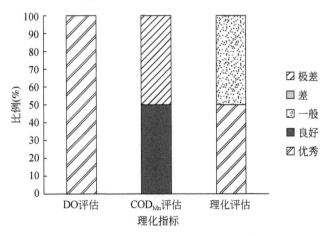

图 7-68　LGⅣ$_1$水生态亚区理化指标健康等级比例

和50%，不存在健康状态为优秀、一般和差的样点。LGⅣ₁水生态亚区理化指标分级评估的结果显示，理化指标平均得分为0.68，其中，优秀及一般的比例均为50%。通过水质理化分级评估可知，流域LGⅣ₁水生态亚区健康呈良好状态。

B. 营养盐评估

滇池流域LGⅣ₁水生态亚区整体水质营养盐各指标浓度及评估值占各水质等级百分比有以下结果（图7-69）：LGⅣ₁水生态亚区TP浓度在0.20~0.43mg/L，平均浓度为0.31mg/L；TP分级评估结果显示，TP平均得分为0，其中，不存在健康状态为优秀、良好、一般和差的样点，全部样点健康状态为极差。TN浓度在4.75~9.52mg/L，平均浓度7.14mg/L；TN分级评估结果显示，TN的平均得分为0，其中，不存在健康状态为优秀、良好、一般和差的样点，全部样点健康状态为极差。NH_4^+-N浓度在1.77~6.76mg/L，平均浓度为4.26mg/L；NH_4^+-N分级评估结果显示，NH_4^+-N平均得分为0.06，其中，不存在健康状态为优秀、良好、一般和差的样点，全部样点健康状态为极差。LGⅣ₁水生态亚区营养盐指标分级评估的结果显示，营养盐指标平均得分为0.02，其中，优秀、良好、一般和差的比例均为0，极差的比例为100%，说明水质营养盐性质LGⅣ₁水生态亚区处于极差状态。

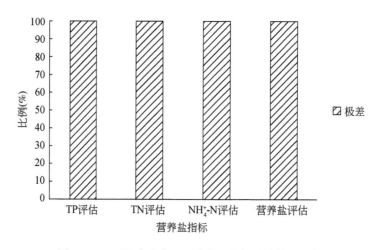

图7-69　LGⅣ₁水生态亚区营养盐指标健康等级比例

C. 浮游藻类评估

滇池流域LGⅣ₁水生态亚区浮游藻类各指标及评估值占各藻类评估等级百分比有以下结果（图7-70）：LGⅣ₁水生态亚区浮游藻类分类单元数在5~7，平均值为6；分类单元数分级评估结果显示，分类单元数平均得分为0.04，其中，不存在健康状态为优秀、良好、一般和差的样点，全部样点健康状态为极差。B-P优势度的范围在0.67~0.73，平均值为0.70；B-P优势度分级评估结果显示，B-P优势度平均得分为0.18，其中，优秀、良好和一般的比例均为0，差及极差的比例均为50%。Shannon-Wiener指数范围在1.37~1.72，平均值为1.55；Shannon-Wiener指数分级评估结果显示，Shannon-Wiener指数平均得分为0.52，其中，优秀、良好和极差的比例均为0，一般、差的比例均为50%。LGⅣ₁水生态亚区浮游藻类分级评估的结果显示，浮游藻类评估平均得分为0.24，其中，优秀、良好和一般的比例均为 0，差及极差的比例均为 50%。浮游藻类的分级评估说明，LGⅣ₁水生态亚区健康呈较差状态。

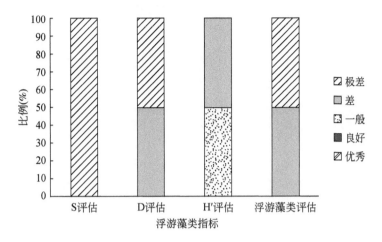

图 7-70　LGⅣ₁水生态亚区浮游藻类指标健康等级比例

D. 底栖动物评估

滇池流域 LGⅣ₁水生态亚区各样点底栖动物分类单元数在 0~1，平均值为 0.5；分级评估显示，如图 7-71 所示，分类单元数平均得分为 0.13，其中，优秀、良好和一般的比例均为 0；差和极差的比例均为 50%。LGⅣ₁水生态亚区各样点 B-P 优势度在 0~1，均值为 0.50；其中，优秀和极差的比例均为 50%，不存在健康状态为良好、一般和差的样点。LGⅣ₁水生态亚区 BMWP 得分在 0~4.10，平均值为 2.05，样点间得分差异较大，平均得分为 0.03。其中，不存在健康状态为优秀、良好、一般和差的样点，全部样点健康状态为极差。底栖动物评估整体情况是：底栖动物评估平均得分为 0.22，其中，优秀、良好和一般的比例均为 0，差和极差的比例均为 50%。综合来看，LGⅣ₁水生态亚区底栖生物多样性低，清洁指示种少，评估结果整体为差，水生态健康整体状态不容乐观，亟待恢复和治理。

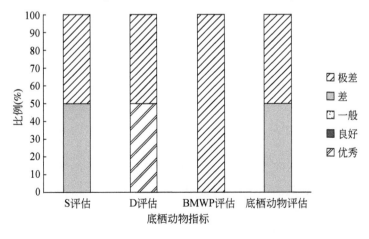

图 7-71　LGⅣ₁水生态亚区底栖动物指标健康等级比例

E. 综合评估

通过对 LGIV₁水生态亚区水质理化指标、营养盐指标、浮游藻类和底栖动物的综合评估得出，该功能亚区综合评估评估值平均得分为 0.45，其中，一般的样点占 100%，如图 7-72 所示，说明该功能亚区水生态系统健康呈一般状态。

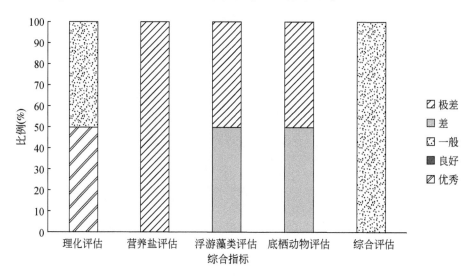

图 7-72　LGIV₁水生态亚区综合指标健康等级比例

LGIV₁水生态亚区内主要为生境维持与水质调节功能区。其水生态系统健康综合评估值较低，处于一般水平，理化评估值较高，营养盐评估值、浮游藻类评估值和底栖动物评估值极低，水体受城市点源和面源污染影响严重。

（2）LGIV₂水生态亚区

LGIV₂水生态亚区处于外海，位于滇池南部，面积为 286.8km²，约占全湖面积的 96.4%。周围主要为环湖农业区，湖滨带主要土地利用类型为农田，仅有少量城乡建设用地；植被类型多以农作物覆盖为主，兼有少量荒草。汇入 LGIV₂亚区（滇池外海）的入湖河流的污染类型为农业面源污染，主要表现为 COD_{Mn} 含量偏高。营养盐含量偏高，主要表现为总氮和总磷含量超标，营养盐情况稍优于 LGIV₁水生态亚区。COD_{Mn} 浓度为全流域最高，污染比 LGIV₁水生态亚区稍微严重。藻类和底栖动物的多样性较低，但与 LGIV₁水生态亚区相比，多样性有所提高。

A. 水质理化评估

滇池流域 LGIV₂水生态亚区整体水质理化各指标浓度及评估值占各水质等级百分比有以下结果（图 7-73）：LGIV₂水生态亚区 DO 浓度在 6.26～8.65mg/L，平均浓度为 7.38mg/L；DO 分级评估结果显示，DO 平均得分为 1，其中，优秀的比例为 100%。COD_{Mn} 浓度在 12.00～12.50mg/L，平均浓度为 12.35mg/L；COD_{Mn} 分级评估结果显示，COD_{Mn} 平均得分为 0.20，其中，不存在优秀、良好和一般的样点，差和极差的比例均为 50%。LGIV₂水生态亚区理化指标分级评估的结果显示，理化指标平均得分为 0.60，其中，良好和一般的比例均为 50%，不存在健康状态为优秀、差和极差的样点。通过水质理化分级评估可知，流域 LGIV₂ 水生态亚区健康呈良好状态。

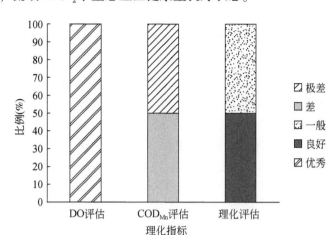

图 7-73　LGIV₂ 水生态亚区理化指标健康等级比例

B. 营养盐评估

滇池流域 LGIV₂ 水生态亚区整体水质营养盐各指标浓度及评估值占各水质等级百分比有以下结果（图 7-74）：LGIV₂ 水生态亚区 TP 浓度在 0.13 ~ 0.15mg/L，平均浓度为 0.14mg/L；TP 分级评估结果显示，TP 平均得分为 0.31，其中，健康状态为优秀、良好、一般和极差的样点均不存在，差的比例为 100%。TN 浓度在 1.47 ~ 2.22mg/L，平均浓度 1.64mg/L；TN 分级评估结果显示，TN 的平均得分为 0.22，其中，差和极差的比例分别为 87.5% 和 12.5%，不存在健康状态为优秀、良好和一般的样点。NH_4^+-N 浓度在 0.20 ~ 0.27mg/L，平均浓度为 0.24mg/L；NH_4^+-N 分级评估结果显示，NH_4^+-N 平均得分为 0.95，其中，优秀的比例为 100%。LGIV₂ 水生态亚区营养盐指标分级评估的结果显示，营养盐指标平均得分为 0.49，其中，一般的比例为 100%，说明水质营养盐性质 LGIV₂ 水生态亚区呈一般状态。

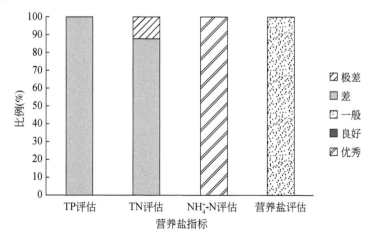

图 7-74　LGIV₂ 水生态亚区营养盐指标健康等级比例

C. 浮游藻类评估

滇池流域 LGⅣ₂水生态亚区浮游藻类各指标及评估值占各藻类评估等级百分比有以下结果（图 7-75）：LGⅣ₂水生态亚区浮游藻类分类单元数在 5～11，平均值为 8；分类单元数分级评估结果显示，分类单元数平均得分为 0.16，其中，优秀、良好、一般的比例均为 0，差和极差的比例分别为 25% 和 75%。B-P 优势度的范围在 0.43～0.87，平均值为 0.62；B-P 优势度分级评估结果显示，B-P 优势度平均得分为 0.33，其中，不存在健康状态为优秀的样点，良好和一般的比例分别为 12.5% 和 37.5%，差和极差的比例分别为 12.5% 和 37.5%。Shannon-Wiener 指数范围在 0.84～3.01，平均值为 1.85；Shannon-Wiener 指数分级评估结果显示，Shannon-Wiener 指数平均得分为 0.62，其中，优秀和良好均为 25%，差和极差的比例分别为 37.5% 和 12.5%。LGⅣ₂水生态亚区浮游藻类分级评估的结果显示，浮游藻类评估平均得分为 0.28，其中，良好、差和极差的比例分别为 25%、25% 和 50%。浮游藻类的分级评估说明，LGⅣ₂水生态亚区健康呈较差的状态。

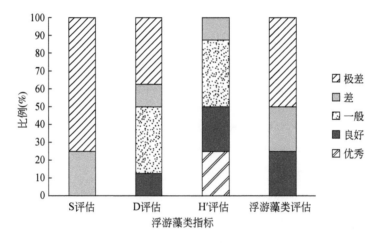

图 7-75　LGⅣ₂水生态亚区浮游藻类指标健康等级比例

D. 底栖动物评估

滇池流域 LGⅣ₂水生态亚区各样点底栖动物分类单元数在 0～1，平均值为 0.88；分级评估显示，分类单元数平均得分为 0.22，如图 7-69 所示，其中，优秀、良好和一般的比例均为 0，差和极差的比例分别为 87.5% 和 12.5%。LGⅣ₂水生态亚区各样点 B-P 优势度在 0～1 范围内，均值为 0.88；其中，优秀和极差的比例分别为 12.5% 和 87.5%，不存在健康状态为良好、一般和差的样点。LGⅣ₂水生态亚区 BMWP 得分在 0～4.10，平均值为 3.59，样点间得分差异较大，平均得分为 0.04。优秀、良好、一般和差的比例均为 0，极差的比例为 100%。底栖动物评估整体情况是：底栖动物评估平均得分为 0.13，其中，优秀、良好和一般的比例均为 0，差和极差的比例分别为 12.5% 和 87.5%。综合来看，LGⅣ₂水生态亚区底栖生物多样性低，清洁指示种少，评估结果整体为极差，水生态健康整体状态不容乐观，亟待恢复和治理。

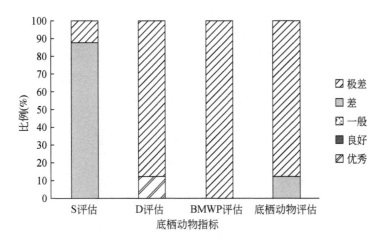

图 7-76　LGⅣ₂水生态亚区底栖动物指标健康等级比例

E. 鱼类评估

滇池流域 LGⅣ₂水生态亚区鱼类各指标及评估值占各鱼类评估等级百分比有以下结果 (图 7-77)：LGⅣ₂水生态亚区水生态区鱼类分类单元数在 6～8，平均值为 7；分类单元数分级评估结果显示，分类单元数平均得分为 0.46，其中，一般和差的比例均为 50%，优秀、一般和差的比例均为 0。B-P 优势度的范围在 0.31～0.36，平均值为 0.34；B-P 优势度分级评估结果显示，B-P 优势度平均得分为 0.80，其中，优秀和良好均为 50%。Shannon-Wiener 指数范围在 2.19～2.28，平均值为 2.23；Shannon-Wiener 指数分级评估结果显示，Shannon-Wiener 指数平均得分为 0.74，其中，良好的比例为 100%。LGⅣ₂水生态亚区鱼类分级评估的结果显示，鱼类评估平均得分为 0.69，其中，良好和一般的比例均为 50%，不存在健康状态为优秀、差和极差的样点。鱼类的分级评估说明，LGⅣ₂水生态亚区水生态健康呈良好状态。

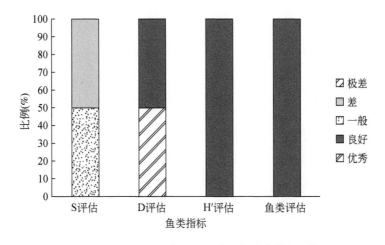

图 7-77　LGⅣ₂水生态亚区鱼类指标健康等级比例

F. 综合评估

通过对 LGⅣ₂ 水生态亚区水质理化指标、营养盐指标、浮游藻类和底栖动物、鱼类的综合评估得出，该功能亚区综合评估评估值平均得分为 0.42，其中，优秀的比例为 0，良好和一般的比例分别为 15.91% 和 36.36%，差和极差的比例分别为 43.18% 和 4.55%，如图 7-78 所示，说明该功能亚区水生态系统健康呈一般状态。

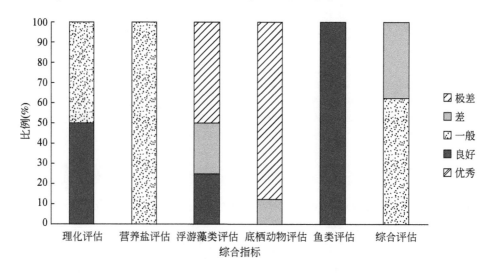

图 7-78　LGⅣ₂ 水生态亚区综合指标健康等级比例

LGⅣ₂ 水生态亚区内主要为水质调节与水源涵养功能区。其水生态系统健康综合评估值较低，处于一般水平，理化评估值和营养盐评估值一般，浮游藻类评估值和底栖动物评估值较低，水体受城市点源和面源污染影响严重。

7.2.5　综合对比各功能区健康评估结果

7.2.5.1　各亚区综合对比

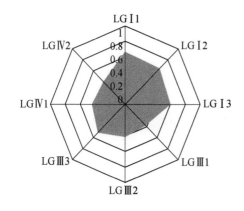

图 7-79　各亚区水生态系统健康等级综合对比

各亚区水生态系统健康等级综合对比结果如图 7-79 所示，从图 7-79 中可以看出，8 个亚区中有 3 个亚区的水生态系统健康达到了良好的状态，另有 4 个亚区的水生态系统健康为一般状态，仅有 1 个亚区水生态系统健康相对较差，急需引起更多关注。

滇池流域水生态功能二级分区健康评估结果的空间分布如图 7-80 所示。总体来看，水生态功能二级分区的健康评估等级主要是良好、一般和差。属于 LGⅠ 的 3 个二级区 LGⅠ₁、LGⅠ₂ 和 LGⅠ₃ 均处于良好的健康状态。这主要是因为 LG I$_1$、LG I$_2$ 和 LG I$_3$ 多为山地，其土地利用方式主要为林地，水资源支持、涵养水源等功能较强。同时，该区域远离昆明市区，受人类活动的干扰较小。而 LG II、LG III$_2$、LG III$_3$、LG IV$_1$ 和 LG IV$_2$ 的健康等级均为一般。LG II、LG III$_2$ 和 LG III$_3$ 均受农业活动的影响，虽然 LG II、LG III$_2$ 和 LG III$_3$ 区中有相当比例的林地和草地，其具有一定的水源涵养、水质调节等功能，但大量化肥、农药排入河流超过了水体本身的自净能力，导致这 3 个区的水生态健康状态受到一定的影响。LG IV$_1$、LG IV$_2$ 主要是承接了北部的城市污水和南部的农业污水，导致水质恶化、水生生物锐减。整个流域水生态健康状态最差的二级区为 LG III$_1$，LG III$_1$ 区为昆明市所在区域，其城镇建设活动强度大，其生活、生产用水排污量都大大高过其他区域，因此，受人类活动的干扰最为强烈，其健康状态为差。

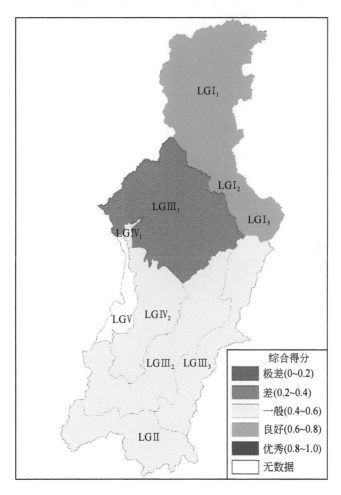

图 7-80　滇池流域水生态功能二级分区健康评估结果的空间分布

7.2.5.2　各亚区不同评估因素对比

各亚区水生态系统健康不同评估因素对比结果如图 7-81 所示，可以看出，不同亚区不同评估因素之间区别较大。

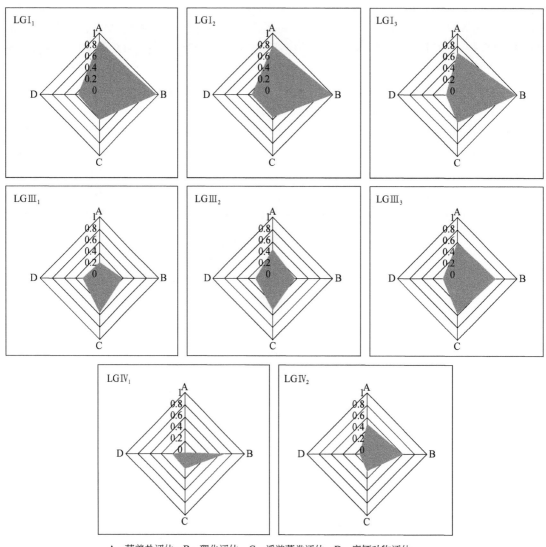

A：营养盐评估；B：理化评估；C：浮游藻类评估；D：底栖动物评估

图 7-81　各亚区水生态系统健康不同评估因素对比结果

　　LGⅠ₁亚区水生态系统健康综合评估值较高，达到良好状态，但是其浮游藻类和底栖动物评估值较低，水质理化评估、营养盐评估值又较高，农业面源污染问题较突出。

　　LGⅠ₂亚区水生态系统健康综合评估值较高，达到良好状态，但是其浮游藻类和底栖动物评估值较低，水质理化评估、营养盐评估值又较高，达到了优秀水平，农业面源污染问题较突出。

　　LGⅠ₃亚区水生态系统健康综合评估值较高，达到良好状态，但是其底栖动物评估值极低，浮游藻类评估值也偏低，水质理化评估值极高，其营养盐评估值处于中等水平，需要采取措施控制其营养盐以防富营养化的趋势。

　　LG Ⅲ₁亚区水生态系统健康综合评估值较低，达到较差状态，只有浮游藻类评估值处于中等水平，其水质理化评估、营养盐评估和底栖动物评估值都较低，该区污染情况较为严重，以点源污染为主，急需对其有机污染排放进行有效的控制。

　　LG Ⅲ₂亚区水生态系统健康综合评估值较低，达到一般状态，水质理化评估和浮游藻类评估值处于中等水平，其营养盐评估和底栖动物评估值都较低，该区污染情况较为严重，以点源污染为主，尤其需要控制其营养盐排放。

　　LG Ⅲ₃亚区水生态系统健康综合评估值较低，处于一般状态，水质理化评估、营养盐评估和浮游藻类评估值处于中等水平，其底栖动物评估值极低，该区污染情况较为严重，急需控制污染物排放，从而逐步恢复浮游藻类和底栖生物。

　　LG Ⅳ₁亚区水生态系统健康综合评估值较低，达到一般状态，只有水质理化评估值处于中等水平，其浮游藻类评估和底栖动物评估值都较低，营养盐评估值更是接近 0，该区为滇池的草海，无机污染严重，营养盐含量过高，急需对营养盐的排放进行有效的控制。

　　LG Ⅳ₂亚区水生态系统健康综合评估值较低，达到一般状态，只有水质理化和营养盐评估值处于中等水平，营养盐含量远低于草海中的含量，其水浮游藻类评估和底栖动物评估值都较低，该区为滇池的外海，污染情况较重，水生生物受人类干扰较大，生物多样性较低。

第8章　滇池流域河段类型及其健康评价

栖息地生境作为水环境的重要组成部分，对水生生物群落结构和分布起着决定性的作用。对流域内的水生生物来说，在长期的生物地理进化过程中，水生生物群落适应其生存环境，使得相似河段具有相似的生物群落。因此，只有对流域内河段进行划分，对不同类型生境的河段制定不同管理策略，并以同一类型的河段为单元实施管理策略，进行流域精细化管理，才能实现以生物保护为目的的流域管理目标。

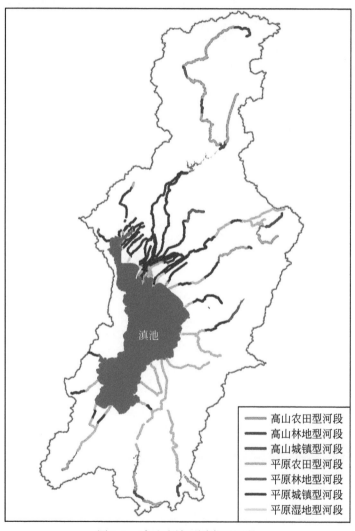

图 8-1　滇池流域不同类型河段

8.1 滇池流域河段类型划分

河段是河流在两个限定横断面之间的区段。河段划分是基于河流特定的生态学特征，通过截断河流获得特征差异显著的河段，并按照一定的相似性对其进行分组或分类的过程，其结果是得到不同类型特征相对一致的河段单元。河段划分的实质是河流截断和河段分类。河流截断是基于河流自身的自然地理特征和社会经济特征等环境因子的空间异质性，以环境因子的变化规律作为划分的依据来确定边界截断点，从而获得河段单元的过程。根据划分指标的差异，不同河段具有不同特征。滇池水生态功能区划的河段主要是根据河段的地貌和土地利用方式的差异进行划分的。河段地貌主要有高山和平原，土地利用方式主要有农田、林地、城镇和湿地。通过地貌数据和土地利用方式数据的叠加聚类，将滇池流域划分为高山农田型河段、高山林地型河段、高山城镇型河段、平原农田型河段、平原林地型河段、平原城镇型河段及平原湿地型河段（图8-1）。

8.2 河段类型水生态健康评价结果

8.2.1 高山农田型河段

高山农田型河段主要位于流域南部、流域东部和流域北部的山区。该类型河段位于高海拔山地，多为河流上游河段。河岸两侧的土地利用方式以农田为主，其受人类农业活动的影响较大。

8.2.1.1 水质理化评价

该类型河段 DO 浓度在 $0.54 \sim 7.83$ mg/L，平均浓度为 5.15 mg/L；如图8-2所示，DO评估值平均得分为 0.70，其中，优秀的比例为 71.43%，极差的比例为 28.57%。COD_{Mn} 浓

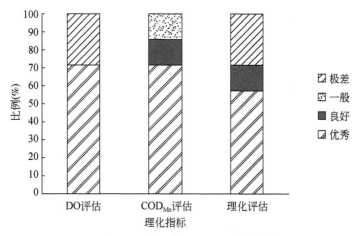

图8-2 高山农田型河段理化指标健康等级比例

度在 1.85~7.30mg/L，平均浓度为 3.72mg/L；COD_{Mn} 评估值平均得分为 0.86，主要以优秀为主，其比例为 71.42%，良好和一般的比例均为 14.29%。该河段理化指标分级评价的结果显示，理化指标评估值平均得分为 0.66，其中以优秀为主，其比例为 57.14%，良好和极差的比例分别为 14.29% 和 28.57%。通过水质理化分级评价可以看出，该类型河段水生态健康呈良好状态。

8.2.1.2 营养盐评价

该段 TP 浓度在 0.02~0.25mg/L，平均浓度为 0.10mg/L；如图 8-3 所示，TP 评估值平均得分为 0.78，以优秀和良好为主，其比例均为 42.86%，差的比例为 14.28%。TN 浓度在 0.66~8.14mg/L，平均浓度为 2.57mg/L；TN 的评估值平均得分为 0.34，良好和一般的比例分别为 28.57% 和 14.29%，差和极差的比例分别为 14.29% 和 42.85%。NH_4^+-N 浓度在 0.03~0.73mg/L，平均浓度为 0.27mg/L；NH_4^+-N 评估值平均得分为 0.91，主要以优秀为主，比例为 71.43%，良好的比例为 28.57%。该河段营养盐指标分级评价的结果显示，营养盐指标评估值平均得分为 0.68，以优秀和良好为主，其比例分别为 28.57% 和 42.85%，一般和差的比例均为 14.29%。该类型河段水质营养盐性质为良好状态。

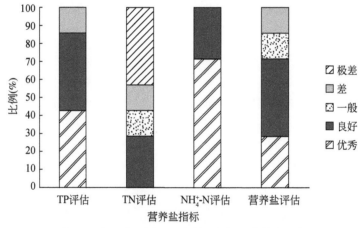

图 8-3 高山农田型河段营养盐指标健康等级比例

8.2.1.3 藻类评价

该段藻类分类单元数在 3~12，平均值为 6；如图 8-4 所示，分类单元数评估值平均得分为 0.39，以差为主，其比例为 71.42%，优秀和一般的比例均为 14.29%。B-P 优势度的范围在 0.12~0.67，平均值为 0.41；B-P 优势度评估值平均得分为 0.59，优秀和良好的比例分别为 28.57% 和 14.29%，一般和差的比例均为 28.57%。Shannon-Wiener 指数范围在 1.07~2.54，平均值为 1.60；Shannon-Wiener 指数分级评价结果显示，Shannon-Wiener 指数评估值平均得分为 0.53，以一般为主，其比例为 42.85%，优秀和良好的比例均为 14.29%，差的比例为 28.57%。浮游藻类评估值平均得分为 0.51，其中，良好和差的比例均为 28.57%，一般的比例为 42.86%，说明浮游藻类在该河段呈一般状态。

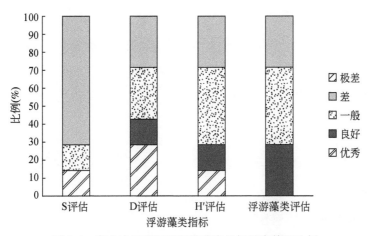

图 8-4　高山农田型河段浮游藻类指标健康等级比例

8.2.1.4　底栖动物评价

高山农田型河段底栖动物分类单元数在 0～3，平均值为 2。分级评价（图 8-5）显示，其平均得分为 0.49，良好和一般的级别分别占 42.85% 和 28.57%，其他样点属于差和极差等级，均占 14.29%，说明不同样点间多样性差异较大。各样点 B-P 优势度在 0～0.97 范围内，均值为 0.66。其中，大部分属于差和极差级别，均占 42.86%；其余 14.28% 属于优秀。各样点 BMWP 在 0～11，其平均值为 5.96，BMWP 得分为 0.07。该类型河段所有样点均属于极差级别。底栖动物评估整体情况是无优秀、良好和一般级别，差和极差级别分别占 85.71% 和 14.29%。综合来看，底栖动物评估值平均得分为 0.29，该类河段受人为干扰较大，且底质类型较为单一，以致底栖动物多样性较少且耐污种多。因此，该河段类型水生态健康处于较差的水平。

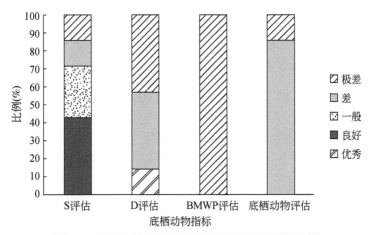

图 8-5　高山农田型河段底栖动物指标健康等级比例

8.2.1.5 综合评价

通过对高山农田型河段水质理化指标、营养盐指标、浮游藻类和底栖动物的综合评价（图8-6）得出，该类型河段综合评估评估值平均得分为0.53，无优秀和极差级别，良好的比例为42.86%，一般和差的比例均为28.57%，说明该河段水生态系统健康呈一般状态。

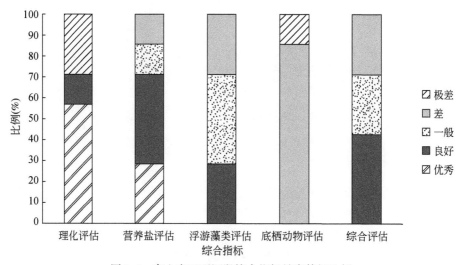

图8-6 高山农田型河段综合指标健康等级比例

8.2.2 高山林地型河段

高山林地型河段主要位于流域北部。该类型河段位于高海拔山地，河岸两侧的土地利用方式以林地为主，其受人类干扰相对较小。该类型河段比降相对平原地区河段较大，故其自净更新能力较好。

8.2.2.1 水质理化评价

该段 DO 浓度在 0.56~10.05mg/L，平均浓度为 6.42mg/L；如图 8-7 所示，DO 评估值平均得分为 0.59，其中，优秀的比例为 50%，一般和极差的比例分别为 16.67% 和 33.33%。COD_{Mn} 浓度在 1.60~4.10mg/L，平均浓度为 2.48mg/L；COD_{Mn} 评估值平均得分为 0.78，主要以优秀为主，其比例为 66.67%，一般的比例为 33.33%。该河段理化指标分级评价的结果显示，理化指标评估值平均得分为 0.69，其中以优秀为主，其比例为 66.66%，差和极差的比例均为 16.67%。通过水质理化分级评价可知，该类型河段水生态健康呈良好状态。

8.2.2.2 营养盐评价

该段 TP 浓度在 0.02~0.10mg/L，平均浓度为 0.04mg/L；如图 8-8 所示，TP 评估值

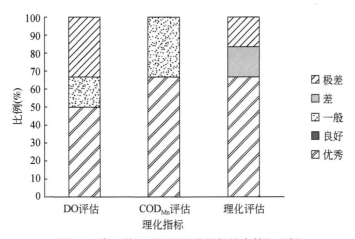

图 8-7 高山林地型河段理化指标健康等级比例

平均得分为 0.80，优秀的比例为 66.67%，一般的比例为 33.33%。TN 浓度在 0.40 ~ 1.63mg/L，平均浓度 0.70mg/L；TN 的评估值平均得分为 0.68，优秀和良好的比例均为 33.33%，一般和差的比例均为 16.67%。NH_4^+-N 浓度在 0.03 ~ 0.18mg/L，平均浓度为 0.08mg/L；NH_4^+-N 评估值平均得分为 0.82，主要以优秀为主，比例为 66.67%，一般的比例为 33.33%。该河段营养盐指标分级评价的结果显示，营养盐指标评估值平均得分为 0.90，以优秀为主，其比例为 83.33%，良好的比例为 16.67%。该类型河段水质营养盐性质处于优秀状态。

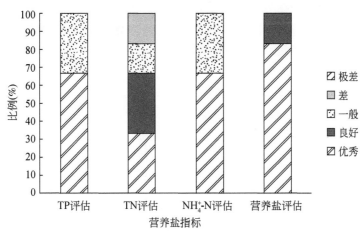

图 8-8 高山林地型河段营养盐指标健康等级比例

8.2.2.3 浮游藻类评价

该段藻类分类单元数在 1 ~ 6，平均值为 4；如图 8-9 所示，分类单元数评估值平均得分为 0.26，以差为主，其比例为 50%，一般和极差的比例分别为 16.67% 和 33.33%。B-P 优势度的范围在 0.16 ~ 0.75，平均值为 0.39；B-P 优势度评估值平均得分为 0.44，良好的比例为 33.33%，差和极差的比例分别为 50% 和 16.67%。Shannon-Wiener 指数范围在 0.47~2.50，平均值为 1.28；Shannon-Wiener 指数分级评价结果显示，Shannon-Wiener 指数评估值平均得分为 0.43，优秀和极差的比例均为 16.67%，一般和差的比例均为 33.33%。浮游藻类评估评估值平均得分为 0.43，其中，良好和一般的比例分别为 16.67% 和 50%，差的比例为 33.33%，说明浮游藻类在该河段呈现较差状态。

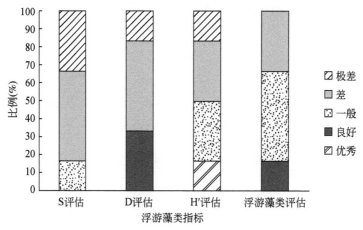

图 8-9　高山林地型河段浮游藻类指标健康等级比例

8.2.2.4　底栖动物评价

高山林地型河段底栖动物分类单元数在 0~3，平均值为 1。分级评价（图 8-10）显示，其平均得分为 0.23，良好级别占 16.67%，其他样点属于差和极差等级，分别占 33.33% 和 50%，说明不同样点间多样性差异较大。各样点 B-P 优势度在 0~1 范围内，均值为 0.56。其中，优秀和良好级别均占 16.67%，一般和极差级别均占 33.33%。各样点 BMWP 在 0~4，其平均值为 2.23，BMWP 得分为 0.02，所有样点均处于极差级别。该类

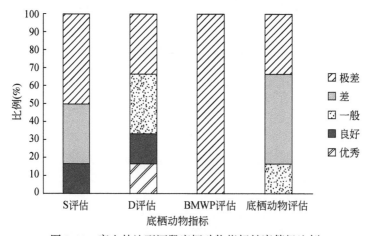

图 8-10　高山林地型河段底栖动物指标健康等级比例

型河段底栖动物评估整体情况是无优秀和良好级别，一般、差和极差级别分别占 16.67%、50% 和 33.33%。综合来看，底栖动物评估值平均得分为 0.27，该类河段受人为干扰较大，且底质类型较为单一，以致底栖动物多样性较少且耐污种相对较多。因此，该河段类型水生态健康处于较差的水平。

8.2.2.5 综合评价

通过对高山林地型河段水质理化指标、营养盐指标、浮游藻类和底栖动物的综合评价（图 8-11）得出，该类型河段综合评估评估值平均得分为 0.53，无优秀和极差级别，良好的比例为 42.86%，一般和差的比例均为 28.57%，说明该河段水生态系统健康呈一般状态。

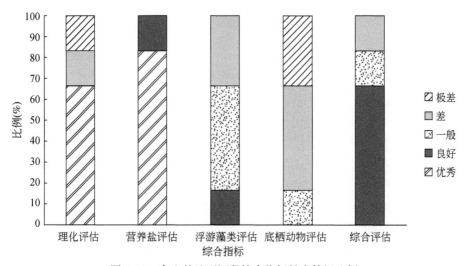

图 8-11 高山林地型河段综合指标健康等级比例

8.2.3 高山城镇型河段

滇池流域的高山城镇型河段数量较少。该类型河段位于高海拔山地，河岸两侧的土地利用方式以城镇为主，其受人类干扰较大。该类型河段比降相对平原地区河段较大，故其水体更新能力较好。

8.2.3.1 水质理化评价

该段 DO 浓度在 0.20~9mg/L，平均浓度为 4.60mg/L；如图 8-12 所示，DO 评估值平均得分为 0.50，优秀和一般的比例均为 50%。COD_{Mn} 浓度在 2~6.9mg/L，平均浓度为 4.45mg/L；COD_{Mn} 评估值平均得分为 0.81，优秀和良好各占 50%。该河段理化指标分级评价的结果显示，理化指标评估值平均得分为 0.66，优秀和差的比例均为 50%。通过水质理化分级评价可知，该类型河段水生态健康呈良好状态。

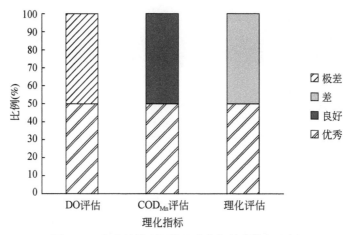

图 8-12　高山城镇型河段理化指标健康等级比例

8.2.3.2　营养盐评价

该段 TP 浓度在 0.08 ~ 0.18mg/L，平均浓度为 0.13mg/L；如图 8-13 所示，TP 评估值平均得分为 0.71，优秀和一般的比例均为 50%。TN 浓度在 0.30 ~ 1.06mg/L，平均浓度 0.68mg/L；TN 的评估值平均得分为 0.73，优秀和一般的比例均为 50%。NH_4^+-N 浓度在 0.12 ~ 0.24mg/L，平均浓度为 0.18mg/L；NH_4^+-N 评估值平均得分为 0.98，各样点均处于优秀级别。该河段营养盐指标分级评价的结果显示，营养盐指标评估值平均得分为 0.81，优秀和良好的比例均为 50%。该类型河段水质营养盐性质处于优秀状态。

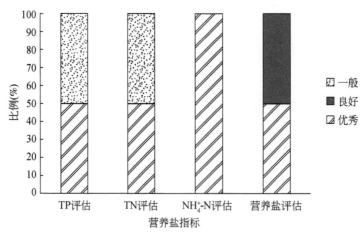

图 8-13　高山城镇型河段营养盐指标健康等级比例

8.2.3.3　浮游藻类评价

高山城镇型河段藻类分类单元数在 6 ~ 9，平均值为 8；如图 8-14 所示，分类单元数评估值平均得分为 0.54，良好和一般的比例均为 50%。B-P 优势度的范围在 0.24 ~ 0.53，平均值为 0.39；B-P 优势度评估值平均得分为 0.61，良好和一般的比例均为 50%。

Shannon-Wiener 指数范围在 1.99 ~ 2.83,平均值为 2.41;Shannon-Wiener 指数分级评价结果显示,Shannon-Wiener 指数评估值平均得分为 0.80,优秀和良好级别各占 50%。浮游藻类评估评估值平均得分为 0.65,其中,良好和一般的比例各占 50%。以上结果说明,浮游藻类在该类型河段呈良好状态。

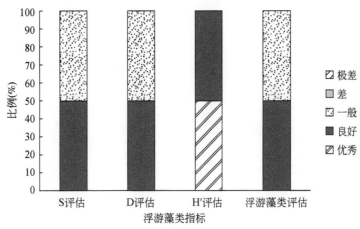

图 8-14 高山城镇型河段浮游藻类指标健康等级比例

8.2.3.4 底栖动物评价

高山城镇型河段底栖动物分类单元数均为 2。分级评价(图 8-15)显示,其平均得分为 0.5,各样点均属于一般等级,说明不同样点间多样性差异不显著。各样点 B-P 优势度在 0.58 ~ 0.88 范围内,均值为 0.73。一般和极差级别,均占 50%。各样点 BMWP 在 1.90 ~ 4,其平均值为 2.95,BMWP 得分为 0.04,所有样点均处于极差级别。该类型河段底栖评估整体情况是各样点全部处于差的级别。综合来看,底栖动物评估值平均得分为 0.26,该类河段受人为干扰较大,且底质类型较为单一,以致底栖动物多样性较少。因此,该河段类型水生态健康处于较差的水平。

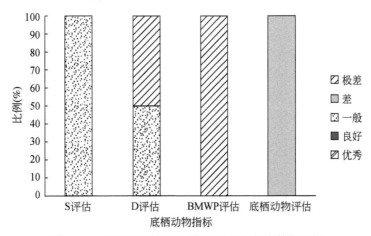

图 8-15 高山城镇型河段底栖动物指标健康等级比例

8.2.3.5 综合评价

通过对高山城镇型河段水质理化指标、营养盐指标、浮游藻类和底栖动物的综合评价（图 8-16）得出，该类型河段综合评估评估值平均得分为 0.56，无优秀、差和极差级别，良好和一般的比例均为 50%，说明该河段水生态系统健康呈一般状态。

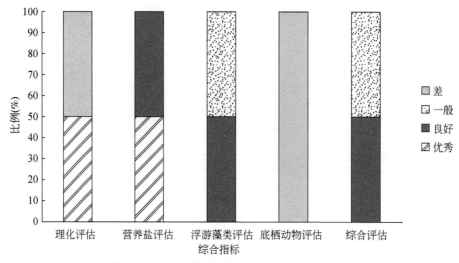

图 8-16　高山城镇型河段综合指标健康等级比例

8.2.4　平原农田型河段

平原农田型河段主要位于环滇池湖体平原南部，多位于河流下游，河岸两侧的土地利用方式以农田为主，其受人类农业活动的影响较大，加之该类型河段自然净化能力较差，故其水质状况较差。

8.2.4.1　水质理化评价

该段 DO 浓度在 0～11.20mg/L，平均浓度为 3.46mg/L；如图 8-17 所示，DO 评估值平均得分为 0.42，以极差级别为主，其比例为 51.85%，优秀的比例为 29.63%，良好和一般的比例分别为 7.41% 和 11.11%。COD_{Mn} 浓度在 1.90～15.60mg/L，平均浓度为 7.21mg/L；COD_{Mn} 评估值平均得分为 0.60，其中，优秀和良好的比例分别为 25.93% 和 29.63%，一般的比例为 22.22%，差和极差级别则均占 11.11%。该河段理化指标分级评价的结果显示，理化指标评估值平均得分为 0.42，优秀和差的比例均为 22.22%，良好和一般的比例分别为 18.52% 和 3.70%，极差的比例为 33.33%。通过水质理化分级评价可知，该类型河段水生态健康呈一般状态。

8.2.4.2　营养盐评价

该段 TP 浓度在 0.03～0.95mg/L，平均浓度为 0.32mg/L；如图 8-18 所示，TP 评估值

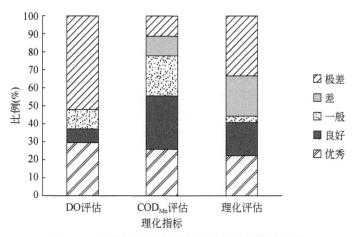

图 8-17　平原农田型河段理化指标健康等级比例

平均得分为 0.42，其中，优秀和良好级别均占 11.11% 和 22.22%，一般和极差级别各占 29.63% 和 37.04%。TN 浓度在 0.38～17.30mg/L，平均浓度为 5.94mg/L；TN 的评估值平均得分为 0.18，主要以极差为主，其比例高达 66.67%，另外，优秀的比例为 11.11%，良好和一般的比例均为 3.70%，差的比例为 14.82%。NH_4^+-N 浓度在 0.05～13.32mg/L，平均浓度为 2.18mg/L；NH_4^+-N 评估值平均得分为 0.63，其中，优秀和良好级别各占 48.15% 和 22.22%，一般和极差级别各占 3.70% 和 25.93%。该河段营养盐指标分级评价的结果显示，营养盐指标评估值平均得分为 0.42，优秀、良好和差的比例均为 11.11%，一般和极差的比例分别为 37.04% 和 29.63%。该类型河段水质营养盐性质处于一般状态。

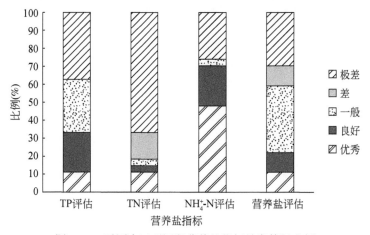

图 8-18　平原农田型河段营养盐指标健康等级比例

8.2.4.3　浮游藻类评价

平原农田型河段藻类分类单元数在 1～15，平均值为 7；如图 8-19 所示，分类单元数评估值平均得分为 0.49，其中，优秀和良好的比例均为 18.52%，一般和差的比例分别为

11. 11%和44. 44%，极差的比例为7. 41%。B-P优势度的范围在0. 22~0. 83，平均值为0. 50；B-P优势度评估值平均得分为0. 61，不存在优秀级别，良好和一般的比例分别为22. 22%和59. 26%，差和极差的比例分别为11. 11%和7. 41%。Shannon-Wiener指数范围在0. 31~3，平均值为1. 81；Shannon-Wiener指数分级评价结果显示，Shannon-Wiener指数评估值平均得分为0. 60，优秀和良好级别分别占25. 93%和18. 52%，一般和差的比例分别为40. 74%和11. 11%，极差的比例为3. 70%。浮游藻类评估值平均得分为0. 53，其中以一般和差为主，其比例分别为44. 44%和22. 22%，优秀和良好级别分别占3. 70%和29. 63%，不存在极差级别。以上结果说明，浮游藻类在该类型河段呈一般状态。

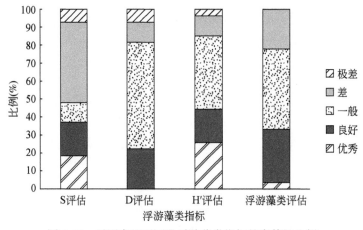

图8-19 平原农田型河段浮游藻类指标健康等级比例

8. 2. 4. 4 底栖动物评价

平原农田型河段底栖动物分类单元数在0~3范围内，平均值为1。如图8-20所示，分级评价显示，其平均得分为0. 37，不存在优秀级别，一般和差的比例均为33. 33%，良好和极差的比例分别为14. 81%和18. 52%。各样点B-P优势度在0~1范围内，均值为

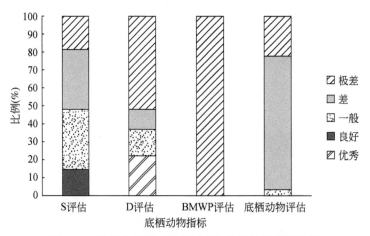

图8-20 平原农田型河段底栖动物指标健康等级比例

0.62。分级评价显示，其平均得分为 0.35，优秀和一般的比例分别为 22.22% 和 14.81%，差和极差的比例分别为 11.11% 和 51.86%。各样点 BMWP 在 0 ~ 10.20，其平均值为 4.16，BMWP 得分为 0.04，所有样点均处于极差级别。该类型河段底栖动物评估整体情况是不存在优秀和良好级别，以差为主，其比例高达 74.07%，一般和极差的比例分别为 3.70% 和 22.22%。综合来看，底栖动物评估值平均得分为 0.26，该类河段受人为干扰较大，且底质类型较为单一，以致底栖动物多样性较少，以耐污种为主。因此，该河段类型水生态健康处于较差的水平。

8.2.4.5 综合评价

通过对平原农田型河段水质理化指标、营养盐指标、浮游藻类和底栖动物的综合评价（图 8-21）得出，该类型河段综合评估评估值平均得分为 0.41，无优秀级别，良好和一般的比例分别为 11.11% 和 44.44%，差和极差的比例分别为 29.63% 和 14.81%，说明该河段水生态系统健康呈一般状态。

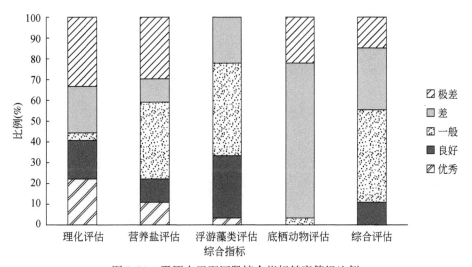

图 8-21 平原农田型河段综合指标健康等级比例

8.2.5 平原林地型河段

平原林地型河段数量极少，河岸两侧的土地利用方式以林地为主，故该类型河段的水源涵养和水质净化能力较强，水质和水生生物情况较好。

8.2.5.1 水质理化评价

该类型河段位于捞鱼河流域，DO 浓度为 4.90mg/L。如图 8-22 所示，DO 评估值得分为 0.97，其健康级别为优秀。COD_{Mn} 浓度为 2.10mg/L；COD_{Mn} 评估值得分为 0.99，其健康级别为优秀。该河段理化指标分级评价的结果显示，理化指标评估值得分为 0.98。水质理化分级评价表明，该类型河段水生态健康呈优秀状态。

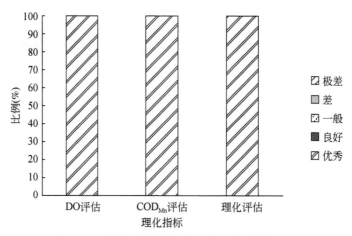

图 8-22   平原林地型河段理化指标健康等级比例

8.2.5.2   营养盐评价

该段 TP 浓度为 0.05mg/L, TP 评估值得分为 0.93。如图 8-23 所示, 其健康状态为优秀。TN 浓度为 5.80mg/L, TN 的评估值得分为 0, 其健康状态为极差。NH_4^+-N 浓度为 0.20mg/L, NH_4^+-N 评估值得分为 0.97, 其健康状态为优秀。该河段营养盐指标分级评价的结果显示, 营养盐指标评估值得分为 0.64, 主要问题是总氮浓度较高。该类型河段水质营养盐性质处于良好状态。

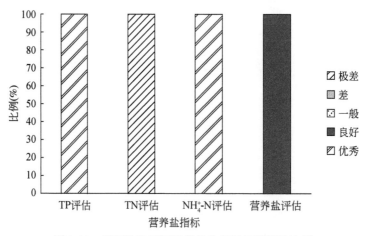

图 8-23   平原林地型河段营养盐指标健康等级比例

8.2.5.3   浮游藻类评价

如图 8-24 所示, 平原林地型河段藻类分类单元数为 10; 分类单元数评估值得分为 0.71, 其健康状态为良好。B-P 优势度为 0.33; B-P 优势度评估值得分为 0.67, 其健康状态为良好。Shannon-Wiener 指数为 2.87, Shannon-Wiener 指数评估值得分为 0.96, 其健康状态为优秀。浮游藻类评估评估值平均得分为 0.78，说明浮游藻类在该类型河段呈良好状态。

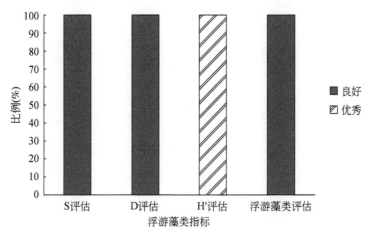

图 8-24　平原林地型河段浮游藻类指标健康等级比例

8.2.5.4　底栖动物评价

平原林地型河段底栖动物分类单元数为 1。如图 8-25 所示，分级评价显示，其得分为 0.25，其健康状态为差。B-P 优势度为 1。分级评价显示，其得分为 0，其健康状态为极差。BMWP 为 4，其 BMWP 得分为 0.05，健康状态为极差。该类型河段底栖动物评估整体情况是，该类河段底质类型较为单一，以致底栖动物多样性较少。底栖动物评估值平均得分为 0.10。该河段类型水生态健康处于极差的水平。

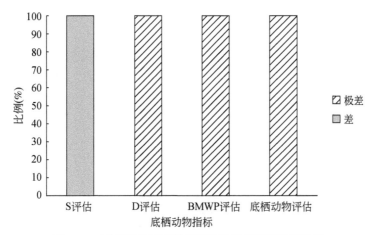

图 8-25　平原林地型河段底栖动物指标健康等级比例

8.2.5.5　综合评价

通过对平原林地型河段水质理化指标、营养盐指标、浮游藻类和底栖动物的综合评价

（图 8-26）得出，该类型河段综合评估评估值平均得分为 0.62，说明该河段水生态系统健康呈良好状态。

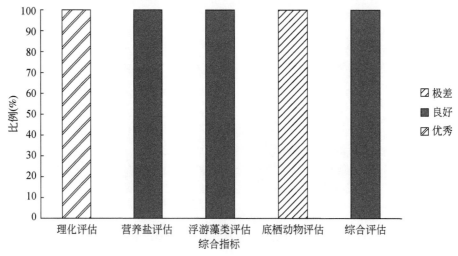

图 8-26　平原林地型河段综合指标健康等级比例

8.2.6　平原城镇型河段

平原城镇型河段为平原地区的主导河段。河岸两侧的土地利用方式以城镇为主，故该类型河段受人类活动干扰大，其水生态情况总体较差。

8.2.6.1　水质理化评价

该段 DO 浓度在 $0.10 \sim 13.60 \text{mg/L}$，平均浓度为 4.24mg/L。如图 8-27 所示，DO 评估值平均得分为 0.49，其中，优秀级别占 34.48%，良好和一般级别均占 10.34%，差和极差级别分别占 6.90% 和 37.93%，各样点间存在显著差异性。COD_{Mn} 浓度在 $2 \sim 25.36 \text{mg/L}$，

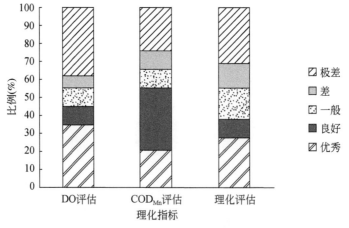

图 8-27　平原城镇型河段理化指标健康等级比例

平均浓度为 9.60mg/L；COD_{Mn} 评估值平均得分为 0.54，其中，优秀和良好的比例分别为 20.69% 和 34.48%，一般和差的比例均为 10.34%，极差的比例为 24.14%。该河段理化指标分级评价的结果显示，理化指标评估值平均得分为 0.47，优秀和良好的比例分别为 27.59% 和 10.34%，一般和差的比例分别为 17.24% 和 13.79%，极差的比例为 31.03%。通过水质理化分级评价可知，该类型河段水生态健康呈一般状态。

8.2.6.2　营养盐评价

该段 TP 浓度在 0.04~3.26mg/L，平均浓度为 0.78mg/L。如图 8-28 所示，TP 评估值平均得分为 0.35，其中，优秀的比例为 10.34%，良好和一般的比例均为 17.24%，差和极差的比例分别为 13.79% 和 41.38%。TN 浓度在 0.93~33mg/L，平均浓度为 11.37mg/L；TN 的评估值平均得分为 0.06，主要以极差为主，其比例高达 86.21%，另外，一般和差的比例均为 6.90%。NH_4^+-N 浓度在 0.03~26.60mg/L，平均浓度为 8.11mg/L；NH_4^+-N 评估值平均得分为 0.33，其中，优秀和一般级别各占 27.58% 和 6.90%，差和极差级别各占 3.45% 和 62.07%。该河段营养盐指标分级评价的结果显示，营养盐指标评估值平均得分为 0.25，其中不存在优秀级别，良好和一般的比例分别为 6.90% 和 20.69%，差和极差的比例分别为 17.24% 和 55.17%。该类型河段水质营养盐性质处于较差状态。

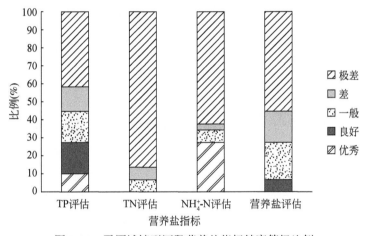

图 8-28　平原城镇型河段营养盐指标健康等级比例

8.2.6.3　浮游藻类评价

平原城镇型河段藻类分类单元数在 1~19，平均值为 7。如图 8-29 所示，分类单元数评估值平均得分为 0.48，其中，优秀和良好的比例分别为 3.45% 和 37.93%，一般和差的比例分别为 24.14% 和 20.69%，极差的比例为 13.79%。B-P 优势度的范围在 0.17~1，平均值 0.53；B-P 优势度评估值平均得分为 0.47，优秀和良好的比例分别为 3.45% 和 34.48%，一般和差的比例均为 24.14%，极差的比例为 13.79%。Shannon-Wiener 指数范围在 0~3.24，平均值为 1.87；Shannon-Wiener 指数分级评价结果显示，Shannon-Wiener 指数评估值平均得分为 0.61，其中，优秀和良好的比例分别为 34.48% 和 17.24%，一般和差的比例分别为 27.59% 和 6.90%，极差的比例为 13.79%。浮游藻类评估值平均得分为 0.52，优秀级别占 17.24%，良好和一般级别均占 27.59%，差和极差级别均占 13.79%。以上结果说明，浮游藻类在该类型河段呈一般状态。

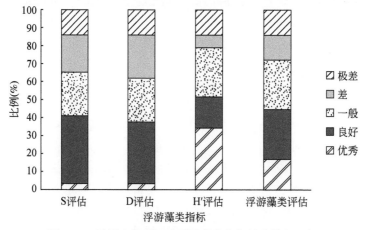

图 8-29　平原农田型河段浮游藻类指标健康等级比例

8.2.6.4　底栖动物评价

平原城镇型河段底栖动物分类单元数在 0~6 范围内，平均值为 1。如图 8-30 所示，分级评价显示，其平均得分为 0.31，优秀的比例为 6.90%，良好和一般的比例均为 13.79%，差和极差的比例分别为 20.69% 和 44.83%。各样点 B-P 优势度在 0~1 范围内，均值为 0.38。分级评价显示，其平均得分为 0.61，优秀和良好的比例分别为 41.38% 和 10.34%，一般和极差的比例均为 17.24%，差的比例为 13.79%。各样点 BMWP 在 0~25，其平均值为 3.88，BMWP 得分为 0.04，所有样点均处于极差级别。该类型河段底栖动物评估整体情况是不存在优秀和良好级别，以差为主，其比例高达 79.31%，一般和极差的比例均为 10.34%。综合来看，底栖动物评估值平均得分为 0.32，该类河段受人为干扰较大，且底质类型较为单一，以致底栖动物多样性较少，以耐污种为主。因此，该河段类型水生态健康处于较差的水平。

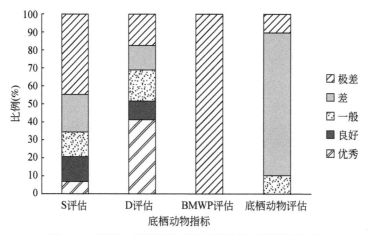

图 8-30　平原农田型河段底栖动物指标健康等级比例

8.2.6.5 综合评价

通过对平原城镇型河段水质理化指标、营养盐指标、浮游藻类和底栖动物的综合评价（图8-31）得出，该类型河段综合评估评估值平均得分为0.39，无优秀级别，一般和差的比例均为41.38%，良好和极差的比例分别为3.45%和13.79%。以上结果说明，该类型河段水生态系统健康呈较差的状态。

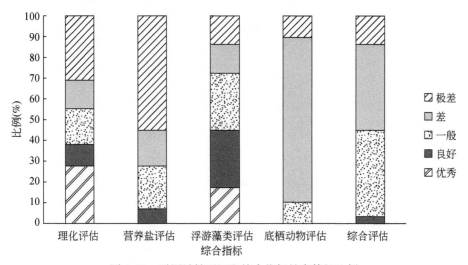

图 8-31 平原城镇型河段综合指标健康等级比例

8.2.7 平原湿地型河段

平原湿地型河段主要分布在滇池湖滨带，位于流域中部偏北。河岸两侧的土地利用方式以湿地为主。该区域的湿地生态受到严重破坏，故其净化水体、涵养水源的作用几乎丧失。平原湿地型河段为所有河段中健康状态最差的一类河段，营养盐超标现象尤为突出。

8.2.7.1 水质理化评价

该段 DO 浓度在 0.30~11.40mg/L，平均浓度为 4.28mg/L。如图 8-32 所示，DO 评估值平均得分为 0.41，其中，不存在良好和一般级别，优秀级别占 33.33%，差和极差级别分别占 16.67% 和 50%。COD_{Mn} 浓度在 2.50~33.70mg/L，平均浓度为 10.08mg/L；COD_{Mn} 评估值平均得分为 0.68，其中，优秀和良好的比例均为 33.33%，一般和差的比例均为 16.67%。该河段理化指标分级评价的结果显示，理化指标评估值平均得分为 0.43，优秀和极差的比例均为 33.33%，一般和差的比例均为 16.67%。通过水质理化分级评价可知，该类型河段水生态健康呈一般状态。

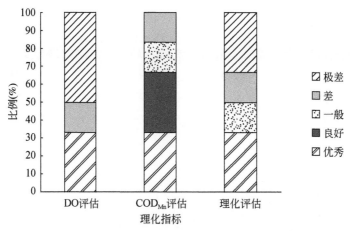

图 8-32 平原湿地型河段理化指标健康等级比例

8.2.7.2 营养盐评价

该段 TP 浓度在 0.06 ~ 1.47mg/L，平均浓度为 0.55mg/L。如图 8-33 所示，TP 评估值平均得分为 0.29，其中，优秀、一般和差的比例均为 16.67%，极差的比例为 50%。TN 浓度在 3.09 ~ 14.90mg/L，平均浓度为 9.67mg/L；TN 的评估值平均得分为 0，各样点均处于极差级别。NH_4^+-N 浓度在 0.17 ~ 14.47mg/L，平均浓度为 6.45mg/L；NH_4^+-N 评估值平均得分为 0.25，其中，优秀和一般级别均占 16.67%，极差级别占 66.66%。该河段营养盐指标分级评价的结果显示，营养盐指标评估值平均得分为 0.18，不存在优秀、良好和差的级别，一般和极差的比例分别为 33.33% 和 66.67%。该类型河段水质营养盐性质处于极差状态。

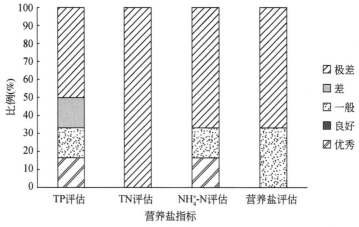

图 8-33 平原城镇型河段营养盐指标健康等级比例

8.2.7.3 浮游藻类评价

平原湿地型河段藻类分类单元数在 7 ~ 14，平均值为 10。如图 8-34 所示，分类单元数评估值平均得分为 0.74，不存在差和极差级别，优秀、良好和一般级别均占 33.33%。B-P 优势度的范围在 0.33~0.80，平均值为 0.54；B-P 优势度评估值平均得分为 0.46，不存在优秀和极差级别，良好、一般和差的比例均为 33.33%。Shannon-Wiener 指数范围在 1.19~2.98，平均值为 2；Shannon-Wiener 指数分级评价结果显示，Shannon-Wiener 指数评估值平均得分为 0.67，其中，优秀、一般和差的比例均为 16.67%，良好的比例为 50%。浮游藻类评估评估值平均得分为 0.52，优秀和差的比例均为 16.67%，良好和一般的比例均为 33.33%。以上结果说明，浮游藻类在该类型河段呈一般状态。

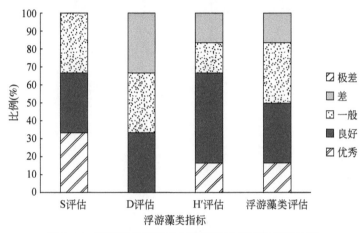

图 8-34　平原湿地型河段浮游藻类指标健康等级比例

8.2.7.4　底栖动物评价

平原湿地型河段底栖动物分类单元数在 0~2 范围内，平均值为 1。分级评价（图 8-35）显示，其平均得分为 0.13，以极差级别为主，其比例为 66.66%，一般和差的比例均为 16.67%。各样点 B-P 优势度在 0~0.88 范围内，均值为 0.22。分级评价显示，其平均得分为 0.76，以优秀级别为主，其比例为 66.67%，一般和极差的比例分别为 16.67%。各样点 BMWP 在 0~2.2，其平均值为 0.68，BMWP 得分为 0.01，所有样点均处于极差级别。综合来看，底栖动物评估值平均得分为 0.30，全部样点处于差的级别，该类河段受人为干扰较大，且底质类型较为单一，以致底栖动物多样性较少，以耐污种为主。因此，该河段类型水生态健康处于较差的水平。

8.2.7.5　综合评价

通过对平原湿地型河段水质理化指标、营养盐指标、浮游藻类和底栖动物的综合评价（图 8-36）得出，该类型河段综合评估评估值平均得分为 0.39，无优秀和一般级别，良好的比例为 33.33%，差和极差的比例分别为 50% 和 16.67%，以上结果说明，该类型河段水生态系统健康呈较差的状态。

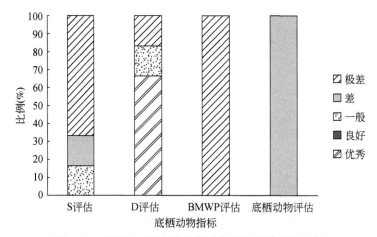

图 8-35 平原湿地型河段底栖动物指标健康等级比例

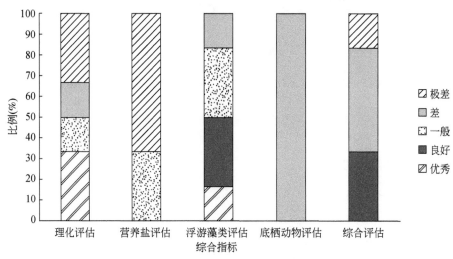

图 8-36 平原湿地型河段综合指标健康等级比例

8.3 综合对比各河段类型健康评价结果

8.3.1 各河段类型综合对比

各河段类型水生态系统健康等级综合对比结果如图 8-37 所示。

从图 8-37 中可以看出，7 个河段类型中没有一个类型处于优秀健康水平。其中有 2 类处于良好状态，即高山林地型河段和平原林地型河段。也有 3 类处于一般状态，即高山农田型河段、高山城镇型河段和平原农田型河段。只有平原城镇型河段和平原湿地型河段健康状态为差。

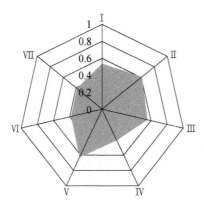

图 8-37　各河段类型水生态系统健康等级综合对比

8.3.2　各河段类型不同评估因素对比

各河段类型水生态系统健康不同评估因素对比结果如图 8-38 所示。

平原林地型河段水生态系统健康综合评估值最高，达到良好状态，其底栖动物评估值极低，水质理化评估、营养盐评估和浮游藻类评估值较高，水质理化方面达到了优秀状态。

高山林地型河段水生态系统健康综合评估值较高，排名第二位，达到良好状态，底栖动物评估值和浮游藻类评估值相对较低，其余评估值均较好，营养盐评估方面达到了优秀状态。

高山城镇型河段水生态系统健康综合评估值相对较高，排名第三位，处于一般状态，底栖动物评估值较低，其余评估值较好，水质理化评估和浮游藻类评估都达到了良好的状态，营养盐评估方面达到了优秀状态。

高山农田型河段水生态系统健康综合评估值处于中等水平，排名第四位，处于一般状态，底栖动物评估值和浮游藻类评估相对较低，水质理化评估和营养盐评估方面达到了良好状态。

平原农田型河段水生态系统健康综合评估值相对较差，排名第五位，处于一般状态，底栖动物评估值和浮游藻类评估值相对较低，其余评估值较好，水质理化评估和营养盐评估方面达到了良好状态。

平原湿地型河段水生态系统健康综合评估值较差，处于较差状态，营养盐评估极低，底栖动物评估值也相对较低，水质理化评估也仅达到一般状态，只有浮游藻类评估值达到了良好状态。

平原城镇型河段水生态系统健康综合评估值最差，其健康状态处于较差级别，营养盐评估和底栖动物评估值相对较低，水质理化评估和浮游藻类评估值仅达到了一般状态。

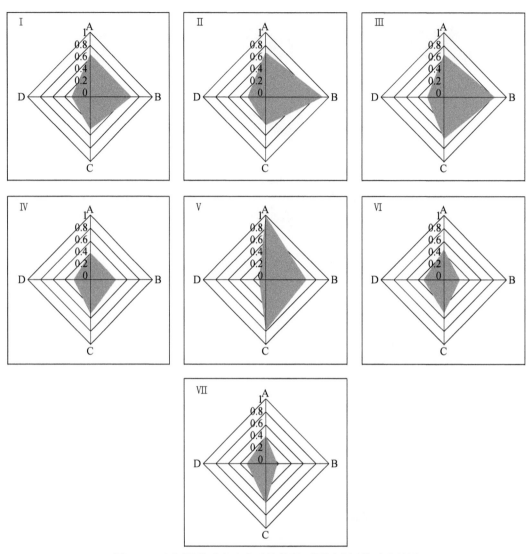

图 8-38　各河段类型水生态系统健康不同因素评估对比结果

A：营养盐评估；B：理化评估；C：浮游藻类评估；D：底栖动物评估

附录 滇池流域水生生物名录

附表 1 滇池流域着生藻类名录

门	纲	目	科	属种
蓝藻门 Cyanophyta	蓝藻纲 Cyanophyceae	色球藻目 Chroococcales	色球藻科 Chroococcaceae	平裂藻属 Merismopedia
				微囊藻属 Microcystis
				腔球藻属 Coelosphaerium
				蓝纤维藻属 Dactylococcopsis
				立方藻属 Eucapsis
				隐杆藻属 Aphanothece
		段殖体目 Hormogonales	颤藻科 Osicillatoriaceae	颤藻属 Oscillatoria
				鞘丝藻属 Lyngbya
				螺旋藻属 Spirulina
				席藻属 Phormidium
				节旋藻属 Arthrospira
				伪鱼腥藻属 Pseudanabaenoideae
			念珠藻科 Nostocaceae	鱼腥藻属 Anabaena
				念珠藻属 Nostoc
				束丝藻属 Aphanizomenon
			胶须藻科 Rivulariaceae	尖头藻属 Raphidiopsis
			真枝藻科 Stigonemataceae	真枝藻属 Stigonema

续表

门	纲	目	科	属种
硅藻门 Bacillariophyta	羽纹纲 Pennatae	无壳缝目 Araphidiales	脆杆藻科 Fragilariaceae	等片藻属 Diatoma
				平板藻属 Tabellaria
				脆杆藻属 Fragilaria Lyngby.
				针杆藻属 Synedra Ehr.
		短壳缝目 Raphidionales	短缝藻科 Eunotiaceae	短缝藻属 Eunotia Ehr.
		双壳缝目 Biraphidinales	舟形藻科 Naviculaceae	舟形藻属 Navicula
				辐节藻属 Stauroneis
				羽纹藻属 Pinnularia
				布纹藻属 Gyrosigma
				双壁藻属 Diploneis
				双肋藻属 Amphipleura
				肋缝藻属 Frustulia
			桥弯藻科 Cymbellaceae	桥弯藻属 Cymbella
			异极藻科 Gomphonemaceae	异极藻属 Gomphonema
		单壳缝目 Monoraphidinales	曲壳藻科 Achnanthaceae	卵形藻属 Cocconeis
				曲壳藻属 Achnanthes
		管壳缝目 Aulonoraphidinales	窗纹藻科 Epithemiaceae	棒杆藻属 Rhopalodia
			菱形藻科 Nitzschiaceae	菱形藻属 Nitzschia
				菱板藻属 Hantzschia
			双菱藻科 Surirellaceae	波缘藻属 Cymatopleura
				双菱藻属 Surirella
	中心纲 Centricae	圆筛藻目 Coscinodiscales	圆筛藻科 Coscinodiscaceae	直链藻属 Melosira
				小环藻属 Cyclotella
				圆筛藻属 Coscinodiscus
		根管藻目 Rhizoleniales	管形藻科 Solenicaceae	根管藻属 Rhizosolenia

续表

门	纲	目	科	属种
绿藻门 Chlorophyceae	绿藻纲 Chlorophyceae	团藻目 Volvocales	多毛藻科 Polyblepharidaceae	平藻属 Pedinomonas
			壳衣藻科 Phacotaceae	衣藻属 Chlamydomonas
				翼膜藻属 Pteromonas
			团藻科 Volvocaceae	团藻属 Volvox
				空球藻属 Eudorina
		四孢藻目 Tetrasporales	胶球藻科 Coccomyxaceae	纺锤藻属 Elakatothrix
			小桩藻科 Characiaceae	弓形藻属 Schroederia
			绿球藻科 Chlorococcacea	多芒藻属 Golenkinia
		绿球藻目 Chloroeoccales	小球藻科 Chlorelaceae	小球藻属 Chlorella
				月牙藻属 Selenastrum
				四角藻属 Tetraedron
				蹄形藻属 Kirchneriella
				纤维藻属 Ankistrodesmus
			卵囊藻科 Oocystaceae	并联藻属 Quadrigula
				棘球藻属 Echinosphaeridium
				卵囊藻属 Oocystia
				肾形藻属 Nephrocytium
			水网藻科 Hydrodictyaceae	盘星藻属 Pediastrum
			栅藻科 Scenedesmace	十字藻属 Crucigenia
				四星藻属 Tetrastum
				微芒藻属 Micractinium
			群星藻科 Sorastraceae	集星藻属 Actinastrum
			空星藻科 Coelastraceae	空星藻属 Coelastrum
		鞘藻目 Oedogoniales	鞘藻科 Oedogoniaceae	毛鞘藻属 Bulbochaete
		丝藻目 Ulotrichales	丝藻科 Ulotricaceae	丝藻属 Uathrix
				微胞藻属 Microspora
				针丝藻属 Raphidonema
			胶毛藻科 Chaetophoraceae	毛枝藻属 Stigeoclonium

245

续表

门	纲	目	科	属种
绿藻门 Chlorophyceae	接合藻纲 Conjugatophyceae	双星藻目 Zygnematales	双星藻科 Zygnemataceae	双星藻属 Zygnema
				水绵属 Spirogyra
			鼓藻科 Desmidiaceae	角星鼓藻属 Staurastrum
				鼓藻属 Cosmarium
				叉星鼓藻属 Staurodesmus
				新月藻属 Closterium
				棒形鼓藻属 Gonatozygon
裸藻门 Euglenophyta	裸藻纲 Euglenophyceae	裸藻目 Euglenales	裸藻科 Euglenaceae	裸藻属 Euglena
				扁裸藻属 Phacus
				囊裸藻属 Trachelomonas
金藻门 Chrysophyta	金藻纲 Chrysophyceae	金囊藻目 Chrysocapsales	金囊藻科 Chrysocapsaceae	金囊藻属 Chrysocapsa
		金枝藻目 Chrysotrichales	金枝藻科 Phaeothamniaceae	金枝藻属 Phaeothamnion
		金藻目 Chrysomonadales	鱼鳞藻科 Mallomonadaceae	鱼鳞藻属 Mallomonas
隐藻门 Cryptophyta	隐藻纲 Cryptophyceae		隐鞭藻科 Cryptomonadaceae	隐藻属 Cryptomonas
黄藻门 Xanthophyta	黄藻纲 Xanthophyceae	异球藻目 Heterococcales	肋胞藻科 Pleurochloridaceae	单肠藻属 Monallatus
			绿匣藻科 Chlorotheciaceae	拟气球藻属 Botrydiopsis
				黄管藻属 Ophiocytium
			胶葡萄藻科 Gloeobotrydaceae	胶葡萄藻属 Gloeobotrys
		黄丝藻目 Heterotrichales	黄丝藻科 Tribonemataceae	黄丝藻属 Heterotrichales
甲藻门 Pyrrophyta	甲藻纲 Pyrrophyceae	多甲藻目 Peridiniales	角甲藻科 Ceratiaceae	角甲藻属 Ceratium
			裸甲藻科 Gymnodiniaceae	裸甲藻属 Gymnodinium

附表2　滇池湖体浮游藻类名录

门	纲	目	科	属种
蓝藻门 Cyanophyta	蓝藻纲 Cyanophyceae	色球藻目 Chroococcales	色球藻科 Chroococcaceae	微囊藻属 Microcystis
				平裂藻属 Merismopedia
				腔球藻属 Coelosphaerium
				立方藻属 Eucapsis
				隐杆藻属 Aphanothece
				色球藻属 Chroococcus
		段殖体目 Hormogonales	念珠藻科 Nostocaceae	鱼腥藻属 Anabaena
				束丝藻属 Aphanizomenon
				念珠藻属 Nostoc
			颤藻科 Oscillatoriaceae	颤藻属 Oscillatoria
				席藻属 Phormidium
				拟浮丝藻属 Planktothricoides
				鞘丝藻属 Lyngbya
				伪鱼腥藻属 Pseudanabaenoideae
			胶须藻科 Rivulariaceae	尖头藻属 Raphidiopsis
硅藻门 Bacillariophyta	羽纹纲 Pennatae	双壳缝目 Biraphidinales	舟形藻科 Naviculaceae	舟形藻属 Navicula
				羽纹藻属 Pinnularia
				布纹藻属 Gyrosigma
				双壁藻属 Diploneis
			桥弯藻科 Cymbellaceae	桥弯藻属 Cymbella
			异极藻科 Gomphonemaceae	异极藻属 Gomphonema
		单壳缝目 Monoraphidinales	曲壳藻科 Achnanthaceae	卵形藻属 Cocconeis
		无壳缝目 Araphidiales	脆杆藻科 Fragilariaceae	脆杆藻属 Fragilaria
				针杆藻属 Synedra
				星杆藻属 Asterionella

续表

门	纲	目	科	属种
硅藻门 Bacillariophyta	羽纹纲 Pennatae	管壳缝目 Aulonoraphidinales	菱形藻科 Nitzschiaceae	菱形藻属 Nitzschia
			双菱藻科 Surirellaceae	波缘藻属 Cymatopleura
	中心纲 Centricae	圆筛藻目 Coscinodiscales	圆筛藻科 Coscinodiscaceae	直链藻属 Melosira
				明盘藻属 Hyalodiscus
				圆筛藻属 Coscinodiscus
				小环藻属 Cyclotella
		盒形藻目 Biddulphiales	盒形藻科 Biddulphiales	四棘藻属 Attheya
绿藻门 Chlorophyta	绿藻纲 Chlorophyceae	团藻目 Volvocales	团藻科 Volvocaceae	空球藻属 Eudorina
				团藻属 Volvax
				实球藻属 Pandorina
			四集藻科 Palmellaea	球囊藻属 Sphaerocystis
		绿球藻目 Chlorococcales	小桩藻科 Characiaceae	弓形藻属 Schroederia
			绿球藻科 Chlorococcacea	绿球藻属 Chlorococcum
				多芒藻属 Golenkinia
			小球藻科 Chlorellaceae	小球藻属 Chlorella
				四角藻属 Tetraedron
				顶棘藻属 Chodatella
				月牙藻属 Selenastrum
			卵囊藻科 Oocystaceae	卵囊藻属 Oocystia
				并联藻属 Quadrigula
				纤维藻属 Ankistrodesmus
			栅藻科 Scenedesmace	十字藻属 Crucigenia
				四星藻属 Tetrastum
				栅藻属 Tetradesmus

续表

门	纲	目	科	属种
绿藻门 Chlorophyta	绿藻纲 Chlorophyceae	绿球藻目 Chloroeoccales	空星藻科 Coelastraceae	空星藻属 Coelastrum
			水网藻科 Hydrodictyaceae	盘星藻属 Pediastrum
			群星藻科 Sorastraceae	集星藻属 Actinastrum
		丝藻目 Ulotrichales	胶毛藻科 Chaetophoraceae	毛枝藻属 Stigeoclonium
			丝藻科 Ulotricaceae	丝藻属 Uathrix
				微胞藻属 Microspora
		四孢藻目 Tetrasporales	四集藻科 Palmellaea	针丝藻属 Raphidonema
				球囊藻属 Sphaerocystis
	接合藻纲 Conjugatophyceae	鼓藻目 Desmidiales	鼓藻科 Desmidiaceae	新月藻属 Closterium
				角星鼓藻属 Staurastrum
				鼓藻属 Cosmarium
裸藻门 Euglenophyta	裸藻纲 Euglenophyceae	裸藻目 Euglenales	裸藻科 Euglenaceae	裸藻属 Euglena
				囊裸藻属 Trachelomonas
				扁裸藻属 Phacus
金藻门 Chrysophyta	金藻纲 Chrysophyceae	金囊藻目 Chrysocapsales	金囊藻科 Chrysocapsaceae	金囊藻属 Chrysocapsa
黄藻门 Xanthophyta	黄藻纲 Xanthophyceae	黄丝藻目 Heterotrichales	黄丝藻科 Tribonemataceae	黄丝藻属 Heterotrichales
甲藻门 Pyrrophyta	甲藻纲 Pyrrophyceae	多甲藻目 Peridiniales	角甲藻科 Ceratiaceae	角甲藻属 Ceratium
			裸甲藻科 Gymnodiniaceae	裸甲藻属 Gymnodinium
			多甲藻科 Peridiniales	拟多甲藻属 Peridiniopsis
				多甲藻属 Peridinium
隐藻门 Cryptophyta	隐藻纲 Cryptophyceae		隐鞭藻科 Cryptomonadaceae	隐藻属 Cryptomonas

附表3　滇池流域浮游动物名录

中文名	拉丁名	中文名	拉丁名
网纹溞属一种	*Ceriodaphnia* sp.	螺形龟甲轮虫	*Kiratella cochlearis*
溞属一种	*Daphnia* sp.	晶囊轮虫属一种	*Asplanchna* sp.
卵形盘肠溞一种	*Chydoridae ovalis*	纵长异尾轮虫	*Trichocerca elongata*
盘长网纹溞属一种	*Ceriodaphnia* sp.	长三肢轮虫	*Filinia longiseta*
象鼻溞属一种	*Bosmina* sp.	曲腿龟甲轮虫	*Keratella valga*
剑水蚤	*Cyclopoidea*	轮虫属一种	*Rotaria* sp.
哲水蚤	*Calanoida*	萼花臂尾轮虫	*Brachionus calyciflorus*
累枝虫属一种	*Epistylis* sp.	胶鞘多态轮虫	*Colloyheca ambigua*
钟虫属一种	*Vorticella* sp.	异尾轮虫	*Trichocerca* sp.
侠盗虫属一种	*Strombilidium* sp.	角突臂尾轮虫	*Brachionus angularis*
球形砂壳虫	*Difflugia globulosa*	月形腔轮虫	*Lecane luna*
靴纤虫属一种	*Cothurnia* sp.	针簇多肢轮虫	*Polyarthra trigla*
膜袋虫属一种	*Cyclidium* sp.	圆筒异尾轮虫	*Trichocerca cylindrica*
太阳虫	*Actinophrys* sp.	多肢轮虫属一种	*Polyarthra* sp.
变形虫	*Amoeba* sp.	罗氏异尾轮虫	*Trichocerca rousseleti*
纤毛虫	*Ciliata*	大肚须足轮虫	*Euchlanis dilatata*
沙壳虫属一种	*Difflugia* sp.	等刺异尾轮虫	*Trichocerca similis*
剪形臂尾轮虫	*Brachionus forficula*	聚花轮虫	*Conochilus* sp.
刺盖异尾轮虫	*Trichocerca capucina*	矩形龟甲轮虫	*Keratella quadrata*
单趾轮虫属一种	*Monostyla* sp.		

附表4　滇池流域大型水生植物名录

植被类型	科	中文名	拉丁名
湿生植物	禾本科	稻	Oryza sativa
		双穗雀稗	Paspalum distichum
		稗子	Echinochloa crusgalli
		薏苡	Coix lachryma-jobi
		早熟禾	Poa annua
		芦竹	Arundo donax

续表

植被类型	科	中文名	拉丁名
湿生植物	菊科	紫荆泽兰	redbud
	莎草科	莎草	Cyperus spp
	灯心草科	灯心草	Juncus effuses
	天南星科	芋	Colocasia esculenta
		马蹄莲	Zantedeschia aethiopica
	凤仙花科	水凤仙	Impatiens aquatilis
	蓼科	辣蓼	Polygonum hydropiper
	柳叶菜科	沼柳叶菜	Epilobium blinii
	苋科	喜旱莲子草	Alternanthera philoxeroides
	泽泻科	慈姑	Sagittaria sagittifolia
		泽泻	Alisma plantago-aquatica
挺水植物	禾本科	菱草	Zizania cadaciflora
		芦苇	Phragmites communis
		水葱	Scirpus validus
	香蒲科	香蒲	Typha orientalis
	天南星科	菖蒲	Acorus calamus
		水白菜	caboche
	伞形科	水芹	Oenanthe javanica
漂浮植物	雨久花科	凤眼莲	Eichhornia crassipes
	浮萍科	浮萍	Lemna minor
		紫背萍	Spirodela polyrrhiza
	槐叶萍科	槐叶萍	Salvinia napans
	满江红科	满江红	Azolla pinnata
浮叶植物	莲科	莲	Nelumbo nucifera
	水鳖科	水鳖	Hydrocharis dubia
	菱科	野菱	Trapa spp
沉水植物	金鱼藻科	金鱼藻	Ceratophyllum demersum
	眼子菜科	菹草	Potamogeton crispus
		马来眼子菜	P. malaianus
		红线草	P. pectinatus
	水鳖科	苦草	Vallisneria gigantea
	小二仙草科	狐尾藻	Myriophyllum spicatum

附表5 滇池流域底栖动物名录

门	纲	目	科	属	种
环节动物门 Annelida	蛭纲 Hirudinea	有吻蛭目 Glossiphoniida	石蛭科 Erpobdellidae	石蛭属 Erpobdella	
		颚蛭目 Gnathobdellida	黄蛭科 Haemopidae	金线蛭属 Whitmania	
		吻蛭目 Rhynchobdellida	舌蛭科 Glossiphoniidae	舌蛭属 Glossiphonia	宽身舌蛭 Glossiphonia lata
	寡毛纲 Oligochaeta	颤蚓目 Tubificida	颤蚓科 Tubificidae	颤蚓属 Tubifex	
				水丝蚓属 Limnodrilus	
				尾鳃蚓属 Branchiura	苏式尾鳃蚓 Branchiura sowerbyi
		单向蚓目 Haplotaxida	巨蚓科 Megascolecidae	远环蚓属 Haplotaxida	
节肢动物门 Arthropoda	昆虫纲 Insecta	蜉蝣目 Ephemeroptera	蜉蝣科 Ephemeridae	蜉蝣属 Ephemera	
		蜻蜓目 Odonata	河蟌科 Calopterygidae	河蟌属 Calopteryx	
			箭蜓科 Gomphidae	箭蜓属 Gomphus	
		半翅目 Hemiptera	潜水蝽科 Naucoridae		
		膜翅目 Hymenoptera	蚁科 Formicidae	小家蚁属 Monomorium Mayr	小黄家蚁 Monomorium pharaonis
		襀翅目 Plecoptera	大石蝇科 Pteronarcidae	石蝇属 Perla	龙虱成虫
		鞘翅目 Coleoptera	龙虱科 Dytiscidae	龙虱属 diving beetle	龙虱幼虫
		双翅目 Diptera	摇蚊科 Chironomidae	摇蚊属 Chironomus	摇蚊幼虫 Chironomidae
				前突摇蚊属 Procladius	
			丽蝇科 Calliphoridae	丽蝇属 Calliphora	红头丽蝇幼虫 Calliphora vicina
			大蚊科 Tipulidae	大蚊属 Tipula	
	甲壳纲 Crustacea	十足目 Decapoda	匙指虾科 Atyidae	米虾属 Caridia	滇池米虾 Caridina dianchiensis
			长臂虾科 Palaemonidae	白虾属 Exopalaemon	
		端足目 Amphipoda	钩虾科 Gammaridae	钩虾属 Gammarus	钩虾幼虫
		等足目 Isopoda	鼠妇科 Porcellionidae	鼠妇属 Porcellio	

续表

门	纲	目	科	属	种	中国物种红色目录	IUCN濒危等级	CITES 附录II
软体动物门 Mollusca	腹足纲 Gastropoda	中腹足目 Mesogastropoda	田螺科 Viviparidae	环棱螺属 Bellamyasp				
				圆田螺属 Cipangopaludina				
		基眼目 Basommatophora	椎实螺科 Lymnaeidae	萝卜螺属 Radix auricularia				
				椎实螺属 Lymnaea				
			膀胱螺科 Physidae	膀胱螺属 Physa				
		柄眼目 Stylommatophora	烟管螺科 Phaedusinae	真管螺属 Euphaedusa				
	双壳纲 Bivalvia	真瓣鳃目 Eulamellibranchia	珠蚌科 Unionidae	珠蚌属 Unio				
			蚌科 Unionidae	无齿蚌属 Anodonta	球形无齿蚌 Anodonta globosula		EN	
					背角无齿蚌 Anodonta woodiana			
			球蚬科 Sphaeridae	球蚬属 Sphaerium				

附表 6　滇池流域鱼类名录

中文名	拉丁名	地方名	来源	保护等级	红皮书濒危等级	中国物种红色目录	IUCN濒危等级	CITES 附录II
I 鲤形目	CYPRINIFORMES							
(一) 鳅科	Cobitidae							
1. 细头鳅	Paralepidocephalus yui Tchang		土著种				EN	
2. 泥鳅*	Misgurnus anguillicaudatus (Cantor)		土著种					
3. 大鳞副泥鳅*	Paramisgurnus dabryanus Dabry de Thiersant		引入种					
(二) 条鳅科	Nemacheilidae							
4. 黑斑云南鳅	Yunnanilus nigromaculatus (Regan)		土著种				EN	
5. 侧纹云南鳅*	Yunnanilus pleurotaenia (Regan)		土著种				VU	
6. 异色云南鳅*	Yunnanilus discoloris Zhou et He		特有种				CR	
7. 红尾荷马条鳅*	Homatula variegata (Dabry de Thiersant)		土著种					

253

续表

中文名	拉丁名	地方名	来源	保护等级	红皮书濒危等级	中国物种红色目录	IUCN濒危等级	CITES附录II
8. 横纹南鳅*	Schistura fasciolata (Nichols et Pope)		土著种					
9. 滇池球鳔鳅	Sphaerophysa dianchiensisCao et Zhu		特有种					
10. 昆明高原鳅*	Triplophysa grahami (Regan)	螺蛳壳鱼	特有种					
(三) 鲤科	Cyprinidae							
11. 中华细鲫	Aphyocypris chinensisGünther		引入种					
12. 高体鳑鲏*	Rhodeus ocellatus (Kner)	糠片鱼	引入种					
13. 大鳍鱊	Acheilognathus macropterus (Bleeker)	糠片鱼	引入种					
14. 长身鱊	Acheilognathus elongatus (Regan)	糠片鱼	特有种			EN	CR	
15. 兴凯鱊	Acheilognathus chankaensis (Dybowski)	糠片鱼	引入种					
16. 云南鲴	Xenocypris yunnanensis Nichols	油鱼	特有种		EN	EN	CR	
17. 多鳞白鱼	Anabarilius polylepis (Regan)	大白鱼、桃花白鱼	特有种			EW	EN	
18. 银白鱼	Anabarilius alburnops (Regan)	小白鱼	特有种	省II级	EN	EN	EN	
19. 鲦	Hemiculter leucisculus (Basilewsky)	蓝刀	引入种					
20. 似鳊	Toxabramis swinhonis Günther		引入种					
21. 鳊	Parabramis pekinensis (Basilewsky)		引入种					
22. 团头鲂	Megalobrama amblycephala Yih	武昌鱼	引入种					
23. 红鳍原鲌*	Cultrichthys erythropterus (Basilewsky)	假白鱼	引入种					
24. 麦穗鱼*	Pseudorasbora parva (Temminck et Schlegel)	小麻鱼	引入种					
25. 华鲮	Sarcocheilichthys sinensis Bleeker		引入种					
26. 黑鳍鳈	Sarcocheilichthys nigripinnis (Günther)		引入种					
27. 棒花鱼*	Abbottina rivularis (Basilewsky)	小麻鱼	引入种					

续表

中文名	拉丁名	地方名	来源	保护等级	红皮书濒危等级	中国物种红色目录	IUCN濒危等级	CITES附录Ⅱ
28. 青鱼	Mylopharyngodon piceus (Richardson)		引入种					
29. 草鱼	Ctenopharyngodon idella (Valenciennes)		引入种					
30. 鯮	Luciobrama macrocephalus (Lacépède)		引入种					
31. 赤眼鳟	Squaliobarbus curriculus (Richardson)		引入种					
32. 鳤	Ochetobius elongatus (Kner)		引入种					
33. 鳡	Elopichthys bambusa (Richardson)	竿鱼	引入种					
34. 丁鱥	Tinca tinca (Linnaeus)		引入种					
35. 鲢*	Hypophthalmichthys molitrix (Valenciennes)	白鲢	引入种					
36. 鳙*	Hypophthalmichthys nobilis (Richardson)	花鲢	引入种					
37. 云南光唇鱼*	Acrossocheilus yunnanensis (Regan)	马鱼	土著种					
38. 中华倒刺鲃	Spinibarbus sinensis (Bleeker)	青波	土著种					
39. 滇池金线鲃*	Sinocyclocheilus grahami (Regan)	金线鱼	特有种	国Ⅱ级	EN	EN	CR	
40. 云南盘鮈*	Discogobio yunnanensis (Regan)	石头鱼、油鱼	土著种					
41. 昆明裂腹鱼*	Schizothorax grahami (Regan)	细鳞鱼、白鱼	土著种			VU	CR	
42. 小鲤	Cyprinus micristius Regan	菜呼、麻鱼、马边鱼	特有种		EN	EN	CR	
43. 杞麓鲤	Cyprinus chilia Wu et al	鲤鱼	土著种				EN	
44. 鲤*	Cyprinus carpio Linnaeus	鲤鱼	引入种					
45. 鲫*	Carassius auratus (Linnaeus)	鲫壳鱼	土著种					
Ⅱ 鲇形目	SILURIFORMES							
(四) 鲇科	Siluridae							
46. 鲇*	Silurus asotus Linnaeus		引入种					

续表

中文名	拉丁名	地方名	来源	保护等级	红皮书濒危等级	中国物种红色目录	IUCN濒危等级	CITES附录Ⅱ
47. 昆明鲶	*Silurus mento* Regan	鲶鱼	土著种	EN	EN	EN	CR	*
(五) 甲鲶科	Loricariidae							
48. 下口鲶	*Hypostomus plecostomus*（Linnaeus）	清道夫	引入种					
(六) 鲿科	Bagridae							
49. 中臀拟鲿	*Pseudobagrus medianalis*（Regan）	弯丝	土著种		EN	EN	CR	
(七) 钝头鮠科	Amblycipitidae							
50. 褐首鲶	*Ameiurusnebulosus*（Lesueur）	云斑鮰	引入种					
51. 金氏鮡	*Liobagrus kingi* Tchang	石撇头	特有种		EN	EN	EN	
52. 黑尾鮡	*Liobagrus nigricauda* Regan	石撇头	土著种				EN	
Ⅲ 胡瓜鱼目	OSMERIFORMES							
(八) 胡瓜鱼科	Osmeridae							
53. 池沼公鱼	*Hypomesus olidus*（Pallas）	黄瓜鱼	引入种					
(九) 银鱼科	Salangidae							
54. 太湖新银鱼*	*Neosalanx taihuensis*Chen	银鱼	引入种					
Ⅳ 鲑形目	SALMONIFORMES							
(十) 鲑科	Salmonidae							
55. 虹鳟	*Oncorhynchus mykiss*（Walbaum）	三文鱼	引入种					
Ⅴ 颌针鱼目	BELONIFORMES							
(十一) 鱵科	Hemiramphidae							
56. 间下鱵鱼*	*Hyporhamphus intermedius*（Cantor）	剑鱼	引入种					
(十二) 怪颌鳉科	Adrianichthyidae							
57. 中华青鳉	*Oryzias sinensis* Chen, Uwa *et* Chu		土著种					

续表

中文名	拉丁名	地方名	来源	保护等级	红皮书濒危等级	中国物种红色目录	IUCN濒危等级	CITES附录II
VI鳉形目	Cyprinodontiformes							
(十三) 胎鳉科	Poeciliidae							
58. 食蚊鱼*	Gambusia affinis (Baird et Girard)		引入种					
VII合鳃鱼目	Synbranchiformes							
(十四) 合鳃鱼科	Synbranchidae							
59. 黄鳝*	Monopterus albus (Zuiew)	鳝鱼	土著种					
VIII鲈形目	Perciformes							
(十五) 鮨科	Serranidae							
60. 鳜	Siniperca chuatsi (Blasilewsky)	桂花鱼	引入种					
(十六) 塘鳢科	Eleotridae							
61. 小黄鱼幼鱼*	Micropercops swinhonis (Günther)		引入种					
(十七) 鰕虎鱼科	Gobiidae							
62. 子陵吻鰕虎鱼*	Rhinogobius giurinus (Rutter)	小花鱼	引入种					
63. 波氏吻鰕虎鱼*	Rhinogobius cliffordpopei (Nichols)	小花鱼	引入种					
(十八) 鳢科	Channidae							
64. 乌鳢	Channa argus argus (Cantor)	乌鱼、黑鱼	土著种					

红皮书、红色名录及 IUCN 中的濒危等级：CR 极危，EN 濒危，EW 野外绝灭，EX 绝灭，R 稀有，VU 易危，NT 近危；"+"：表示本次调查记录。"*"表示本次调查记录鱼类

健康报告评估卡

健康评估汇总表

附表 1　滇池流域水生态功能一级区水生态系统健康评价结果

一级区	理化得分	营养盐得分	浮游藻类得分	底栖动物得分	鱼类得分	综合得分
LGⅠ水生态功能区	0.97	0.86	0.41	0.34	0.67	0.66
LGⅡ水生态功能区	0.27	0.74	0.40	0.28	0.43	0.42
LGⅢ水生态功能区	0.41	0.37	0.55	0.29	0.61	0.41
LGⅣ水生态功能区	0.62	0.40	0.40	0.15	0.69	0.41

附表 2　滇池流域水生态功能亚区水生态系统健康评价结果

水生态功能亚区	理化得分	营养盐得分	浮游藻类得分	底栖动物得分	鱼类得分	综合得分
LGⅠ$_1$水生态功能亚区	0.96	0.89	0.41	0.35	0.65	0.66
LGⅠ$_2$水生态功能亚区	0.99	0.81	0.37	0.35	0.74	0.64
LGⅠ$_3$水生态功能亚区	0.97	0.68	0.46	0.19	0.74	0.60
LGⅢ$_1$水生态功能亚区	0.39	0.26	0.56	0.30	0.54	0.38
LGⅢ$_2$水生态功能亚区	0.37	0.48	0.52	0.29	0.59	0.42
LGⅢ$_3$水生态功能亚区	0.63	0.59	0.57	0.25	0.73	0.51
LGⅣ$_1$水生态功能亚区	0.68	0.02	0.24	0.22	—	0.45
LGⅣ$_2$水生态功能亚区	0.60	0.49	0.28	0.13	0.69	0.40

附表 3　滇池流域河段类型水生态系统健康评价结果

河段类型	理化得分	营养盐得分	浮游藻类得分	底栖动物得分	鱼类得分	综合得分
高山农田型河段	0.66	0.68	0.51	0.29	0.54	0.53
高山林地型河段	0.69	0.90	0.43	0.27	0.65	0.61
高山城镇型河段	0.66	0.81	0.65	0.26	—	0.56
平原农田型河段	0.42	0.42	0.53	0.26	0.56	0.41
平原林地型河段	0.98	0.64	0.78	0.10	—	0.62
平原城镇型河段	0.47	0.25	0.52	0.32	0.54	0.39
平原湿地型河段	0.43	0.18	0.62	0.30	0.63	0.39

健康评估分项表

附表 1 滇池流域水生态功能一级区水生态系统健康评价分项结果

一级区	理化		营养盐			浮游藻类			底栖动物			鱼类		
	DO	COD_{Mn}	TP	TN	NH_4^+-N	S	H'	D	S	D	BMWP	S	H'	D
LG I 水生态功能区	0.93	0.94	0.91	0.64	0.96	0.30	0.46	0.44	0.57	0.36	0.07	0.48	0.76	0.64
LG II 水生态功能区	0.19	0.80	0.73	0.46	0.85	0.26	0.39	0.47	0.29	0.47	0.02	0.96	0.14	0.17
LG III 水生态功能区	0.42	0.62	0.44	0.10	0.55	0.50	0.62	0.51	0.38	0.45	0.05	0.54	0.59	0.66
LG IV 水生态功能区	1	0.24	0.25	0.17	0.77	0.14	0.60	0.30	0.20	0.20	0.04	0.46	0.74	0.80

附表 2 滇池流域水生态功能亚区水生态系统健康评价分项结果

水生态功能亚区	理化		营养盐			浮游藻类			底栖动物			鱼类		
	DO	COD_{Mn}	TP	TN	NH_4^+-N	S	H'	D	S	D	BMWP	S	H'	D
LG I$_1$ 水生态功能亚区	0.91	0.93	0.91	0.71	0.95	0.28	0.48	0.43	0.60	0.37	0.07	0.49	0.73	0.61
LG I$_2$ 水生态功能亚区	1	0.99	0.94	0.51	0.97	0.38	0.32	0.42	0.50	0.48	0.07	0.38	0.78	0.70
LG I$_3$ 水生态功能亚区	1	0.94	0.82	0.25	0.98	0.29	0.40	0.68	0.42	0.10	0.06	0.54	0.88	0.76
LG III$_1$ 水生态功能亚区	0.42	0.53	0.35	0.09	0.32	0.54	0.64	0.51	0.38	0.49	0.05	0.77	0.20	0.64
LG III$_2$ 水生态功能亚区	0.36	0.71	0.49	0.10	0.81	0.47	0.59	0.48	0.39	0.41	0.05	0.69	0.59	0.51
LG III$_3$ 水生态功能亚区	0.62	0.83	0.76	0.14	0.85	0.42	0.65	0.62	0.32	0.38	0.05	0	1	1
LG IV$_1$ 水生态功能亚区	1	0.36	0	0	0.06	0.04	0.52	0.18	0.13	0.50	0.03	—	—	—
LG IV$_2$ 水生态功能亚区	1	0.20	0.31	0.22	0.95	0.16	0.62	0.33	0.22	0.13	0.04	0.46	0.74	0.80

附表 3 滇池流域河段类型水生态系统健康评价分项结果

河段类型	理化			营养盐		浮游藻类			底栖动物			鱼类		
	DO	COD_{Mn}	TP	TN	NH_4^+-N	S	H'	D	S	D	BMWP	H'	S	D
高山农田型河段	0	0.83	0.68	0.58	0.69	0.21	0.38	0.33	0.38	0.03	0.04	—	—	—
	0	0.93	0.79	0.34	0.98	0.29	0.47	0.88	0.50	0.27	0.05	—	—	—
	1	0.73	0.89	0	1	0.57	0.85	0.63	0	1	0.00	—	—	—
	1	0.59	0.38	0	0.73	0.86	0.68	0.53	0.75	0.19	0.05	—	—	—
	1	1	0.78	0	0.97	0.25	0.36	0.83	0.50	0.14	0.09	0.33	0.88	0.39
高山林地型河段	0.93	0.96	0.94	0.71	0.99	0.25	0.43	0.40	0.71	0.39	0.11	—	—	—
	1.00	0.98	0.99	0.74	1	0.36	0.59	0.55	0.63	0.25	0.14	0.14	0.96	0.17
	0.04	0.43	0.43	0.42	0.43	0.21	0.30	0.20	0	0.50	0	0.88	0.46	0.88
	0	0.97	0.99	0.74	0.99	0.07	0.16	0.69	0.25	0.54	0.03	0.74	0.54	0.81
	1	0.84	0.90	0.76	0.90	0.36	0.50	0.39	0.25	0.00	0.03	—	—	—
	1	1	1	0.86	1	0.29	0.40	0.25	0	1	0	1.00	0.12	0.97
	1	1	1	0.89	1	0.43	0.83	0.78	0.75	0.63	0.05	—	—	—
高山城镇型河段	0.50	0.46	0.48	0.39	0.48	0.18	0.36	0.34	0.13	0	0.04	—	—	—
	0	0.62	0.18	1	0.24	0.64	0.94	0.76	0.50	0.12	0.02	—	—	—
	1	1	0.08	0.30	0.12	0.43	0.66	0.47	0.50	0.42	0.05	—	—	—
平原农田型河段	0.11	0.58	0.46	0.35	0.80	0.27	0.55	0.56	0.19	0.88	0.02	—	—	—
	0.15	0.78	0.76	0.67	0.99	0.25	0.27	0.22	0.50	0.24	0.13	—	—	—
	0.77	0.83	0	0	0	0.93	0.41	0.18	0.50	0.18	0.05	—	—	—
	0.81	0.87	0.52	0.29	0.74	0.07	0.10	0.78	0.67	0.44	0.04	—	—	—
	1	0.91	0.97	0.85	1	0.29	0.54	0.42	0.50	0.10	0.12	—	—	—
	0	0.88	0	0	0.54	0.86	0.79	0.50	0.00	1	0	—	—	—
	0.09	0.81	0.58	0.36	0.95	0.31	0.51	0.44	0.42	0.37	0.06	—	—	—

续表

河段类型	理化		营养盐			浮游藻类			底栖动物			鱼类		
	DO	COD_{Mn}	TP	TN	NH_4^+-N	S	H'	D	S	D	BMWP	H'	S	D
平原农田型河段	0.57	0.68	0.64	0	0.78	0.54	0.71	0.50	0.63	0.11	0.08	—	—	—
	0	0.85	0.72	0.10	0.84	0.24	0.40	0.48	0.33	0.45	0.04	—	—	—
	0.16	0.57	0.46	0	0.72	0.29	0.52	0.41	0.31	0.50	0.01	—	—	—
	0	0.29	0.11	0	0.93	0.14	0.31	0.33	0.25	0	0.03	—	—	—
	0	0.41	0.01	0	0.93	0.21	0.45	0.42	0.58	0.11	0.05	—	—	—
	0.09	0.65	0.54	0.41	0.84	0.30	0.57	0.53	0.30	0.83	0.03	—	—	—
	1	0.69	0.09	0	0	0.50	0.89	0.77	0.50	0.12	0.05	—	—	—
	1	0.80	0.43	0.90	0.99	0.64	0.34	0.17	0.25	0	0.03	0.47	0.77	0.44
	1	0.33	0.91	0	0.74	0.36	0.69	0.56	0.50	0.11	0.07	—	—	—
	0.73	1	0.88	0	0.91	0.93	0.89	0.56	0	1	0	—	—	—
	0.92	0.75	0.77	0.21	0.94	0.71	0.86	0.61	0.42	0.34	0.06	—	—	—
	1	0.51	0.70	0	0.95	0.29	0.57	0.45	0.25	0	0.05	—	—	—
	0	0.77	0	0	0	0.29	0.61	0.57	0.75	0.09	0.02	—	—	—
	1	0.53	0.56	0	0.75	0.75	0.76	0.45	0.38	0.11	0.01	—	—	—
	0.46	0.59	0.42	0	0.71	0.80	0.82	0.60	0.44	0.44	0.07	—	—	—
	0	0.17	0	0	0	0.57	0.50	0.39	0.25	1	0.05	—	—	—
	0	0	0	0	0	1	1	0.71	0	1	0	—	—	—
	0	0	0	0	0	0.21	0.50	0.50	0	1	0	—	—	—
	0.47	0.28	0.79	0.87	1	0.64	0.87	0.66	0.25	0.00	0.05	—	—	—
	0	0.70	0.19	0	0	0.79	0.86	0.58	0.75	0.14	0.05	—	—	—
平原林地型河段	0.97	0.99	0.93	0	0.97	0.71	0.96	0.67	0.25	0	0.05	—	—	—

续表

河段类型	理化		营养盐			浮游藻类			底栖动物			鱼类		
	DO	COD_{Mn}	TP	TN	NH_4^+-N	S	H'	D	S	D	BMWP	H'	S	D
	0.89	0.87	0.72	0	0.72	0.21	0.40	0.35	0.75	0.20	0.10	—	—	—
	1	1	0.63	0	0.63	0.21	0.39	0.30	1	0.08	0.19	—	—	—
	1	0.72	0.91	0	0.91	0.64	1	0.80	0	1	0	—	—	—
	0.00	0.92	0.12	0	0.12	0.50	0.57	0.36	0.75	0.50	0.08	—	—	—
	1	0.63	0.69	0.23	0.69	0.79	0.93	0.64	0	1	0	—	—	—
	1	0.19	0	0	0	0.07	0	0.00	0.50	0.29	0.10	—	—	—
	1	0.72	0.57	0	0.57	0.71	0.92	0.65	0	1	0	—	—	—
	1	0	0.50	0.59	0.50	0.21	0.46	0.40	1	0.50	0.03	—	—	—
	0.33	0.25	0	0	0	0.67	0.86	0.65	0.17	0.69	0.01	—	—	—
	0.62	0.70	0	0	0	0.46	0.50	0.46	0.25	0.58	0.03	—	—	—
平原城镇型河段	0.42	0.39	0.52	0.11	0.52	0.57	0.62	0.45	0.55	0.43	0.04	—	—	—
	1	1	0.83	0	0.83	0.07	0	0	0	1	0	—	—	—
	0.08	0.27	0	0	0.00	0.54	0.79	0.57	0	1	0	—	—	—
	1	0.79	0.73	0.04	0.73	0.52	0.77	0.58	0.42	0.64	0.06	—	—	—
	0.38	0.87	0.49	0.22	0.49	0.71	0.80	0.49	0.38	0.02	0.05	—	—	—
	0	0	0	0	0	0.07	0.00	0	0	1	0	—	—	—
	1	0.95	0.96	0	0.96	1	1	0.65	0.25	0	0.05	—	—	—
	0.67	0.77	0.28	0	0.28	0.79	0.99	0.79	0.38	0.63	0.04	—	—	—
	0	0.72	0.80	0.41	0.80	0.66	0.84	0.61	0.56	0.29	0.08	—	—	—
	0	0	0	0	0	0.79	0.95	0.69	0	1	0	—	—	—
	0	0.78	0	0	0	0.21	0.53	0.67	0	1	0	—	—	—
	0	0.08	0	0	0	0.21	0.33	0.22	0.75	0.06	0.10	—	—	—

续表

河段类型	理化		营养盐			浮游藻类			底栖动物			鱼类		
	DO	COD_{Mn}	TP	TN	NH_4^+-N	S	H'	D	S	D	BMWP	H'	S	D
平原城镇型河段	0.50	0.72	0.25	0	0.25	0.61	0.91	0.78	0	1	0	—	—	—
	0.18	0.76	0.47	0	0.47	0.61	0.52	0.30	0	1	0	—	—	—
	0.73	0.44	0.29	0	0.29	0.49	0.52	0.35	0.65	0.30	0.10	0.20	0.77	0.64
	0	0.52	0	0	0	0.07	0	0	0	1	0	—	—	—
	0	0	0.30	0	0.30	0.64	1	0.83	0.25	0.00	0.05	—	—	—
	0.43	0.53	0.16	0.17	0.16	0.55	0.62	0.47	0.39	0.54	0.04	—	—	—
	0	0.18	0	0	0	0.21	0.50	0.55	0	1	0	—	—	—
平原湿地型河段	1	0.82	0.40	0	0.98	0.57	0.73	0.62	0	1	0	0.70	0.62	0.58
	0	0.43	0.41	0	0	0.93	0.99	0.67	0.50	0.12	0.02	—	—	—
	0.38	0.36	0	0	0	0.79	0.51	0.30	0.25	0.53	0.03	—	—	—
	0	0.96	0	0	0	0.50	0.40	0.20	0	1	0	—	—	—
	1	0.75	0.89	0	0.52	1	0.73	0.50	0	1	0	—	—	—
	0.07	0.75	0.05	0	0	0.64	0.65	0.49	0	1	0	—	—	—

参 考 文 献

陈利顶, 傅伯杰, 张淑荣, 等. 2002. 异质景观中非点源污染动态变化比较研究. 生态学报. 22（6）：808-816.

董学荣, 吴瑛. 2013. 滇池沧桑——千年环境史的视野. 北京：知识产权出版社.

董哲仁. 2009. 河流生态系统研究的理论框架. 水力学报, 4（2）：129-137.

丰华丽, 王超, 李剑超. 2001. 生态学观点在流域可持续管理中的应用. 水利水电快报, 22（14）：21-23.

耿雷华, 刘恒, 钟华平, 等. 2006. 健康河流的评价指标和评价标准. 水力学报, 37（3）：253-258.

何萍, 史培军, 刘树坤, 等. 2008. 河流分类体系研究综述. 水科学进展, 19（3）：434-442.

黄锡荃, 苏法崇, 梅安新. 1995. 中国的河流. 北京：商务印书馆.

吉村信吉. 1937. 湖沼学. 三省堂.

姜加虎, 王苏民. 1998. 中国湖泊分类系统研究. 水科学进展, 9（2）：170-175.

姜建国, 沈韫芬. 2000. 用于评价水污染的生物指数. 云南环境科学, 19（S1）：251-253.

金相灿等. 1995. 中国湖泊环境. 海洋出版社.

昆明市水利志编纂委员会. 1997. 昆明市水利志. 云南人民出版社.

蓝宗辉. 1997. 韩江下游底栖动物的分布及其对水质的评价. 生态学杂志,（4）：24-28.

李强, 杨莲芳, 吴璟, 等. 2007. 底栖动物完整性指数评价西苕溪溪流健康. 环境科学, 28（9）：2141-2147.

刘昌明, 刘晓燕. 2008. 河流健康理论初探. 地理学报, 63（7）：683-692.

刘明典, 陈大庆, 段辛斌, 等. 2010. 应用鱼类生物完整性指数评价长江中上游健康状况. 长江科学院院报, 27（2）：1-6.

刘永. 2007. 湖泊—流域生态系统管理研究. 北京大学博士学位论文.

龙笛. 2005. 国外健康流域评价理论与实践. 海河水利,（3）：1-5.

马世骏, 王如松. 1984. 社会-经济-自然复合生态系统. 生态学报, 27（1）：1-9.

潘立勇, 栗多寿, 王立功. 1994. 京杭运河徐州段底栖动物与水质的关系. 城市环境与城市生态,（5）：34-36.

钱宁. 1985. 关于河流分类及成因问题的讨论. 地理学报,（01）：1-10.

王备新, 杨莲芳, 胡本进, 等. 2005. 应用底栖动物完整性指数 B-IBI 评价溪流健康. 生态学报, 25（6）：1481-1490.

王如松, 欧阳志云. 2012. 社会-经济-自然复合生态系统与可持续发展. 中国科学院院刊, 27（3）：337-345.

吴阿娜, 杨凯, 车越, 等. 2005. 河流健康状况的表征及其评价. 水科学进展, 16（4）：602-608.

杨芳, 贺达汉. 2006. 生境破碎化对生物多样性的影响. 生态科学, 25（6）：564-567.

杨桂山. 2004. 流域综合管理导论. 北京：科学出版社.

云南省环境保护局. 2001. 云南省地表水水环境功能区划.

云南省发展和改革委员会. 2007. 滇池水污染综合防治报告.

张国平. 2006. 基于生态系统服务功能的龙河生态系统健康研究. 重庆大学硕士学位论文.

张锦. 2011-1-15. 初步确定滇池湖面达 310 平方公里. 昆明日报, 第4版.

张乃群, 杜敏华, 庞振凌, 等. 2006. 南水北调中线水源区浮游植物与水质评价. 植物生态学报, 30（4）：650-654.

张楠, 孟伟, 张远, 等. 2009. 辽河流域河流生态系统健康的多指标评价方法. 环境科学研究, 22（2）：

162-170.

张晓萍, 杨勤科, 李锐. 1998. 流域 "健康" 诊断指标——一种生态环境评价的新方法. 水土保持通报, 18 (4): 59-64.

张远, 徐成斌, 马溪平, 等. 2007. 辽河流域河流底栖动物完整性评价指标与标准. 环境科学学报, 27 (6): 919-927.

Adams S M, Brown A M, Goede R W. 1993. A quantitative health assessment index for rapid evaluation of fish condition in the field. Transcations of the American Fisheies Society, 122 (1): 63-73.

Angermeier P L, Davideanu G. 2004. Using fish communities to assess streams in Romania: initial development of an index of biotic integrity. Hydrobiologia, 511 (1): 65-78.

Barbour M T, Gerritsen J, et al. 1999. Rapid bioassessment protocols for use in wadeable streams and rivers: periphyton, benthic macroinvertebrates, and fish. United States. Environmental Protection Agency. Office of Water.

Barbour M T, Gerritsen J, Griffith G E, et al. 1996. A framework for biological criteria for Florida streams using benthic macroinvertebrates. Journal of the North American Benthological Society, 15 (2): 185-211.

Berman C. 2002. Assessment of Landscape Characterization and Classification Methods. University of Washington Water Center.

Bormann F H. 1996. Ecology: a personal history. Annual Review of Energy and the Environment, 21 (1): 1-29.

Brierley G. 1999. River Styles: an integrative biophysical template for river management. Proceedings of the Second Australian Stream Management Conference. Adelaide, Australia. 93-100.

Brizga S, Finlays B. 2000. River management: the Australian experience Chischester. NewYork: John Wiley & Sons.

Bunn S E, Arthington A H. 2002. Basic Principles and Ecological Consequences of Altered Flow Regimes for Aquatic Biodiversity. Environmental Management, 30 (4): 492-507.

Burger O. 2000. Biomonitoring and bioindicators for human and ecological health. http://www.cresp.org/dcwekshp/posters/biomont2.html.

Chessman B C, Fryirs K A, Brierley G J. 2006. Linking geomorphic character, behaviour and condition to fluvial biodiversity: implications for river management. Aquatic Conservation Marine and Freshwater Ecosystems, 16 (3): 267-288.

Chutter F M. 1998. Research on the rapid biological assessment of water quality impacts in streams and rivers. WRC report NO 422/1/98. Water Research Commission, Pretoria.

Costanza R, d'Arge R, De Groot R, et al. 1997. The value of the world's ecosystem services and natural capital. Nature, 387 (6630): 253.

Costanza R, Norton B G, Haskell B D. 1992. Ecosystem health: new goals for environmental management. Island Press.

Dimitriu P A, Pinkart H C, Peyton B M, et al. 2008. Spatial and temporal patterns in the microbial diversity of a meromictic soda lake in Washington State. Applied and Environmental Microbiology, 74 (15): 4877-4888.

Goede R W, Barton B A. 1990. Organisimic indices and an qutopsybased assessment as indicators of health and condition of fish. American Fisheries Society Symposium, (8): 93-108.

Goethals P, Pauw N D. 2001. Development of a concept for integrated ecological river assessment in Flanders, Belgium. Journal of Limnology, 60 (1s): 7-16.

Harris N M, Gurnell A M, Hannah D M, et al. 2000. Classification of river regimes: a context for hydroecology. Hydrological Processes, 14 (16-17): 2831-2848.

Hart B T, Davies P E, Humphrey C L, et al. 2001. Application of the Australian river bioassessment system

(AUSRIVAS) in the Brantas River, East Java, Indonesia. Journal of Environmental Management, 62 (1), 93-100.

Harwall M A, Myers V, Yong T, et al. 1999. A framework for an ecosystem integrity report card. Bioscience, 49 (7): 543-556.

Haukka K, Heikkinen E, Kairesalo T H, et al. 2005. Effect of humic material on the bacterioplankton community composition in boreal lakes and mesocosms. Environmental Microbiology, 7 (5): 620-630.

Huet M. 1959. Profiles and biology of western European streams as related to fish management. Transactions of the American Fisheries Society, 88 (3): 155-163.

Hutchinson G E. 1957. A Treatise on Limnology/ A treatise on limnology. Wiley: 169-176.

Hutton J X. 1788. Theory of the Earth; or an Investigation of the Laws observable in the Composition, Dissolution, and Restoration of Land upon the Globe. Earth and Environmental Science Transactions of The Royal Society of Edinburgh, 1 (2): 209-304.

Jones H R, Peters J C, Fao R F D, et al. 1977. Physical and biological typing of unpolluted rivers.

Karr J R, Dudley D R. 1996. Ecological perspective on water quality goals. National Wetlands Newsletter, 18: 10-16.

Karr J R, Fausch K D, Angermeier P L, et al. 1986. Assessing biological integrity in running waters. A method and its rationale. Illinois Natural History Survey, Champaign, Special Publication, 5.

Karr J R. 1981. Assessment of biotic integrity using fish communities. Fisheries, 6 (6): 21-27.

Karr J R, Dudley D R. 1981. Ecological perspective on water quaity goals. Environmental management, 5 (1): 55-68.

Kaar J R. 1999. Defining and measuring river health. Freshwater Biology, 41 (2): 221-234.

Kerans B L, Karr J R. 1994. A Benthic Index of Biotic Integrity (B-IBI) for Rivers of the Tennessee Valley. Ecological applications, 4 (4): 768-785.

Kevin J C. 2009. Linking multimetric and multivariate approaches to assess the ecological condition of streams. Environmental Monitoring and Assessment, 157 (1/4): 113-124.

Kingsford R T. 1999. Aerial survey of waterbirds on wetlands as a measure of river and floodplain health. Freshwater Biology, 41 (2): 425-438.

Kleynhans C J. 1999. The development of a fish index to assess the biological integrity of South African rivers. Water Sa - PRETORIA, 25 (3): 265-278.

Ladson A R, White L J, Doolan J A, et al. 1999. Development and testing of an Index of Stream Condition for waterway management in Australia. Freshwater Biology, 41 (2): 453-468.

Ladson A R, White L J. 1999. An index of stream condition: Reference manual (second edition), Melbourne: Department of Natural Resources and Environment, 11-651.

Leopold A. 1941. Wilderness as a land laboratory. Living Wilderness, 6: 28.

Leopold L B, Wolman M G. 1957. River Channel Patterns- Braided, Meandering and Straight. Professional Geographer, 9: 39-85.

Lotspeich F B. 1980. Watersheds as the basic ecosystem: This conceptual framework provides a basis for a natural classification system. Jawra Journal of the American Water Resources Association, 16 (4): 581-586.

Mageau M T, Costanza R, Ulanowicz R E. 1995. The Development and Initial Testing of a Quantitative. Ecosystem Health, 1 (4): 201-213.

Maxted J R, Barbour M T, Gerritsen J, et al. 2000. A framework for assessing mid-Atlantic coastal plain streams using benthic macroinvertebrates. Journal of North American Benthological Society, 19: 128-144.

Meyer J L. 1997. Stream health: incorporating the human dimension to advance stream ecology. Journal of the North American Benthological Society, 16 (2): 439-447.

Montgomery D R, Buffington J M. 1997. Channel-reach morphology in mountain drainage basins. Geological Society of America Bulletin, 109 (5): 596-611.

Neumann D. 2002. Ecological rehabilitation of a degraded large river syatem – Considerations based on case studies of macrozoobenthos and fish in the Lower Rhine and its catchment area. International Review of Hydrobiology, 87 (2/3): 139-150.

O′Laughlin J, Livingston R L, Thier R, et al. 1994. Defining and measuring forest health. Journal of Sustainable Forestry, 2 (1-2): 65-85.

Oberdoff T, Pont D, Hugueny B, et al. 2001. A probabilistic model characterizing fish assemblages of French rivers: a framework for enviromental assessment. Freshwater Biology, 46 (3): 399-415.

Page T. 1992. Environmental existentialism. Ecosystem health: new goals for environmental management, 97-123.

Parsons M, Thoms M, Norris R. 2002. Australian River Assessment System: Review of Physical River Assessment Methods- A Biological Perspective, Monitoring RiverHeath Initiative Technical Report no 21. Canberra: Commonwealth of Australia and University of Canberra, 1.

Pavluk T I, de Vaate A B, Leslise H A. 2000. Development of an index of trophic completeness for benthic macro-invertebrate communities in flowing waters. Hydrobiologia, 427 (1/3): 135-141.

Petersen R C. 1992. The RCE: a riparian, channel, and environmental inventory for small streams in the agricultural landscape. Freshwater biology, 27 (2): 295-306.

Poff L R, Ward J V. 1989. Implications of Stream flow Variability and Predictability for Lotic Community Structure: a Regional Analysis of Stream flow Patterns. Canadian Journal of Fisheries and Aquatic Sciences, 46 (10): 1805-1818.

Raat A J P. 2001. Ecological rehabilitation of the dutch part of the River Rhine with special attention to the fish. Regulated Rivers: Research and Management, 17 (2): 131-144.

Rapport D J. 1989. What constitutes ecosystem health. Perspectives in Biology and Medicine, 33 (1): 120-132.

Rapport D J. 1995. Ecosystem health: Exploring the territory. Ecosystem Health, 1 (1): 5-13.

Rapport D J. 1992. Evolution of indicators of ecosystem health. Ecological indicators. Boston: Springer.

Raven P J. 1998. River Habitat Quality: the physical character of rivers and streams in the UK and Isle of Man. Environment Agency.

Rosgen D L, Silvey H L. 1996. Applied River Morphology. Colorado: Wildland Hydrology Pagosa Springs.

Rosgen D L. 1994. A classification of natural rivers. Catena, 22 (3): 169-199.

Roth N E. 1997. Maryland biological stream survey: ecological status of non-tidal streams in six basins sampled in 1995. Maryland Department of Natural Resources, Chesapeake Bay and Watershed Programs.

Rowntree K M, Ziervogel G. 1999. Development of an index of stream geomorphology for the assessment of river health, NAEBP Report Series No. 7, Institute for Water Quality Studies, Department of Water Affairs and Forestry, Pretoria.

Rust B R. 1977. A Classification of Alluvial Channel Systems. Dallas Geological Society, : 187-198.

Schofield N J, Davies P E. 1996. Measuring the health of our rivers. Water, 5/6 (23): 39-43.

Schumm S A, Harvey M D, Watson C C. 1984. Incised Channels: Morphology, Dynamics and Control. CO: Water Resources Publications.

Schumm S A. 1977. The fluvial system. New York: Wiley.

Simon A. 1989. A model of channel response in disturbed alluvial channels. Earth Surface Processes and

Landforms, 14 (1): 11-26.

Smith M J, Kay W R, Edward D H D, et al. 1999. AusRivAS: using macroinvertebrates to assess ecological condition of rivers in Western Australia. Freshwater Biology, 41 (2): 269-282.

Steinberg C E W, Hartmann H M. Planktonic bloom-forming cyanobacteria and the eutrophication of lakes and rivers. Freshwater Biology, 20 (2): 279-287.

Thomson J R, Taylor M P, Brierley G J. 2004. Are River Styles ecologically meaningful? A test of the ecological significance of a geomorphic river characterization scheme. Aquatic Conservation Marine and Freshwater Ecosystems, 14 (1): 25-48.

Ulanowicz R E. 1986. Growth and development: Ecosystems phenomenology.

Vannote R L, Minshall G W, Cummins K W, et al. 1980. The river continuum concept. Canadian Journal of Fisheries and Aquatic Sciences, 37 (2): 130-137.

Vugteveen P, Leuven R S E W, Huijbregts M A J, et al. 2006. Redefinition and elaboration of river ecosystem health: perspective for river management. Hydrobiologia, 565: 289-308.

White L J, Ladson A R. 1999. An index of stream condition: Field manual. Melbourne: Department of Natural Resources and Environment, 11-331.

Wright J F, Sutcliffe D W, Furse M T. 2000. Assessing the biological quality of fresh waters. RIVPACS and other techniques. Freshwater Biological Association, Ambleside, England.

YeomD H, Adams S M. 2007. Assessing effects of stress across levels of biological organization using an aquatic ecosystem health index. Ecotoxicology and Environment Safety, 67 (2): 286-295.

Zwart G, Huismans R, van Agterveld M P, et al. 1998. Divergent members of the bacterial division *Verrucomicrobiales* in a temperate freshwater lake. Fems Microbiology Ecology, 25 (2): 159-169.